微 分 積 分
増補版

髙 坂 良 史　　髙 橋 雅 朋
加 藤 正 和　　黒 木 場 正 城
共　著

学術図書出版社

まえがき

　本書は，大学初年次に学ぶ微分積分の教科書であり，主に理工系の学生を対象にして書かれたものである．微分積分は自然科学・工学をはじめ諸科学のさまざまな解析において，その礎となるものである．また，物理・工学などでよく利用される複素解析，ベクトル解析，変分法などは，その考え方の種は微分積分の中にあり，その種を適切に一般化して得られる解析法である．したがって，微分積分の理解を深めることは，理工系の研究者または技術者を目指す学生にとっては，欠かせない素養である．本書はその素養が十分に身に付くように以下に配慮して作成した．

　本書は大きく分けて 2 つの部分からなる．前半部分 (第 1 章から第 6 章) は概念の出発点となる定義，そこから得られる定理 (性質)，そしてその定理を利用あるいは理解する上で有用な例題という構成とした．定理の証明は簡単なもの以外はその時点ではつけず，後半部分 (付録 A から付録 D) に回した．その代わり，定理に関連する図を多く配して，直感的に定理の概念がわかるようにした．また，各節の終わりに練習問題を設けた．基本的には例題を参考にすれば解ける問題なので，理解を深めるために是非解いてみて欲しい．練習問題の中で † をつけた問題は難易度が高い問題となっているが，いろいろ試行錯誤しながらチャレンジしてみるとよいであろう．一方，後半部分は，前半部分で省いた証明を読者が自学自習でも読みこなせるように丁寧に議論を展開して配した．昨今，証明を省略する教科書も多いが，微分積分の考え方をもとにしてさらに発展した数学 (複素解析，ベクトル解析，変分法など) への一般化を考える場合，その証明の中にその一般化に際して留意しなければならない点が潜んでいる．また，理工系の学生であるのなら定理や公式を鵜呑みにせず，なぜそれが成り立っているのかを探求して欲しいとの思いもあり，その探求の一助となることを期待して，可能な限り定理には証明をつけるようにした．一読した

だけではわからないものもあると思うが，じっくり読み込んで論理の展開を学び，定理の理解を深めて欲しい．

　上記のような構成であるので，必ずしも数学を専門としない学生は，まずは例題・練習問題を自分自身で解いていきながら，前半部分を理解できるように努めるとよいであろう．数学は，定理に関連する具体例に数多く接して定理の有用性を実感し，また逆に，各具体例の関係性・共通性を見つけ，その一般化として定理があることを理解する，この繰り返しによって理解が深まっていくものである．著者の力量不足でそれをどこまで実現できるものになったかはわからないが，読者にとって本書がその助けになることを期待したい．さらに，余力のある学生は，是非後半部分も読み込んで欲しい．頁数の都合で加えることができなかった項目も多々あるが，本書が微分積分の理解を深めるきっかけになってくれれば幸いである．

　最後に，本書の執筆をお勧めくださり，また遅筆な著者にお付き合いいただき終始お世話になった学術図書出版社の発田孝夫氏には心から感謝の意を表したい．

2015 年 10 月

著者

目　　次

1

序章

▓ 実数の集合 ▓

記号 $\mathbb{N}$, $\mathbb{Z}$, $\mathbb{Q}$, $\mathbb{R}$ はそれぞれ

$$\mathbb{N} = \{\,自然数全体\,\} = \{1, 2, 3, \cdots\},$$

$$\mathbb{Z} = \{\,整数全体\,\} = \{0, \pm 1, \pm 2, \pm 3, \cdots\},$$

$$\mathbb{Q} = \{\,有理数全体\,\} = \left\{\left.\frac{m}{n}\,\right|\, m \in \mathbb{Z},\ n \in \mathbb{N}\right\},$$

$$\mathbb{R} = \{\,実数全体\,\}$$

を表すとする．数直線全体を $\mathbb{R}$ とみてもよい．次の形の集合を**区間**という．$a, b \in \mathbb{R}$, $a < b$ とする．

$$[a, b] = \{x \in \mathbb{R} \mid a \le x \le b\}, \quad (a, b) = \{x \in \mathbb{R} \mid a < x < b\},$$

$$[a, b) = \{x \in \mathbb{R} \mid a \le x < b\}, \quad (a, b] = \{x \in \mathbb{R} \mid a < x \le b\},$$

$$(a, \infty) = \{x \in \mathbb{R} \mid x > a\}, \quad (-\infty, b) = \{x \in \mathbb{R} \mid x < b\},$$

$$[a, \infty) = \{x \in \mathbb{R} \mid x \ge a\}, \quad (-\infty, b] = \{x \in \mathbb{R} \mid x \le b\}.$$

特に，$\mathbb{R} = (-\infty, \infty)$ であり，$\pm\infty \notin \mathbb{R}$ に注意する．一般に，$I\,(\subset \mathbb{R})$ が区間であるとは，次の (i), (ii) が成り立つことをいう．

(i) I が少なくとも 2 点を含む．

(ii) 任意の $x_1, x_2 \in I\,(x_1 < x_2)$ に対して，$x_1 < x < x_2$ となるすべての x は I に属する．

絶対値

実数 x の絶対値 $|x|$ は,

$$|x| = \left\{ \begin{array}{ll} x & (x \geq 0) \\ -x & (x < 0) \end{array} \right.$$

と定義される. このとき, 実数 a, b に対して, 次の等式, 不等式が成り立つ.

$$|ab| = |a||b|, \quad |a+b| \leq |a| + |b| \ (\text{三角不等式}), \quad ||a| - |b|| \leq |a - b|.$$

開集合と閉集合

$\delta > 0$ と点 a に対して,

$$U_\delta(a) = \{x \in \mathbb{R} \mid |x - a| < \delta\} = (a - \delta, a + \delta)$$

とおく. このとき, $U_\delta(a)$ を点 a の **δ-近傍**という. 特に δ を指定しない場合は, 単に近傍と呼ぶこともある.

$X \subset \mathbb{R}$ とする. 点 a に対して $U_\delta(a) \subset X$ となる δ-近傍 $U_\delta(a)$ が存在するとき, 点 a を X の**内点**という. 点 a に対して $U_\delta(a) \cap X = \emptyset$ となる δ-近傍 $U_\delta(a)$ が存在するとき, 点 a を X の**外点**という. 点 a が X の内点でも外点でもないとき, 点 a を X の**境界点**という.

集合 X はそのすべての点が内点であるとき, **開集合**と呼ばれる. X の境界点全体を X の**境界**といい, ∂X で表す. 集合 X の補集合 $X^c = \mathbb{R} \setminus X$ が開集合であるとき, X は**閉集合**と呼ばれる.

開集合かつ区間であるとき, それを**開区間**という. また, 閉集合かつ区間であるとき, それを**閉区間**という.

例 1.1

(1) 区間 (a, b) は開区間である. 実際, 各 $c \in (a, b)$ に対して

$$\delta = \min\left\{ \frac{c - a}{2}, \frac{b - c}{2} \right\} > 0$$

ととれば $U_\delta(c) \subset (a, b)$. したがって, 区間 (a, b) に含まれる点はすべて内点であるから, 区間 (a, b) は開集合である.

(2) 区間 $[a, \infty)$ は閉区間である. 実際, $\mathbb{R} \setminus [a, \infty) = (-\infty, a)$ より各 $c \in$

$(-\infty, a)$ に対して $\delta = \dfrac{a-c}{2} > 0$ ととれば $U_\delta(c) \subset (-\infty, a)$. したがって, 区間 $(-\infty, a)$ に含まれる点はすべて内点であるから, 区間 $(-\infty, a)$ は開集合である. よって, 区間 $[a, \infty)$ は閉集合である. ∎

最大値と最小値

集合 $X \subset \mathbb{R}$ は空集合でないとする. 実数 a が,

$$\text{任意の } x \in X \text{ について,} \quad x \le a$$

を満たすとき, a は X の**上界**であるといい, X の上界が存在することを, X は**上に有界**であるという. 一方, 実数 a が,

$$\text{任意の } x \in X \text{ について,} \quad x \ge a$$

を満たすとき, a は X の**下界**であるといい, X の下界が存在することを, X は**下に有界**であるという. X が上にも下にも有界であるとき, X は**有界**であるという.

実数 a が X の上界かつ $a \in X$ を満たすとき, a を X の**最大値**といい, $\max X$ で表す. 一方, 実数 a が X の下界かつ $a \in X$ を満たすとき, a を X の**最小値**といい, $\min X$ で表す.

二項展開

実数 a, b と自然数 n に対し,

$$(a+b)^n = \sum_{k=0}^{n} \binom{n}{k} a^{n-k} b^k$$

を**二項展開**といい, 二項展開の係数 $\binom{n}{k}$ を**二項係数**という. ここで,

$$\binom{n}{0} = 1, \quad \binom{n}{k} = \frac{n(n-1)\cdots(n-k+1)}{k!} \quad (k = 1, \cdots, n).$$

ただし, $n! = n(n-1) \cdots 2 \cdot 1$ であり, $0! = 1$ と規約する. $\binom{n}{k}$ は

$$_n\mathrm{C}_k = \frac{n!}{k!\,(n-k)!}$$

とも表記される.

2

関数

　関数は対応を表した概念であり，微分積分を始め，さまざまなところで用いられている．一般的には，集合の元に数が対応する．この章では，1変数関数の性質，特に，べき関数 (多項式)，三角関数，指数・対数関数などの初等関数とそれらの逆関数の性質について学ぶ．さらに，微分積分の概念の礎となる関数の極限を定義し，その性質と，上記の初等関数に関する重要な極限について学ぶ．また，1変数関数の中でもよい性質をもつ連続関数の概念を導入し，その応用例を学ぶ．

2.1　関数の極限 ━━━━━━━━━━━━━━━━━━━━━━━━ ❖

関数

　$X \subset \mathbb{R}$ とする．X の各元 x に対し，ただ1つの $\mathbb{R}$ の元 y を対応させる規則 f が定まっているとき，f を (実数値) **関数**という．記号として

$$f : X \to \mathbb{R}, \ x \mapsto y$$

と表す．このとき，$x \in X$ に対応する $\mathbb{R}$ の元を $f(x)$ で表し，f による x の**像**という．X を f の**定義域**，$f(X) = \{f(x) \mid x \in X\}$ を f の**値域**という．また，$y = f(x)$ と表したとき，x を f の**独立変数**，y を f の**従属変数**という．

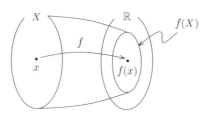

値域 $\{f(x) \mid x \in X\}$ が有界であるとき, 関数 f は X で**有界**であるという. また, 値域 $\{f(x) \mid x \in X\}$ の最大値, 最小値を関数 f の最大値, 最小値という.

合成関数

$X, Y \subset \mathbb{R}$ とする. 2 つの関数 $f : X \to \mathbb{R}$, $g : Y \to \mathbb{R}$ があるとき, $f(X) \subset Y$ であれば, $g(f(x)) \in \mathbb{R}$ が定まる. このとき,

$$h(x) = g(f(x)) \quad (x \in X)$$

とすると, 関数 $h : X \to \mathbb{R}$ が得られる. h を f と g の**合成関数**といい, $g \circ f$ で表す. つまり,

$$(g \circ f)(x) = g(f(x)) \quad (x \in X).$$

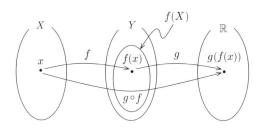

奇関数と偶関数, 周期関数

$X \subset \mathbb{R}$ とし, $x \in X$ に対して $-x \in X$ とする. 関数 $f : X \to \mathbb{R}$ が

$$f(-x) = -f(x) \quad (x \in X)$$

を満たすとき, f は**奇関数**であるという. 一方, 関数 $f : X \to \mathbb{R}$ が

$$f(-x) = f(x) \quad (x \in X)$$

を満たすとき, f は**偶関数**であるという.

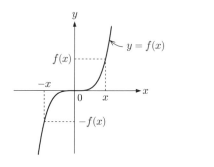

奇関数のグラフの例
原点に対して対称

偶関数のグラフの例
y 軸に対して対称

$p \in \mathbb{R}$, $p \neq 0$ とする. 関数 $f : \mathbb{R} \to \mathbb{R}$ に対して,

$$f(x + p) = f(x) \quad (x \in \mathbb{R})$$

が成り立つとき, p を f の**周期**という. 周期のうちで最小の正の数を**基本周期**という. p が f の基本周期であるとき, $n \in \mathbb{Z} \setminus \{0\}$ に対して np も f の周期となる.

初等関数 I : べき関数

$n \in \mathbb{N}$ とし, $x \in \mathbb{R}$ に対して

$$f(x) = x^n$$

を考える. このような関数を**べき関数**という. $n = 2m - 1 \, (m \in \mathbb{N})$ に対して,

$$f(-x) = (-x)^{2m-1} = -x^{2m-1} = -f(x)$$

が成り立つので, $f(x) = x^{2m-1} \, (x \in \mathbb{R})$ は奇関数である. 一方, $n = 2m \, (m \in \mathbb{N})$ に対して,

$$f(-x) = (-x)^{2m} = x^{2m} = f(x)$$

が成り立つので，$f(x) = x^{2m}\,(x \in \mathbb{R})$ は偶関数である.

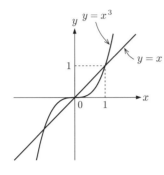

$y = x,\ y = x^3$ のグラフ

$y = x^2,\ y = x^4$ のグラフ

また，$m, n \in \mathbb{N}$ に対して，

$$x^{m+n} = x^m x^n, \quad (x^m)^n = x^{mn}$$

が成り立つことに注意する.

　定数 $a_i\,(i = 0, 1, \cdots, n)$ に対して，

$$a_0 x^n + a_1 x^{n-1} + \cdots + a_{n-1} x + a_n$$

を**多項式**という. 最高次の次数が n である多項式を n 次多項式という.

　$n \in \mathbb{N}$ とする. 付録 A の例題 A.1 によれば，任意の $x > 0$ に対して x の n 乗根 $\sqrt[n]{x}\,(= x^{\frac{1}{n}})$ がただ 1 つ存在する. よって，$x > 0$ に対して，関数

$$f(x) = \sqrt[n]{x}\,(= x^{\frac{1}{n}})$$

を考えることができる. このような関数もべき関数と呼ばれる.

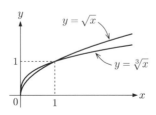

$y = \sqrt{x},\ y = \sqrt[3]{x}$ のグラフ

初等関数 II : 三角関数

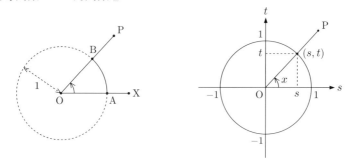

　左図において，回転角 ∠XOP の大きさは弧 AB の長さに比例する．そこで，回転角 ∠XOP の大きさを弧 AB の長さで表すことにし，単位として**ラジアン**を用いることにする．このような角の大きさの表し方のことを**弧度法**という．度数とは次の対応関係がある．

$$180° = \pi \, \text{ラジアン}, \quad 1 \, \text{ラジアン} = \left(\frac{180}{\pi} \right)^{\circ}.$$

動径 OP の回転する向きが左回りであるときを正の向きとして，正の向きの回転角を正の角，負の向きの回転角を負の角とする．

　以下，角度の測り方は弧度法を用いることにする．また便宜上，図では弧度であっても角度の位置にその大きさを表す記号 (x, θ など) を書くことにする．

　いま，(s, t)-座標平面上で s 軸の正の部分を始線にとり，始線から角 x だけ回転した位置にある動径 OP と原点 O を中心とする半径 1 の円との交点の座標を (s, t) とする (上記の右図を参照)．このとき，$s, t, \dfrac{t}{s}$ は角 x のみによって定まるので，

$$s = \cos x, \quad t = \sin x, \quad \frac{t}{s} = \tan x$$

と定める．ただし，$x = \dfrac{\pi}{2} + n\pi$ (n は整数) では $s = 0$ となるので，$\tan x$ の値は定義しない．$\sin x, \cos x, \tan x$ はそれぞれ x の関数であり，これらの関数を**三角関数**という．また，$\sec x, \operatorname{cosec} x, \cot x$ を

$$\sec x = \frac{1}{\cos x}, \quad \operatorname{cosec} x = \frac{1}{\sin x}, \quad \cot x = \frac{1}{\tan x}$$

で定義する.

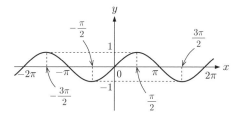

$y = \sin x$ のグラフ

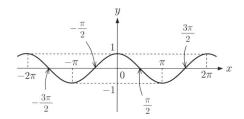

$y = \cos x$ のグラフ

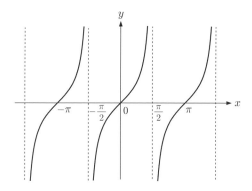

$y = \tan x$ のグラフ

三角関数については, 次の性質が成り立つ.

────── 三角関数の性質 ──────

(1) $\sin^2 x + \cos^2 x = 1$, $\tan x = \dfrac{\sin x}{\cos x}$, $1 + \tan^2 x = \dfrac{1}{\cos^2 x}$.

(2) $\sin x$ の定義域は $\mathbb{R}$, 値域は $\{y \mid -1 \leq y \leq 1\}$.

$\cos x$ の定義域は $\mathbb{R}$, 値域は $\{y \mid -1 \leq y \leq 1\}$.

$\tan x$ の定義域は $\{x \in \mathbb{R} \mid x \neq \dfrac{\pi}{2} + n\pi \, (n \in \mathbb{Z})\}$, 値域は $\mathbb{R}$.

(3) $\sin(x + 2n\pi) = \sin x$, $\cos(x + 2n\pi) = \cos x$,

$\tan(x + n\pi) = \tan x$ $(n \in \mathbb{Z})$.

つまり, $\sin x$, $\cos x$ の基本周期は 2π, $\tan x$ の基本周期は π である.

(4) $\sin(-x) = -\sin x$, $\cos(-x) = \cos x$, $\tan(-x) = -\tan x$.

つまり, $\sin x$, $\tan x$ は奇関数, $\cos x$ は偶関数である.

また，次の性質が成り立つ.

────── 加法定理 ──────

以下の式は複号同順である.

$$\sin(x \pm y) = \sin x \cos y \pm \cos x \sin y,$$

$$\cos(x \pm y) = \cos x \cos y \mp \sin x \sin y.$$

加法定理より，よく使われる以下の公式が導かれる.

────── 倍角の公式 ──────

$$\sin 2x = 2 \sin x \cos x,$$

$$\cos 2x = \cos^2 x - \sin^2 x = 2\cos^2 x - 1 = 1 - 2\sin^2 x.$$

────── 半角の公式 ──────

$$\sin^2 \frac{x}{2} = \frac{1 - \cos x}{2}, \quad \cos^2 \frac{x}{2} = \frac{1 + \cos x}{2}.$$

—— 和積の公式 ——

$$\sin x + \sin y = 2 \sin \frac{x+y}{2} \cos \frac{x-y}{2},$$

$$\sin x - \sin y = 2 \cos \frac{x+y}{2} \sin \frac{x-y}{2},$$

$$\cos x + \cos y = 2 \cos \frac{x+y}{2} \cos \frac{x-y}{2},$$

$$\cos x - \cos y = -2 \sin \frac{x+y}{2} \sin \frac{x-y}{2}.$$

—— 積和の公式 ——

$$\sin x \cos y = \frac{1}{2}\{\sin(x+y) + \sin(x-y)\},$$

$$\cos x \sin y = \frac{1}{2}\{\sin(x+y) - \sin(x-y)\},$$

$$\cos x \cos y = \frac{1}{2}\{\cos(x+y) + \cos(x-y)\},$$

$$\sin x \sin y = -\frac{1}{2}\{\cos(x+y) - \cos(x-y)\}.$$

関数の極限とその性質

関数 $f : X \to \mathbb{R}$, $x \mapsto f(x)$ に対し $U_{\delta_0}(a) \setminus \{a\} \subset X\,(\delta_0 > 0)$ とするとき, $f(x)$ の点 a における極限が α であるとは, 次が成り立つことをいう.

　　任意の $\varepsilon > 0$ に対して, ある $\delta \in (0, \delta_0)$ が存在し,

　　$0 \ne |x - a| < \delta$ を満たす任意の x について, $|f(x) - \alpha| < \varepsilon$.

これは, 論理記号を用いて

　　$\forall \varepsilon > 0,\ \exists \delta > 0$　s.t.　$\forall x,\ 0 \ne |x - a| < \delta$ ならば $|f(x) - \alpha| < \varepsilon$

と表せる. 上記が成り立つとき,

$$\lim_{x \to a} f(x) = \alpha \quad \text{または} \quad f(x) \to \alpha\ (x \to a)$$

で表す。$f(x)$ は点 a で α に**収束**するともいう。いかなる実数にも収束しないことを**発散**するという。

関数 $f : (L_0, \infty) \to \mathbb{R}$, $x \mapsto f(x)$ に対し、$f(x)$ の $x \to \infty$ での極限が α であるとは、次が成り立つことをいう。

　　　任意の $\varepsilon > 0$ に対して、ある $L\,(> L_0)$ が存在し、

　　　$x > L$ を満たす任意の x について、$|f(x) - \alpha| < \varepsilon$.

これは、論理記号を用いて

$$\forall \varepsilon > 0,\ \exists L \quad \text{s.t.} \quad \forall x,\ x > L \ \text{ならば}\ |f(x) - \alpha| < \varepsilon$$

と表せる。上記が成り立つとき、

$$\lim_{x \to \infty} f(x) = \alpha \quad \text{または} \quad f(x) \to \alpha\ (x \to \infty)$$

で表す。また、$x < L$ とすれば、$x \to -\infty$ での極限も定義できる。

関数の極限に関して以下の性質が成り立つ。これらの定理の証明は付録 B を参照せよ。

定理 2.1　$\alpha, \beta \in \mathbb{R}$ とする。$\displaystyle\lim_{x \to a} f(x) = \alpha$, $\displaystyle\lim_{x \to a} g(x) = \beta$ であれば、

(i)　**(線形性)** 定数 λ, μ について、$\displaystyle\lim_{x \to a}\{\lambda f(x) + \mu g(x)\} = \lambda \alpha + \mu \beta$.

(ii)　$\displaystyle\lim_{x \to a} f(x) g(x) = \alpha \beta$.

(iii)　$\displaystyle\lim_{x \to a} \frac{f(x)}{g(x)} = \frac{\alpha}{\beta}\ (\beta \neq 0)$.

定理 2.2　$\alpha, \beta \in \mathbb{R}$ とする。関数 $f(x)$, $g(x)$ に対して、$f(x) \leq g(x)$ $(x \in U_{\delta_0}(a) \setminus \{a\}, \delta_0 > 0)$ かつ $\displaystyle\lim_{x \to a} f(x) = \alpha$, $\displaystyle\lim_{x \to a} g(x) = \beta$ であれば、$\alpha \leq \beta$.

定理 2.3 (はさみうち法)　関数 $f(x), g(x), h(x)$ に対して、$f(x) \leq h(x) \leq g(x)$ $(x \in U_{\delta_0}(a) \setminus \{a\}, \delta_0 > 0)$ かつ $\displaystyle\lim_{x \to a} f(x) = \lim_{x \to a} g(x) = \alpha$ であれば、$\displaystyle\lim_{x \to a} h(x) = \alpha$.

注意 2.1 定理 2.3 の仮定において等号が成り立つ $x \in U_{\delta_0}(a) \setminus \{a\}$ は必ずしも存在しなくてよい. つまり, $f(x) < h(x) < g(x)$ でもよい. 実際, 任意の $x \in U_\delta(a) \setminus \{a\}$ に対し $f(x) < g(x)$ であっても, $\lim_{x \to a} f(x) = \lim_{x \to a} g(x)$ となり得る. たとえば $f(x) = x^2$, $g(x) = 2x^2$ は, 任意の $x \neq 0$ に対して $f(x) < g(x)$ であるが, $\lim_{x \to 0} f(x) = \lim_{x \to 0} g(x) = 0$ である.

例題 2.1 次の極限値を求めよ.

(1) $\displaystyle \lim_{x \to 2} \frac{x^4 - 8x^2 + 16}{(x-2)^2}$ (2) $\displaystyle \lim_{x \to 1} \frac{x^3 - 1}{\sqrt{x+3} - 2}$

(3) $\displaystyle \lim_{x \to -\infty} \frac{3x+2}{\sqrt{x^2 - 5x}}$ (4) $\displaystyle \lim_{x \to \infty} \frac{1}{\sqrt{x^4 + x^2} - x^2}$

解答 (1) $x^4 - 8x^2 + 16 = (x^2 - 4)^2 = (x-2)^2(x+2)^2$ と変形できるので,

$$\lim_{x \to 2} \frac{x^4 - 8x^2 + 16}{(x-2)^2} = \lim_{x \to 2} (x+2)^2 = 16.$$

(2) 分母, 分子に $\sqrt{x+3} + 2$ を掛けると,

$$\lim_{x \to 1} \frac{x^3 - 1}{\sqrt{x+3} - 2} = \lim_{x \to 1} \frac{(x^3 - 1)(\sqrt{x+3} + 2)}{(\sqrt{x+3} - 2)(\sqrt{x+3} + 2)}$$

$$= \lim_{x \to 1} \frac{(x^3 - 1)(\sqrt{x+3} + 2)}{x - 1}$$

$$= \lim_{x \to 1} (x^2 + x + 1)(\sqrt{x+3} + 2) = 12.$$

(3) $x \to -\infty$ のとき $\sqrt{x^2} = |x| = -x$ であることに注意すると,

$$\lim_{x \to -\infty} \frac{3x+2}{\sqrt{x^2 - 5x}} = \lim_{x \to -\infty} \frac{x\left(3 + \dfrac{2}{x}\right)}{\sqrt{x^2}\sqrt{1 - \dfrac{5}{x}}}$$

$$= \lim_{x \to -\infty} \frac{3 + \dfrac{2}{x}}{-\sqrt{1 - \dfrac{5}{x}}} = -3.$$

(1) 分母, 分子に $\sqrt{x^4 + x^2} + x^2$ を掛け, $\sqrt{x^4} = x^2$ であることに注意すれば,

$$\lim_{x \to \infty} \frac{1}{\sqrt{x^4 + x^2} - x^2} = \lim_{x \to \infty} \frac{\sqrt{x^4 + x^2} + x^2}{(\sqrt{x^4 + x^2} - x^2)(\sqrt{x^4 + x^2} + x^2)}$$

$$= \lim_{x \to \infty} \frac{\sqrt{x^4}\sqrt{1 + \dfrac{1}{x^2}} + x^2}{x^2}$$

$$= \lim_{x \to \infty} \left(\sqrt{1 + \frac{1}{x^2}} + 1 \right) = 2.$$

例題 2.2 関数 $x \sin \dfrac{1}{x}$ $(x \neq 0)$ の点 $x = 0$ における極限を求めよ.

解答 $\left| \sin \dfrac{1}{x} \right| \leq 1$ であるから, $x \neq 0$ に対して,

$$0 \leq \left| x \sin \frac{1}{x} \right| = |x| \left| \sin \frac{1}{x} \right| \leq |x|.$$

ここで $\lim_{x \to 0} |x| = 0$ であるから, はさみうち法 (定理 2.3) より $\lim_{x \to 0} \left| x \sin \dfrac{1}{x} \right| = 0$ を得る. よって, $\lim_{x \to 0} x \sin \dfrac{1}{x} = 0$.

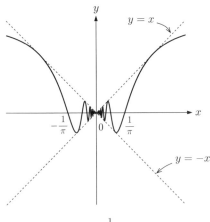

$y = x \sin \dfrac{1}{x}$ のグラフ

関数 $f : X \to \mathbb{R}$, $x \mapsto f(x)$ に対し $(a, a+\delta_0) \subset X \, (\delta_0 > 0)$ とするとき，$f(x)$ の点 a における**右側極限**が α であるとは，次が成り立つことをいう．

　任意の $\varepsilon > 0$ に対して，ある $\delta \in (0, \delta_0)$ が存在し，

　$a < x < a + \delta$ を満たす任意の x について，$|f(x) - \alpha| < \varepsilon$

　$(\forall \varepsilon > 0, \ \exists \delta > 0 \quad \text{s.t.} \quad \forall x, \ a < x < a + \delta \ \text{ならば} \ |f(x) - \alpha| < \varepsilon)$

このとき，

$$\lim_{x \to a+0} f(x) = \alpha$$

で表す．一方，$(a - \delta_0, a) \subset X \, (\delta_0 > 0)$ とするとき，$f(x)$ の点 a における**左側極限**が α であるとは，次が成り立つことをいう．

　任意の $\varepsilon > 0$ に対して，ある $\delta \in (0, \delta_0)$ が存在し，

　$a - \delta < x < a$ を満たす任意の x について，$|f(x) - \alpha| < \varepsilon$

　$(\forall \varepsilon > 0, \ \exists \delta > 0 \quad \text{s.t.} \quad \forall x, \ a - \delta < x < a \ \text{ならば} \ |f(x) - \alpha| < \varepsilon)$

このとき，

$$\lim_{x \to a-0} f(x) = \alpha$$

で表す．右側極限，左側極限についても定理 2.1, 定理 2.2, 定理 2.3 の性質が成り立つ．また，次の定理を得る．

定理 2.4　$\displaystyle \lim_{x \to a} f(x) = \alpha$ であるための必要十分条件は，$\displaystyle \lim_{x \to a+0} f(x) = \alpha$ かつ $\displaystyle \lim_{x \to a-0} f(x) = \alpha$ となることである．

この定理の証明は付録 B を参照せよ．

例題 2.3　関数

$$f(x) = \begin{cases} x + 1 & (x > 0) \\ x - 1 & (x < 0) \end{cases}$$

の点 $x = 0$ における極限を調べる．

解答 $f(x)$ の点 $x = 0$ における右側極限と左側極限は，それぞれ

$$\lim_{x \to 0+0} f(x) = 1, \qquad \lim_{x \to 0-0} f(x) = -1$$

となるから，$\displaystyle\lim_{x \to 0+0} f(x) \neq \lim_{x \to 0-0} f(x)$. よって，$f(x)$ は点 0 で発散する.

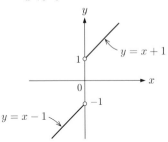

例題 **2.4** $\displaystyle\lim_{x \to 0} \frac{\sin x}{x}$ を求めよ.

解答 $f(x) = \dfrac{\sin x}{x}$ とおくと，

$$f(-x) = \frac{\sin(-x)}{-x} = \frac{-\sin x}{-x} = f(x)$$

が成り立つので，右側極限 $\displaystyle\lim_{x \to 0+0} \frac{\sin x}{x}$ だけ求めればよい. 実際，

$$\lim_{x \to 0-0} f(x) \underset{(t=-x)}{=} \lim_{t \to 0+0} f(-t) = \lim_{t \to 0+0} f(t)$$

であるから，右側極限と左側極限は一致する.

$0 < x \leq \dfrac{\pi}{2}$ であれば，不等式

$$\sin x < x \leq 2\tan\frac{x}{2}$$

が成り立つ (付録 B を参照) ので，

$$1 > \frac{\sin x}{x} = \frac{2}{x}\sin\frac{x}{2}\cos\frac{x}{2} = \frac{2}{x}\tan\frac{x}{2}\cos^2\frac{x}{2} \geq \cos^2\frac{x}{2}.$$

ここで $\displaystyle\lim_{x \to 0+0} \cos^2 \frac{x}{2} = 1$ であるから，はさみうち法 (定理 2.3) より

$$\lim_{x \to 0+0} \frac{\sin x}{x} = 1.$$

よって，$\displaystyle\lim_{x \to 0} \frac{\sin x}{x} = 1$ である．

例題 2.5　次の極限値を求めよ．

(1) $\displaystyle\lim_{x \to 0} \frac{\tan x}{x}$　　(2) $\displaystyle\lim_{x \to 0} \frac{\sin ax}{ax}$ $(a \neq 0)$　　(3) $\displaystyle\lim_{x \to 0} \frac{1 - \cos x}{x^2}$

解答　(1) $\tan x = \dfrac{\sin x}{\cos x}$ であるから，

$$\lim_{x \to 0} \frac{\tan x}{x} = \lim_{x \to 0} \frac{\sin x}{x} \cdot \frac{1}{\cos x} = 1.$$

(2) $t = ax$ とおくと，$x \to 0$ のとき $t \to 0$ であるから，

$$\lim_{x \to 0} \frac{\sin ax}{ax} = \lim_{t \to 0} \frac{\sin t}{t} = 1.$$

(3) $0 < |x| < \pi$ に対して，

$$\frac{1 - \cos x}{x^2} = \frac{(1 - \cos x)(1 + \cos x)}{x^2(1 + \cos x)} = \frac{1 - \cos^2 x}{x^2(1 + \cos x)}$$

$$= \left(\frac{\sin x}{x} \right)^2 \frac{1}{1 + \cos x}$$

と変形できる．$\displaystyle\lim_{x \to 0} \frac{\sin x}{x} = 1$ であるから，

$$\lim_{x \to 0} \frac{1 - \cos x}{x^2} = \lim_{x \to 0} \left(\frac{\sin x}{x} \right)^2 \frac{1}{1 + \cos x} = \frac{1}{2}.$$

自然数 $1, 2, \cdots, n, \cdots$ に対して，実数 $x_1, x_2, \cdots, x_n, \cdots$ が定められているとき，これを**数列**といい，$\{x_n\}_{n=1}^{\infty}$，$\{x_n\}_{n \in \mathbb{N}}$，$\{x_n\}$ などで表す．n 番目の実数 x_n を第 n 項という．数列 $\{x_n\}$ の極限が a であるとは，次が成り立つことをいう．

任意の $\varepsilon > 0$ に対して，ある $n_0 \in \mathbb{N}$ が存在し，$n \geq n_0$ を満たす

任意の $n \in \mathbb{N}$ について，$|x_n - a| < \varepsilon$.

これは，論理記号を用いて

$$\forall \varepsilon > 0, \ \exists n_0 \in \mathbb{N} \quad \text{s.t.} \quad \forall n \in \mathbb{N}, \ n \geq n_0 \ \text{ならば} \ |x_n - a| < \varepsilon$$

と表せる．上記が成り立つとき，

$$\lim_{n \to \infty} x_n = a \quad \text{または} \quad x_n \to a \ (n \to \infty)$$

で表す．数列 $\{x_n\}$ は a に収束するともいう．

　関数の極限を数列の極限を用いて表すと，以下のようになる．

定理 2.5　$\displaystyle\lim_{x \to a} f(x) = \alpha$ であるための必要十分条件は，$\displaystyle\lim_{n \to \infty} x_n = a$，$x_n \neq a \, (n \in \mathbb{N})$ を満たす任意の数列 $\{x_n\}$ に対し，$\displaystyle\lim_{n \to \infty} f(x_n) = \alpha$ となることである．

　この定理の証明は付録 B を参照せよ．

注意 2.2　定理 2.5 から以下が成り立つことが示される．

　　$\displaystyle\lim_{x \to a} f(x)$ が存在するならば，点 a に収束する任意の数列

　　$\{x_n\}$, $\{y_n\}$ に対して $\displaystyle\lim_{n \to \infty} f(x_n) = \lim_{n \to \infty} f(y_n)$．

この対偶をとれば，以下が成り立つことがわかる．

　　点 a に収束する $\{x_n\}$, $\{y_n\}$ で $\displaystyle\lim_{n \to \infty} f(x_n) \neq \lim_{n \to \infty} f(y_n)$

　　となるものが存在するならば，$\displaystyle\lim_{x \to a} f(x)$ は存在しない

(関数 f は点 a で発散する)．

例題 2.6　関数 $f(x) = \sin\dfrac{1}{x}$ の点 $x = 0$ における極限を調べよ．

解答　0 に収束する数列 $\{x_n\}$, $\{y_n\}$ として

$$x_n = \frac{1}{2n\pi}, \quad y_n = \frac{1}{2n\pi + \dfrac{\pi}{2}} \quad (n \in \mathbb{N})$$

をとると,

$$f(x_n) = \sin 2n\pi = 0, \quad f(y_n) = \sin\left(2n\pi + \frac{\pi}{2}\right) = \sin\frac{\pi}{2} = 1$$

となるから,

$$\lim_{n\to\infty} f(x_n) = 0, \quad \lim_{n\to\infty} f(y_n) = 1.$$

よって, 0 に収束する数列 $\{x_n\}$, $\{y_n\}$ で $\displaystyle\lim_{n\to\infty} f(x_n) \neq \lim_{n\to\infty} f(y_n)$ となるものが存在するので, $f(x) = \sin\dfrac{1}{x}$ は点 $x = 0$ で発散する.

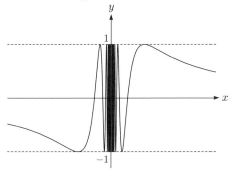

$y = \sin\dfrac{1}{x}$ のグラフ. $x = 0$ の近くで振動が激しく $\displaystyle\lim_{x\to 0}\sin\dfrac{1}{x}$ は存在しない.

∞ または $-\infty$ への発散を定義する. $\displaystyle\lim_{x\to a+0} f(x) = \infty$ であるとは, 次が成り立つことをいう.

任意の L に対して, ある $\delta > 0$ が存在し,

$a < x < a + \delta$ を満たす任意の x について, $f(x) > L$.

($\forall L$, $\exists \delta > 0$ s.t. $\forall x$, $a < x < a + \delta$ ならば $f(x) > L$.)

同様にして $\displaystyle\lim_{x\to a-0} f(x) = \infty$, $\displaystyle\lim_{x\to a+0} f(x) = -\infty$, $\displaystyle\lim_{x\to a-0} f(x) = -\infty$ も定義できる. このような極限の発散の例としては

$$\lim_{x\to 0+0}\frac{1}{x} = \infty, \quad \lim_{x\to 0-0}\frac{1}{x} = -\infty,$$

$$\lim_{x\to \frac{\pi}{2}-0}\tan x = \infty, \quad \lim_{x\to -\frac{\pi}{2}+0}\tan x = -\infty$$

が挙げられる.

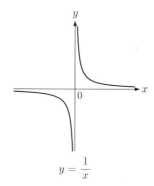

$$y = \frac{1}{x}$$

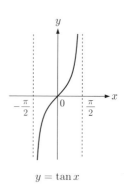

$$y = \tan x$$

練習問題 2-1

1. 次の関数 $f(x)$, $g(x)$ に対して，合成関数 $(g \circ f)(x)$, $(f \circ g)(x)$ を求めよ．

(1) $f(x) = \sin x$, $g(x) = x^3$ (2) $f(x) = \dfrac{1}{x^3}$, $g(x) = x^2 - 1$

(3) $f(x) = \dfrac{2x}{x-1}$, $g(x) = \sqrt{x-1}$ (4) $f(x) = \tan x$, $g(x) = \sqrt{x}$

2. 次の関数 $f(x)$ は奇関数か，偶関数か，あるいはどちらでもないかを判定せよ．

(1) $f(x) = |\sin x|$ (2) $f(x) = x \cos x$ (3) $f(x) = \sin x + \cos x$

(4) $f(x) = \begin{cases} \pi - x & (0 \leq x \leq \pi) \\ x + \pi & (-\pi \leq x < 0) \end{cases}$

3. $a > 0$ とする．関数 $f(x) = \sin ax$ の基本周期を求めよ．

4. 次の極限値を求めよ．

(1) $\displaystyle\lim_{x \to 1} \frac{7x^2 - 10x + 3}{x - 1}$ (2) $\displaystyle\lim_{x \to -3} \frac{x^2 - 14x - 51}{x^2 - 4x - 21}$

(3) $\displaystyle\lim_{x \to 0} \frac{\sqrt{x^2 + 4} - 2}{x^2}$ (4) $\displaystyle\lim_{x \to \infty} \frac{2x^3 + 1}{\sqrt{x^6 + 5x^2}}$

(5) $\displaystyle\lim_{x \to -\infty} \frac{\sqrt{x^2 - 3}}{2x + 1}$ (6) $\displaystyle\lim_{x \to \infty} (\sqrt{x^2 - x + 2} - x)$

5. 次の極限値を求めよ．ただし，$\displaystyle\lim_{x\to 0}\frac{\sin x}{x}=1$ は証明なしで利用して よい．

(1) $\displaystyle\lim_{x\to 3}\frac{\sin\{2(x-3)\}}{x-3}$　　　(2) $\displaystyle\lim_{x\to 0}\frac{\sin 3x}{\sin 2x}$　　　(3) $\displaystyle\lim_{x\to 0}\frac{\tan 2x}{\sin x}$

(4) $\displaystyle\lim_{x\to 0}\frac{1-\cos 3x}{x^2}$　　　(5) $\displaystyle\lim_{x\to\frac{\pi}{2}}\frac{\cos x}{x-\dfrac{\pi}{2}}$　　　(6) $\displaystyle\lim_{x\to 1-0}\frac{\sin|x-1|}{x-1}$

(7) $\displaystyle\lim_{x\to\infty}x\sin\frac{1}{x}$　　　(8) $\displaystyle\lim_{x\to\infty}\frac{\sin x}{x}$　　　(9) $\displaystyle\lim_{x\to\infty}\frac{1-\cos x}{x^2}$

2.2　連続関数

▎関数の連続性▎

$I (\subset \mathbb{R})$ を区間とし，区間 I で定義された関数 f について考えよう．

関数 $f : I \to \mathbb{R}$, $x \mapsto f(x)$ に対し，点 a の近傍は I に含まれているとする．関数 f が点 a で**連続**であるとは，

$$\lim_{x \to a} f(x) = f(a).$$

が成り立つことをいう．

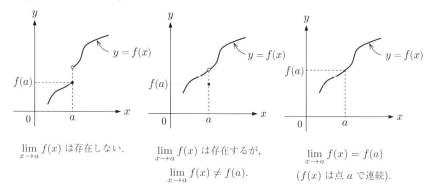

$\lim_{x \to a} f(x)$ は存在しない.

$\lim_{x \to a} f(x)$ は存在するが,
$\lim_{x \to a} f(x) \neq f(a).$

$\lim_{x \to a} f(x) = f(a)$
($f(x)$ は点 a で連続).

関数 $f : I \to \mathbb{R}$ に対して，$[a, a + \delta) \subset I$（ただし，$\delta > 0$）とする．$\lim_{x \to a+0} f(x) = f(a)$ が成り立つとき，f は点 a で**右連続**であるという．一方，$(a - \delta, a] \subset I$（ただし，$\delta > 0$）とし，$\lim_{x \to a-0} f(x) = f(a)$ が成り立つとき，f は点 a で**左連続**であるという．

開区間 I に対して，関数 $f : I \to \mathbb{R}$ が I で連続であるとは，f が I の各点で連続であることをいう．一方，端点をもつ区間 I に対して，関数 $f : I \to \mathbb{R}$ が I で連続であるとは，f が I の端点以外の各点で連続であり，かつ左端がある場合はその点で右連続，右端がある場合はその点で左連続であることをいう．

例題 2.7　$\sin x$ が $\mathbb{R}$ で連続であることを示せ（つまり，任意の $a \in \mathbb{R}$ に対して，$\lim_{x \to a} \sin x = \sin a$ であることを示せ）．

解答　三角関数の和積の公式より，

$$\sin x - \sin a = 2\cos\frac{x+a}{2}\sin\frac{x-a}{2}$$

が成り立ち，$\left|\cos\dfrac{x+a}{2}\right| \le 1$ であるから，

$$|\sin x - \sin a| = \left|2\cos\frac{x+a}{2}\sin\frac{x-a}{2}\right| \le 2\left|\sin\frac{x-a}{2}\right|.$$

ここで，$|\theta| < \dfrac{\pi}{2}$ に対して $|\sin\theta| \le |\theta|$ であるから，

$$(0 \le)\,|\sin x - \sin a| \le |x-a|.$$

よって，$\displaystyle\lim_{x \to a}|x-a| = 0$ とはさみうち法（定理 2.3）より，$\displaystyle\lim_{x \to a}|\sin x - \sin a| = 0$ を得るので，$\displaystyle\lim_{x \to a}\sin x = \sin a.$

連続関数については，以下の定理が成り立つ．

定理 2.6　I を区間とする．関数 $f, g : I \to \mathbb{R}$ が I で連続であれば，関数 $\lambda f + \mu g\,(\lambda, \mu \in \mathbb{R}$ は定数)，fg は I で連続である．また，$\dfrac{f}{g}$ は $\{x \in I \mid g(x) \ne 0\}$ で連続である．

この定理は，定理 2.1 を用いれば容易に示すことができる．

定理 2.7　I を区間とする．関数

$$f : I \to \mathbb{R},\ x \mapsto y = f(x),\quad g : J \to \mathbb{R},\ y \mapsto z = g(y)$$

は連続で，$f(I) \subset J$ とする．このとき，合成関数

$$g \circ f : I \to \mathbb{R},\ x \mapsto z = (g \circ f)(x)\,(= g(f(x)))$$

は I で連続である．

この定理の証明は付録 B を参照せよ．

例 2.1

$\cos x = \sin\left(\dfrac{\pi}{2} - x\right)$ であり，$f(x) = \dfrac{\pi}{2} - x$，$g(y) = \sin y$ は $\mathbb{R}$ で連続であ

るから, $\cos x\,(= g(f(x)))$ も $\mathbb{R}$ で連続である. また, $\tan x = \dfrac{\sin x}{\cos x}$ であるから, $\tan x$ は $\left\{ x \in \mathbb{R} \,\middle|\, x \neq \dfrac{\pi}{2} + n\pi\,(n \in \mathbb{Z}) \right\}$ で連続である.

定理 2.8 (中間値の定理)　関数 $f(x)$ は有界閉区間 $[a,b]$ で連続とする. $f(a) \neq f(b)$ であれば, $f(a) < \mu < f(b)$ または $f(a) > \mu > f(b)$ となる任意の μ に対して, $a < c < b$ を満たす点 c が存在し $f(c) = \mu$ となる.

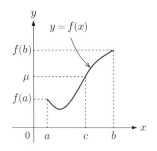 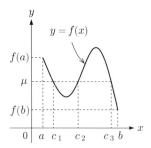

この定理の証明は, 付録 B を参照せよ.

例題 2.8　方程式 $\sin x - x\cos x = 0$ は区間 $\left(\pi, \dfrac{3\pi}{2}\right)$ で解をもつことを示せ.

解答　$f(x) = \sin x - x\cos x$ とおく. $\sin x,\ x,\ \cos x$ は $\mathbb{R}$ で連続であるから, これらの関数の和と積で表される $f(x)$ は区間 $\left[\pi, \dfrac{3\pi}{2}\right]$ で連続である. さらに

$$f(\pi) = \pi > 0, \quad f\left(\frac{3\pi}{2}\right) = -1 < 0.$$

よって中間値の定理より, $f(c) = 0$ となる $c \in \left(\pi, \dfrac{3\pi}{2}\right)$ が存在する. つまり, 方程式 $f(x) = 0$ は区間 $\left(\pi, \dfrac{3\pi}{2}\right)$ で解 c をもつ.

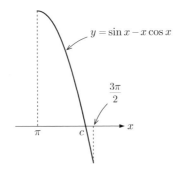

区間 $\left[\pi, \dfrac{3\pi}{2}\right]$ における $y = \sin x - x\cos x$ のグラフ

> **例題 2.9** 円形の針金を考える．円の中心からある方向に軸をとり，その軸から反時計回りに角度 θ 回した位置の針金の温度を $f(\theta)$ とする．このとき針金の温度が $\theta \in [0, 2\pi]$ に関して連続とすると，対極点同士の温度が一致するような点が必ず存在することを示せ．

解答 中間値の定理を用いて証明する．$F(\theta) = f(\theta) - f(\theta + \pi)$ とする．$f(\theta + 2\pi) = f(\theta)$ に注意すれば，

$$F(0) = f(0) - f(\pi),$$

$$F(\pi) = f(\pi) - f(2\pi) = f(\pi) - f(0) = -\{f(0) - f(\pi)\} = -F(0).$$

$F(0) = 0$ の場合は，$f(0) = f(\pi)$ となり $\theta = 0$ の位置が求める点である．$F(0) \neq 0$ の場合は，$F(0)$ と $F(\pi)$ が異符号となるので，中間値の定理より，ある $\theta_0 \in (0, \pi)$ が存在して，$F(\theta_0) = 0$ となる．つまり，$f(\theta_0) = f(\theta_0 + \pi)$ となるので，$\theta = \theta_0$ の位置が求める点となる． ∎

> **定理 2.9 (最大最小の原理)** 関数 $f(x)$ が有界閉区間 $[a, b]$ で連続ならば，$f(x)$ は $[a, b]$ で最大値，最小値をとる．

この定理の証明は，付録 B を参照せよ．

注意 2.3 関数 $f : X \to \mathbb{R}$ に対して，f の最大値，最小値とは，f の値域

$f(X) = \{f(x) \,|\, x \in X\}$ の最大値，最小値を意味する．

注意 2.4　この定理の仮定で「有界閉区間」と「連続」はどちらもはずせない仮定である．たとえば，

$$f(x) = \tan x \ \left(-\frac{\pi}{2} < x < \frac{\pi}{2}\right) \ \ \left(\text{開区間} \left(-\frac{\pi}{2}, \frac{\pi}{2}\right) \text{で連続な関数}\right),$$

$$g(x) = x \ (x \geq 0) \ \ (\text{閉区間} \ [0, \infty) \text{で連続な関数}),$$

$$h(x) = \begin{cases} x + 1 & (-1 \leq x \leq 0) \\ \dfrac{1}{x} & (0 < x \leq 1) \end{cases}$$

　　　(有界閉区間 $[-1, 1]$ で定義されているが，$x = 0$ で不連続な関数)

とすると，f は最大値，最小値をとらず，g, h は最大値をとらない．

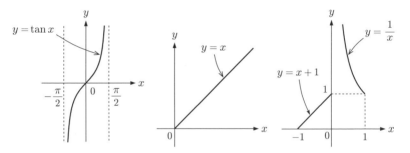

単調関数

$I \,(\subset \mathbb{R})$ を区間とし，区間 I で定義された関数 f について考えよう．

関数 $f : I \to \mathbb{R}, \ x \mapsto f(x)$ が**単調増加**であるとは，任意の $x_1, x_2 \in I$ に対して，

$$x_1 < x_2 \ \text{ならば} \ f(x_1) \leq f(x_2)$$

が成り立つことをいう．特に，$x_1 < x_2$ ならば $f(x_1) < f(x_2)$ であるとき，f は**狭義単調増加**であるという．また，関数 f が**単調減少**であるとは，任意の $x_1, x_2 \in I$ に対して，

$$x_1 < x_2 \ \text{ならば} \ f(x_1) \geq f(x_2)$$

が成り立つことをいう. 特に, $x_1 < x_2$ ならば $f(x_1) > f(x_2)$ であるとき, f は**狭義単調減少**であるという.

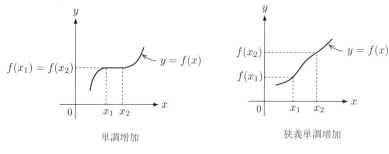

単調増加

$f(x_1) = f(x_2)\,(x_1 < x_2)$

となる部分があってもよい.

狭義単調増加

例題 2.10 $\sin x$ が区間 $\left[-\dfrac{\pi}{2}, \dfrac{\pi}{2}\right]$ で狭義単調増加であることを示せ.

解答 三角関数の和積の公式より,

$$\sin x_2 - \sin x_1 = 2\cos \frac{x_2 + x_1}{2} \sin \frac{x_2 - x_1}{2}$$

を得る. ここで, $-\dfrac{\pi}{2} \leq x_1 < x_2 \leq \dfrac{\pi}{2}$ とすると, $-\dfrac{\pi}{2} < \dfrac{x_2 + x_1}{2} < \dfrac{\pi}{2}$, $0 < \dfrac{x_2 - x_1}{2} \leq \dfrac{\pi}{2}$ であるから,

$$\cos \frac{x_2 + x_1}{2} > 0, \quad \sin \frac{x_2 - x_1}{2} > 0.$$

よって, $\sin x_2 - \sin x_1 > 0$. したがって, $-\dfrac{\pi}{2} \leq x_1 < x_2 \leq \dfrac{\pi}{2}$ ならば, $\sin x_1 < \sin x_2$ が成り立つ. つまり, $\sin x$ は区間 $\left[-\dfrac{\pi}{2}, \dfrac{\pi}{2}\right]$ で狭義単調増加である.

全射・単射・全単射

関数 $f : X \to Y$ に対して, f が**全射**であるとは, 次が成り立つことをいう.

$f(X) = Y$. つまり, 任意の $y \in Y$ に対して, $f(x) = y$ を満たす $x \in X$ が少なくとも 1 つ存在する.

また，f が**単射**であるとは，次が成り立つことをいう．

$$f(x_1) = f(x_2) \text{ ならば } x_1 = x_2.$$

f が全射かつ単射であるとき，f は**全単射**であるという．つまり f が全単射であるとは，次が成り立つことをいう．

　　任意の $y \in Y$ に対して，$f(x) = y$ を満たす $x \in X$ がただ 1 つ
　　存在する．

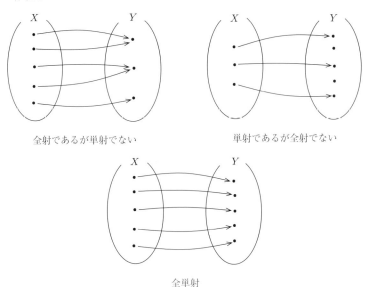

全射であるが単射でない　　　　　　単射であるが全射でない

全単射

例 2.2

$\mathbb{R}_+ = \{x \in \mathbb{R} \mid x \geq 0\}$ とする．このとき，$f : \mathbb{R} \to \mathbb{R}_+,\ x \mapsto x^2$ は全射だが単射ではない．$f : \mathbb{R}_+ \to \mathbb{R},\ x \mapsto x^2$ は単射だが全射ではない．$f : \mathbb{R}_+ \to \mathbb{R}_+,\ x \mapsto x^2$ は全単射である．

　　例 2.2 からわかるように，全射，単射という性質は，定義域および値域の集合に依存する．

逆関数

　　$X \subset \mathbb{R}$ とし，$f : X \to \mathbb{R}$ とする．$Y \subset \mathbb{R}$ に対し $f : X \to Y$ が全単射であ

るとすると, 任意の $y \in Y$ に対して, $f(x) = y$ を満たす $x \in X$ がただ1つ存在する. そこで, y に x を対応させることを $x = f^{-1}(y)$ で表すと, $f^{-1} : Y \to X$ が定まる. f^{-1} を f の逆関数という.

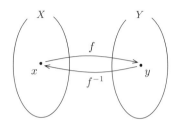

定義より次が成り立つ.

$$(f^{-1} \circ f)(x) = f^{-1}(f(x)) = x, \quad (f \circ f^{-1})(y) = f(f^{-1}(y)) = y.$$

定理 2.10 関数 $f : [a, b] \to \mathbb{R}$ が狭義単調増加かつ連続であれば, 逆関数 $f^{-1} : [f(a), f(b)] \to [a, b]$ が存在し, f^{-1} は狭義単調増加かつ連続である. 狭義単調減少の場合も同様のことが成り立つ.

この定理の証明は, 付録 B を参照せよ.

例題 2.11 $\mathbb{R}_+ = \{ x \in \mathbb{R} \mid x \geq 0 \}$ とする. 関数 $f : \mathbb{R}_+ \to \mathbb{R}_+,\ x \mapsto y = x^2$ の逆関数を求めよ.

解答 $y = x^2$ を x について解くと,

$$x = \pm\sqrt{y} \ (y \geq 0).$$

$x \geq 0$ であるから,

$$x = \sqrt{y}.$$

よって, $f(x) = x^2 \ (x \geq 0)$ の逆関数は

$$f^{-1}(x) = \sqrt{x} \ (x \geq 0)$$

となる.

練習問題 2 - 2

1. 次の関数の点 $x = 0$ における連続性を調べよ. ただし, $n \in \mathbb{N}$ である.

(1) $f(x) = |x|$

(2) $f(x) = \begin{cases} x^2 + 1 & (x \geq 0), \\ x & (x < 0). \end{cases}$

(3) $f(x) = \begin{cases} x\cos\dfrac{1}{x} & (x \neq 0), \\ 0 & (x = 0). \end{cases}$

(4) $f(x) = \begin{cases} \dfrac{1 - \cos^n x}{x^2} & (x \neq 0), \\ \dfrac{n}{2} & (x = 0). \end{cases}$

2. $x \in \mathbb{R}$ に対して, $f(x) = x^n + a_1 x^{n-1} + \cdots + a_{n-1}x + a_n\,(a_i \in \mathbb{R},\ i = 1, \cdots, n)$ とする. n が奇数のとき, 方程式 $f(x) = 0$ は少なくとも 1 つの実数解をもつことを示せ.

3. 関数 $f : [0,1] \to \mathbb{R}$ は連続で, 任意の $x \in [0,1]$ に対して $0 < f(x) < 1$ を満たすとする. このとき, ある $c \in (0,1)$ が存在して $f(c) = c$ が成り立つことを示せ.

4. $\mathbb{R}_+ = \{x \in \mathbb{R} \,|\, x \geq 0\}$, $\mathbb{R}_- = \{x \in \mathbb{R} \,|\, x \leq 0\}$ とする. 関数

$$f : \mathbb{R}_- \to \mathbb{R}_+, \ x \mapsto y = x^2$$

の逆関数を求めよ.

5.[†] 関数 $f : \mathbb{R} \to \mathbb{R}$ は次の (i), (ii) を満たすとする.

(i) 任意の $x, y \in \mathbb{R}$ に対して, $f(x + y) = f(x) + f(y)$.

(ii) f は点 0 で連続である.

このとき, 以下の問に答えよ.

(1) $f(0) = 0$, $f(-x) = -f(x)$ を示せ.

(2) f は任意の $x_0 \in \mathbb{R}$ で連続であることを示せ.

(3) $f(1) = a\,(\neq 0)$ とする. このとき, f は $p \in \mathbb{Q}$ に対して

$$f(p) = ap$$

と表されることを示せ (実際は $x \in \mathbb{R}$ に対しても $f(x) = ax$ となる).

2.3　初等関数

初等関数 III : 逆三角関数

三角関数の逆関数を考える. 関数 f, g, h を

$$f : \left[-\frac{\pi}{2}, \frac{\pi}{2}\right] \to [-1, 1], \ \ x \mapsto y = \sin x,$$

$$g : [0, \pi] \to [-1, 1], \ \ x \mapsto y = \cos x,$$

$$h : \left(-\frac{\pi}{2}, \frac{\pi}{2}\right) \to \mathbb{R}, \ \ x \mapsto y = \tan x$$

によって定めると, f, h は狭義単調増加かつ連続, g は狭義単調減少かつ連続であるから, 定理 2.10 より, それぞれ逆関数

$$f^{-1} : [-1, 1] \to \left[-\frac{\pi}{2}, \frac{\pi}{2}\right],$$

$$g^{-1} : [-1, 1] \to [0, \pi],$$

$$h^{-1} : \mathbb{R} \to \left(-\frac{\pi}{2}, \frac{\pi}{2}\right)$$

をもつ. それらを

$$f^{-1}(y) = \mathrm{Sin}^{-1} y \ \ (y \in [-1, 1]),$$

$$g^{-1}(y) = \mathrm{Cos}^{-1} y \ \ (y \in [-1, 1]),$$

$$h^{-1}(y) = \mathrm{Tan}^{-1} y \ \ (y \in \mathbb{R})$$

で表し, **逆三角関数**という.

$k \in \mathbb{Z}$ とする. 一般に, $\sin x, \cos x, \tan x$ はそれぞれ $\left[-\frac{\pi}{2} + k\pi, \frac{\pi}{2} + k\pi\right]$, $[k\pi, (k+1)\pi]$, $\left(-\frac{\pi}{2} + k\pi, \frac{\pi}{2} + k\pi\right)$ で狭義単調関数となり, これらの区間で逆関数をもつ. その逆関数を $\sin^{-1} x$, $\cos^{-1} x$, $\tan^{-1} x$ と表す. 上記のように $k = 0$ の場合に限定したとき, $\mathrm{Sin}^{-1}x$, $\mathrm{Cos}^{-1}x$, $\mathrm{Tan}^{-1}x$ によって表し, これらを**主値**という. また, $\sin^{-1} x, \cos^{-1} x, \tan^{-1} x$ は, それぞれ $\arcsin x$, $\arccos x$, $\arctan x$ と表記されることもある.

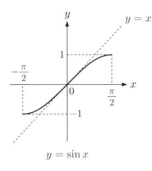

$y = \sin x$

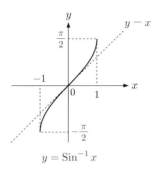

$y = \mathrm{Sin}^{-1} x$

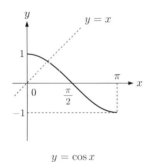

$y = \cos x$

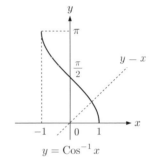

$y = \mathrm{Cos}^{-1} x$

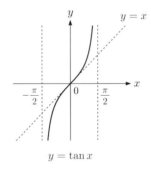

$y = \tan x$

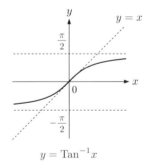

$y = \mathrm{Tan}^{-1} x$

例題 2.12　次の値を求めよ.

(1) $\mathrm{Sin}^{-1} 1$　　(2) $\mathrm{Tan}^{-1} \dfrac{1}{2} + \mathrm{Tan}^{-1} \dfrac{1}{3}$

解答 (1) $x = \mathrm{Sin}^{-1} 1$ とおくと,

$$\sin x = 1 \quad \left(-\frac{\pi}{2} \le x \le \frac{\pi}{2} \right)$$

となる. つまり, $\mathrm{Sin}^{-1} 1$ とは $\sin x = 1$ を満たす x $\left(-\frac{\pi}{2} \le x \le \frac{\pi}{2} \right)$ のことであるから,

$$\mathrm{Sin}^{-1} 1 = \frac{\pi}{2}.$$

(2) $x = \mathrm{Tan}^{-1} \dfrac{1}{2}$, $y = \mathrm{Tan}^{-1} \dfrac{1}{3}$ とおくと,

$$\tan x = \frac{1}{2}, \quad \tan y = \frac{1}{3} \quad \left(0 < x, y < \frac{\pi}{2} \right).$$

ここで, 加法定理より,

$$\tan (x + y) = \frac{\tan x + \tan y}{1 - \tan x \tan y} = \frac{\dfrac{1}{2} + \dfrac{1}{3}}{1 - \dfrac{1}{2} \cdot \dfrac{1}{3}} = 1$$

となり, $0 < x + y < \pi$ より, $x + y = \dfrac{\pi}{4}$. つまり,

$$\mathrm{Tan}^{-1} \frac{1}{2} + \mathrm{Tan}^{-1} \frac{1}{3} = \frac{\pi}{4}.$$

例題 2.13 $\mathrm{Sin}^{-1} x + \mathrm{Cos}^{-1} x = \dfrac{\pi}{2}$ が成り立つことを示せ.

解答 $y = \mathrm{Sin}^{-1} x$ とおくと, $\sin y = x$, $-\dfrac{\pi}{2} \le y \le \dfrac{\pi}{2}$ であり, さらに

$$\cos \left(\frac{\pi}{2} - y \right) = \sin y = x.$$

ここで, $0 \le \dfrac{\pi}{2} - y \le \pi$ より, $\dfrac{\pi}{2} - y = \mathrm{Cos}^{-1} x$ となるので,

$$\mathrm{Sin}^{-1} x + \mathrm{Cos}^{-1} x = y + \left(\frac{\pi}{2} - y \right) = \frac{\pi}{2}$$

を得る.

例題 **2.14** $\displaystyle\lim_{x\to 0}\frac{\mathrm{Sin}^{-1}x}{x}$ を求めよ.

解答 $y = \mathrm{Sin}^{-1}x$ とおくと,

$$x = \sin y, \quad -\frac{\pi}{2} \le y \le \frac{\pi}{2}$$

であり, $x \to 0$ のとき, $y \to 0$. よって,

$$\lim_{x\to 0}\frac{\mathrm{Sin}^{-1}x}{x} = \lim_{y\to 0}\frac{y}{\sin y} = 1.$$

初等関数 IV : 指数関数と対数関数

$a \subset \mathbb{R}$, $a > 0$, $a \ne 1$ とする. $n \subset \mathbb{N}$ に対して, a^n は

$$a^n = \underbrace{a \cdots a}_{n\,\text{個}}$$

によって定義される. さらに, $m \in \mathbb{Z}$, $n \in \mathbb{N}$ に対して,

$$a^0 = 1, \quad a^{-n} = \frac{1}{a^n}, \quad a^{\frac{m}{n}} = \sqrt[n]{a^m} = (\sqrt[n]{a})^m$$

と定義する (n 乗根については付録 A の例題 A.1 を参照) と, $\mathbb{Q}$ 上の関数

$$f(r) = a^r \ (r \in \mathbb{Q})$$

が定義され, $r, s \in \mathbb{Q}$ に対して

$$a^{r+s} = a^r a^s, \quad (a^r)^s = a^{rs}$$

が成り立つ. また, $r < s$ に対して,

$$a > 1 \text{ ならば } a^r < a^s, \quad 0 < a < 1 \text{ ならば } a^r > a^s$$

が成り立つ. この関数は $\mathbb{R}$ 上の関数に拡張することができ (詳細は付録 B を参照),

$$f(x) = a^x \ (x \in \mathbb{R})$$

を得る. この関数を a を底とする**指数関数**といい, 次の性質をもつ.

─── 指数関数の性質 ───

(1) **(指数法則)** $a^{x+y} = a^x a^y$, $(a^x)^y = a^{xy}$.

(2) a^x の定義域は $\mathbb{R}$，値域は $\{y \in \mathbb{R} \mid y > 0\}$.

(3) a^x は $\mathbb{R}$ で連続である．

(4) $a > 1$ のとき，a^x は $\mathbb{R}$ で狭義単調増加であり，

$$\lim_{x \to -\infty} a^x = 0, \quad \lim_{x \to \infty} a^x = \infty.$$

$0 < a < 1$ のとき，a^x は $\mathbb{R}$ で狭義単調減少であり，

$$\lim_{x \to -\infty} a^x = \infty, \quad \lim_{x \to \infty} a^x = 0.$$

これらの性質の証明については付録 B を参照せよ．

関数

$$f : \mathbb{R} \to (0, \infty), \ x \mapsto y = a^x$$

は，$a > 1$ のとき狭義単調増加かつ連続であり，$0 < a < 1$ のとき狭義単調減少かつ連続であるから，定理 2.10 より，$a > 0$, $a \neq 1$ に対して逆関数

$$f^{-1} : (0, \infty) \to \mathbb{R}$$

が存在する．この逆関数を

$$f^{-1}(y) = \log_a y \ (y > 0)$$

で表し，a を底とする**対数関数**という．指数関数の性質から，次の性質が導かれる．

―― 対数関数の性質 ――

(1)　**(対数法則)** $\log_a xy = \log_a x + \log_a y \ (x > 0, \ y > 0)$,

$$\log_a x^\alpha = \alpha \log_a x \ (x > 0, \ \alpha \in \mathbb{R}).$$

(2)　$\log_a x$ の定義域は $\{x \in \mathbb{R} \mid x > 0\}$, 値域は $\mathbb{R}$.

(3)　$\log_a x$ は $x > 0$ で連続である.

(4)　$a > 1$ のとき, $\log_a x$ は $x > 0$ で狭義単調増加であり,

$$\lim_{x \to 0+0} \log_a x = -\infty, \quad \lim_{x \to \infty} \log_a x = \infty.$$

$0 < a < 1$ のとき, $\log_a x$ は $x > 0$ で狭義単調減少であり,

$$\lim_{x \to 0+0} \log_a x = \infty, \quad \lim_{x \to \infty} \log_a x = -\infty.$$

また, $a^0 = 1$ であるから, $\log_a 1 = 0$ が成り立つ.

$f(x) = a^x \ (x \in \mathbb{R})$ とすると, $f^{-1}(x) = \log_a x \ (x > 0)$ であり,

$$a^{\log_a x} = f(f^{-1}(x))(= (f \circ f^{-1})(x)) = x \ \ (x > 0),$$

$$\log_a a^x = f^{-1}(f(x))(= (f^{-1} \circ f)(x)) = x \ \ (x \in \mathbb{R})$$

が成り立つ.

Napier (ネピア) 数 $e = \lim_{n \to \infty} \left(1 + \dfrac{1}{n}\right)^n$ (詳細は例題 A.3 を参照) を底とする指数関数 e^x を $\exp x$ と書くことがある. また, e を底とする対数関数 $\log_e x$ を自然対数といい, 底 e を略して $\log x$ で表す.

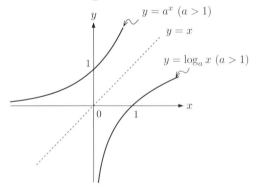

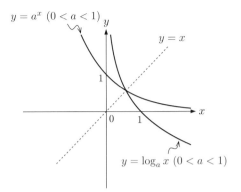

$f(x) > 0$ のとき，関数 $f(x)^{g(x)}$ が以下のように定義できる.

$$f(x)^{g(x)} = e^{g(x)\log f(x)}.$$

例題 2.15　次の極限値を求めよ.

(1) $\displaystyle\lim_{x\to\infty}\left(1+\frac{1}{x}\right)^{x}$ 　(2) $\displaystyle\lim_{x\to\infty}\left(1-\frac{1}{x}\right)^{-x}$ 　(3) $\displaystyle\lim_{x\to 0}\frac{\log\left(1+x\right)}{x}$

(4) $\displaystyle\lim_{x\to 0}\frac{e^{x}-1}{x}$

解答　(1) $n\in\mathbb{N}$ に対して，$e=\displaystyle\lim_{n\to\infty}\left(1+\frac{1}{n}\right)^{n}$ である (例題 A.3 を参照). n を x を超えない最大整数とすると，$n\le x<n+1$ であり，

$$\left(1+\frac{1}{n+1}\right)^{n}<\left(1+\frac{1}{x}\right)^{x}<\left(1+\frac{1}{n}\right)^{n+1}.$$

ここで，

$$\lim_{n\to\infty}\left(1+\frac{1}{n+1}\right)^{n}=\lim_{n\to\infty}\left(1+\frac{1}{n+1}\right)^{n+1}\left(1+\frac{1}{n+1}\right)^{-1}=e,$$

$$\lim_{n\to\infty}\left(1+\frac{1}{n}\right)^{n+1}=\lim_{n\to\infty}\left(1+\frac{1}{n}\right)^{n}\left(1+\frac{1}{n}\right)=e.$$

$x\to\infty$ のとき $n\to\infty$ であるから，はさみうち法より，

$$\lim_{x\to\infty}\left(1+\frac{1}{x}\right)^{x}=e.$$

(2) $1 - \dfrac{1}{x}$ は

$$1 - \frac{1}{x} = \frac{x-1}{x} = \left(\frac{x}{x-1}\right)^{-1} = \left(1 + \frac{1}{x-1}\right)^{-1}$$

と変形できるので, $t = x - 1$ とおくと,

$$\lim_{x \to \infty} \left(1 - \frac{1}{x}\right)^{-x} = \lim_{t \to \infty} \left\{\left(1 + \frac{1}{t}\right)^{-1}\right\}^{-(t+1)}$$
$$= \lim_{t \to \infty} \left(1 + \frac{1}{t}\right)^{t+1}$$
$$= \lim_{t \to \infty} \left(1 + \frac{1}{t}\right)^{t} \left(1 + \frac{1}{t}\right)$$
$$= e.$$

(3) (1) において $t = \dfrac{1}{x}$ とおくと, $x \to \infty$ のとき $t \to 0 + 0$ であり,

$$e = \lim_{x \to \infty} \left(1 + \frac{1}{x}\right)^{x} = \lim_{t \to 0+0} (1+t)^{\frac{1}{t}}.$$

また, (2) において $t = -\dfrac{1}{x}$ とおくと, $x \to \infty$ のとき $t \to 0 - 0$ であり,

$$e = \lim_{x \to \infty} \left(1 - \frac{1}{x}\right)^{-x} = \lim_{t \to 0-0} (1+t)^{\frac{1}{t}}.$$

よって, $\displaystyle\lim_{t \to 0} (1+t)^{\frac{1}{t}} = e$. このとき対数関数の連続性から,

$$\lim_{x \to 0} \frac{\log(1+x)}{x} = \lim_{x \to 0} \log(1+x)^{\frac{1}{x}} = \log e = 1.$$

(4) $t = e^x - 1$ とおくと, $x \to 0$ のとき, $t \to 0$ であり, $x = \log(1+t)$. よって,

$$\lim_{x \to 0} \frac{e^x - 1}{x} = \lim_{t \to 0} \frac{t}{\log(1+t)} = 1.$$

例題 2.16　次の極限値を求めよ.

(1) $\displaystyle\lim_{x \to \infty} \frac{x}{a^x}$ $(a > 1)$　(2) $\displaystyle\lim_{x \to 0+0} x \log x$

解答 (1) n を x を超えない最大整数とすると, $n \leq x < n+1$ であり, $a^n \leq a^x$ が成り立つので,

$$0 < \frac{x}{a^x} < \frac{n+1}{a^n}.$$

$a > 1$ より, $a = 1 + h$ $(h > 0)$ とおくと, 二項展開から $n \geq 2$ に対して,

$$a^n = (1+h)^n = 1 + nh + \frac{n(n-1)}{2}h^2 + \cdots + h^n \geq \frac{n(n-1)}{2}h^2.$$

このとき,

$$0 < \frac{n+1}{a^n} \leq \frac{2(n+1)}{n(n-1)h^2} = \frac{2}{h^2(n-1)}\left(1 + \frac{1}{n}\right)$$

となり, $\displaystyle\lim_{n\to\infty} \frac{1}{n-1}\left(1 + \frac{1}{n}\right) = 0$ であるから, はさみうち法より

$$\lim_{n\to\infty} \frac{n+1}{a^n} = 0.$$

$x \to \infty$ のとき $n \to \infty$ であるから, はさみうち法から

$$\lim_{x\to\infty} \frac{x}{a^x} = 0.$$

(2) $t = -\log x$ とおくと, $x = e^{-t}$ であり, $x \to 0+0$ のとき, $t \to \infty$. $e > 1$ と (1) より,

$$\lim_{x\to 0+0} x\log x = \lim_{t\to\infty}\left(-\frac{t}{e^t}\right) = 0.$$

例題 2.17 $\displaystyle\lim_{x\to 0+0} x^x$ を求めよ.

解答 $x^x = e^{x\log x}$ であり, $\displaystyle\lim_{x\to 0+0} x\log x = 0$ であるから,

$$\lim_{x\to 0+0} x^x = \lim_{x\to 0+0} e^{x\log x} = e^0 = 1.$$

▎初等関数 V : 双曲線関数 ▎

双曲線関数を以下で定義する.

$$\cosh x = \frac{e^x + e^{-x}}{2}, \quad \sinh x = \frac{e^x - e^{-x}}{2},$$

$$\tanh x = \frac{\sinh x}{\cosh x} = \frac{e^x - e^{-x}}{e^x + e^{-x}}.$$

このとき, 次の性質が成り立つ.

双曲線関数の性質

(1) $\cosh^2 x - \sinh^2 x = 1$.

(2) $\cosh x$ の定義域は $\mathbb{R}$, 値域は $\{y \in \mathbb{R} \mid y \geq 1\}$.

$\sinh x$ の定義域は $\mathbb{R}$, 値域は $\mathbb{R}$.

$\tanh x$ の定義域は $\mathbb{R}$, 値域は $\{y \in \mathbb{R} \mid |y| < 1\}$.

(3) (加法定理) 以下の式は複号同順である.

$$\cosh (x \pm y) = \cosh x \cosh y \pm \sinh x \sinh y,$$

$$\sinh (x \pm y) = \sinh x \cosh y \pm \cosh x \sinh y.$$

(4) $\displaystyle \lim_{x \to \infty} \tanh x = 1, \quad \lim_{x \to -\infty} \tanh x = -1$.

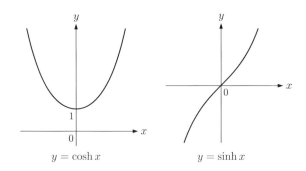

$y = \cosh x$ $y = \sinh x$

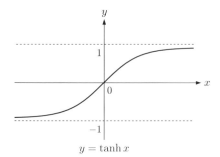

$y = \tanh x$

例題 2.18　関数 $f : \mathbb{R} \to \mathbb{R}$, $x \mapsto y = \sinh x$ の逆関数を求めよ.

解答　$f(x) = \sinh x$ の定義から

$$y = \frac{e^x - e^{-x}}{2} = \frac{e^{2x} - 1}{2e^x}.$$

このとき, $e^{2x} - 2ye^x - 1 = 0$ と変形できるので, $e^x\,(>0)$ について解くと,

$$e^x = y + \sqrt{y^2 + 1}.$$

よって, $x = \log\left(y + \sqrt{y^2 + 1}\right)$ を得るので, $f(x) = \sinh x$ の逆関数は

$$f^{-1}(x) = \log\left(x + \sqrt{x^2 + 1}\right)$$

となる.

無限小の比較

$\displaystyle \lim_{x \to a} h(x) = 0$ を満たす関数 $h(x)$ は $x \to a$ のとき無限小であるという. このような $h(x)$ に対して, 関数 $f(x)$ が

$$\lim_{x \to a} \frac{f(x)}{h(x)} = \alpha \ (\text{有限値})$$

を満たすとき,

$$f(x) = O(h(x)) \ \ (x \to a)$$

で表す. 特に $\alpha \neq 0$ の場合, $f(x)$ は $x \to a$ のとき $h(x)$ と同位の無限小であるという.

例 2.3

(1) $\displaystyle \lim_{x \to 0} \frac{\sin x}{x} = 1$ より, $\sin x$ は $x \to 0$ のとき x と同位の無限小である.

(2) 例題 2.5(3) より, $\displaystyle \lim_{x \to 0} \frac{1 - \cos x}{x^2} = \frac{1}{2}$ であるから, $1 - \cos x$ は $x \to 0$ のとき x^2 と同位の無限小である.

$x \to a$ のとき無限小である関数 $h(x)$ に対して，関数 $f(x)$ が

$$\lim_{x \to a} \frac{f(x)}{h(x)} = 0$$

を満たすとき，$f(x)$ は $x \to a$ のとき $h(x)$ より**高位の無限小**であるといい，

$$f(x) = o(h(x)) \quad (x \to a)$$

で表す．特に，$f(x) = o(1)\,(x \to a)$ は $\lim_{x \to a} f(x) = 0$ を意味する．また，$f(x) = g(x) + o(h(x))\,(x \to a)$ は

$$\lim_{x \to a} \frac{f(x) - g(x)}{h(x)} = 0$$

を意味する．

例 2.4

(1) $\cos x = 1 + o(x)\,(x \to 0)$.

(2) $k \in \mathbb{N}$ に対し，$x^k \sin \dfrac{1}{x} = o(x^{k-1})\,(x \to 0)$.

練習問題 2-3

1. 次の極限値を求めよ．ただし，$\lim_{x \to 0} \dfrac{\sin x}{x} = 1$, $\lim_{x \to 0} \dfrac{\log(1+x)}{x} = 1$, $\lim_{x \to 0} \dfrac{e^x - 1}{x} = 1$, $\lim_{x \to \infty} \dfrac{x}{a^x} = 0\,(a > 1)$, $\lim_{x \to 0+0} x \log x = 0$ は証明なしで利用してよい．

(1) $\displaystyle\lim_{x \to 0} \frac{\mathrm{Sin}^{-1}(2x)}{x}$　　(2) $\displaystyle\lim_{x \to 0} \frac{\mathrm{Tan}^{-1} x}{x}$　　(3) $\displaystyle\lim_{x \to 0} \frac{\log(1+3x)}{x}$

(4) $\displaystyle\lim_{x \to 0} \frac{e^{5x} - 1}{x}$　　(5) $\displaystyle\lim_{x \to 0} \frac{e^x - e^{-x}}{2x}$　　(6) $\displaystyle\lim_{x \to 0} \frac{e^x + e^{-x} - 2}{x^2}$

(7) $\displaystyle\lim_{x \to +\infty} \frac{x^{100}}{e^x}$　　(8) $\displaystyle\lim_{x \to 0} \frac{a^x - 1}{x}\ (a > 0,\ a \neq 1)$

(9) $\displaystyle\lim_{x \to 1} x^{1/(x-1)}$　　(10) $\displaystyle\lim_{x \to 0+0} x^{\sin x}$

2. 関数 $f(x) = \mathrm{Tan}^{-1} \dfrac{1}{x}$ の点 $x = 0$ における極限を調べよ．

3. 次の値を求めよ.

(1) $\mathrm{Sin}^{-1}\left(-\dfrac{\sqrt{3}}{2}\right)$ (2) $\mathrm{Tan}^{-1}\left(-\dfrac{1}{\sqrt{3}}\right)$ (3) $\mathrm{Cos}^{-1}\left(\sin\dfrac{\pi}{6}\right)$

(4) $\mathrm{Tan}^{-1}2+\mathrm{Tan}^{-1}3$ (5) $2\,\mathrm{Tan}^{-1}\dfrac{1}{3}+\mathrm{Tan}^{-1}\dfrac{1}{7}$

4. 次の関係式を示せ.

(1) $\sin\left(\mathrm{Cos}^{-1}x\right)=\sqrt{1-x^2}$ (2) $\mathrm{Tan}^{-1}|x|=\dfrac{1}{2}\mathrm{Cos}^{-1}\dfrac{1-x^2}{1+x^2}$

(3) $4\,\mathrm{Tan}^{-1}\dfrac{1}{5}-\mathrm{Tan}^{-1}\dfrac{1}{239}=\dfrac{\pi}{4}$ (**Machin (マチン) の公式**)

5. a は定数で, $a>0$ とする. このとき, 次の関数の逆関数を求めよ.

(1) $f:\left[0,\dfrac{\pi}{a}\right]\to[-1,1],\ x\mapsto y=\cos ax$

(2) $f:(0,\infty)\to\mathbb{R},\ x\mapsto y=\log ax$

6. $\mathbb{R}_{-}=\{x\in\mathbb{R}\,|\,x\le 0\}$ とする. このとき, 関数 $f:\mathbb{R}_{-}\to[1,\infty),\ x\mapsto$ $y=\cosh x$ の逆関数を求めよ.

7.[†] 関数 $f:\mathbb{R}\to\mathbb{R}$ は次の (i), (ii) を満たすとする.

(i) 任意の $x,y\in\mathbb{R}$ に対して, $f(x+y)=f(x)f(y)$.

(ii) $f(0)\ne 0$.

このとき, 以下の問に答えよ.

(1) $f(0)=1,\ f(-x)=\dfrac{1}{f(x)}$ を示せ.

(2) $f(1)=a\,(>0,\ne 1)$ とする. このとき, f は $p\in\mathbb{Q}$ に対して

$$f(p)=a^p$$

と表されることを示せ (実際は $x\in\mathbb{R}$ に対しても $f(x)=a^x$ となる).

3

微分法

　微分は変化率を表す概念である．たとえば，物理現象を対応する物理法則にしたがって定式化する際，さまざまな物理量の変化率を数式で表すことが多々ある．よって，微分の概念とその性質を理解することは，自然科学や工学を始めとする諸科学において極めて重要である．この章では，微分の定義とその性質を学び，第 2 章で学んだ初等関数の微分を導く．さらに微分の応用として，関数を多項式で近似する Taylor (テイラー) 展開や，関数の増減，極値を調べる方法について学ぶ．

3.1　微分係数

微分係数

　$I\,(\subset \mathbb{R})$ を区間とし，区間 I で定義された関数 f について考えよう．

　関数 $f : I \to \mathbb{R}$, $x \mapsto f(x)$ に対し，点 a の近傍は I に含まれているとする．関数 f が点 $a \in I$ で**微分可能**であるとは，極限値

$$\lim_{x \to a} \frac{f(x) - f(a)}{x - a}$$

が存在することをいう．この極限値を $f'(a)$ で表し，f の点 $a \in I$ における**微分係数**という．$h = x - a$ とおくと，$x \to a$ のとき $h \to 0$ であるから，上記の極限値が存在することは極限値

$$\lim_{h \to 0} \frac{f(a + h) - f(a)}{h}$$

が存在することと同値である．

　さて，この極限値 $f'(a)$ の幾何学的な意味は，$y = f(x)$ の点 $(a, f(a))$ における接線の傾きである．$f(x)$ が点 a で微分可能とする．$y = f(x)$ 上の 2 点

$(a, f(a))$ と $(x, f(x))$ を通る直線の傾きは

$$\frac{f(x) - f(a)}{x - a}$$

である．よって，x を a に近づけたとき，直線の傾きは $f'(a)$ に近づく．点 $(a, f(a))$ を通る傾き $f'(a)$ の直線

$$y = f'(a)(x - a) + f(a)$$

を $y = f(x)$ の点 $(a, f(a))$ における**接線**という．

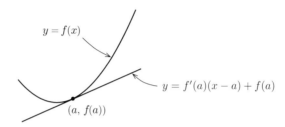

定理 3.1 関数 $f(x)$ が点 a で微分可能ならば，$f(x)$ は点 a で連続である．

証明 $\displaystyle\lim_{x \to a} f(x) = f(a)$ を示せばよい．$f(x)$ が点 $a \in I$ で微分可能なので，

$$\lim_{x \to a} \{f(x) - f(a)\} = \lim_{x \to a} (x - a) \cdot \frac{f(x) - f(a)}{x - a} = 0 \cdot f'(a) = 0$$

である．よって，$\displaystyle\lim_{x \to a} f(x) = f(a)$ なので点 a で連続である．

注意 3.1 一般に定理 3.1 の逆は成り立たない．つまり，f が点 $a \in X$ で連続であっても，点 $a \in X$ で微分可能でない場合がある．例題 3.1 (2), (3) を参照せよ．

右微分係数，左微分係数

関数 $f : I \to \mathbb{R}$ に対して，$[a, a + \delta) \subset I$（ただし，$\delta > 0$）とする．極限値

$$\lim_{x \to a+0} \frac{f(x) - f(a)}{x - a}$$

が存在するとき，f は点 $a \in I$ で**右微分可能**であるという．この極限値を $f'_+(a)$ で表し，f の点 $a \in I$ における**右微分係数**という．一方，$(a - \delta, a] \subset I$（ただ

し，$\delta > 0$) とし，極限値

$$\lim_{x \to a-0} \frac{f(x) - f(a)}{x - a}$$

が存在するとき，f は点 $a \in I$ で**左微分可能**であるという．この極限値を $f'_-(a)$ で表し，$f(x)$ の点 $a \in I$ における**左微分係数**という．

関数 $f(x)$ が点 a で右微分可能ならば，$f(x)$ は点 a で右連続であり，関数 $f(x)$ が点 a で左微分可能ならば，$f(x)$ は点 a で左連続である．

定理 2.4 より次が成り立つ．

定理 3.2　関数 $f(x)$ が点 a で微分可能であるための必要十分条件は，次の 2 つが成り立つことである．
(i)　f は点 a で右微分可能かつ左微分可能である．
(ii)　$f'_+(a) = f'_-(a)$ が成り立つ．

例題 3.1　次の関数は点 $x = 0$ において微分可能であるか調べよ．
(1) $f(x) = x^n$ $(2 \leq n \in \mathbb{N})$　　(2) $f(x) = |x|$
(3) $f(x) = \begin{cases} x \sin \dfrac{1}{x} & (x \neq 0) \\ 0 & (x = 0) \end{cases}$

解答　(1) f の点 $x = 0$ での微分可能性を調べると

$$\lim_{x \to 0} \frac{f(x) - f(0)}{x - 0} = \lim_{x \to 0} \frac{x^n}{x} = \lim_{x \to 0} x^{n-1} = 0.$$

よって，f は点 $x = 0$ で微分可能であり，$f'(0) = 0$．
(2) f の点 $x = 0$ での微分可能性を調べると

$$\lim_{x \to 0} \frac{f(x) - f(0)}{x - 0} = \lim_{x \to 0} \frac{|x|}{x}.$$

ここで，

$$\lim_{x \to 0+0} \frac{|x|}{x} = \lim_{x \to 0+0} \frac{x}{x} = \lim_{x \to 0+0} 1 = 1,$$

$$\lim_{x \to 0-0} \frac{|x|}{x} = \lim_{x \to 0-0} \frac{-x}{x} = \lim_{x \to 0-0} (-1) = -1$$

であるから，$f'_+(0) \neq f'_-(0)$．よって，f は点 $x = 0$ で微分可能ではない．

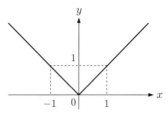

$y = |x|$ のグラフ

(3) f の点 $x = 0$ での微分可能性を調べると

$$\lim_{x \to 0} \frac{f(x) - f(0)}{x - 0} = \lim_{x \to 0} \frac{x \sin \dfrac{1}{x}}{x} = \lim_{x \to 0} \sin \frac{1}{x}.$$

この極限は発散する (例題 2.6 参照) ので，f は点 $x = 0$ で微分可能ではない． ▮

例題 3.2　関数 $f(x)$ は点 a で微分可能であるとする．このとき，
$$\lim_{h \to 0} \frac{f(a + h) - f(a - h)}{2h}$$
の値を求めよ．

解答　$h \neq 0$ に対して，

$$\frac{f(a + h) - f(a - h)}{2h} = \frac{f(a + h) - f(a) + f(a) - f(a - h)}{2h}$$

$$= \frac{1}{2} \left(\frac{f(a + h) - f(a)}{h} + \frac{f(a - h) - f(a)}{-h} \right)$$

と変形でき，f が点 $a \in X$ で微分可能であることから

$$\lim_{h \to 0} \frac{f(a + h) - f(a)}{h} = f'(a), \quad \lim_{h \to 0} \frac{f(a - h) - f(a)}{-h} = f'(a).$$

よって，

$$\lim_{h \to 0} \frac{f(a + h) - f(a - h)}{2h} = \frac{1}{2} \{ f'(a) + f'(a) \} = f'(a). \quad ▮$$

練習問題 3-1

1.　次の関数は点 $x = 0$ において微分可能であるか調べよ.

(1) $f(x) = \begin{cases} x \operatorname{Tan}^{-1} \dfrac{1}{x} & (x \neq 0) \\ 0 & (x = 0) \end{cases}$

(2) $f(x) = \begin{cases} x \operatorname{Tan}^{-1} \dfrac{1}{x^2} & (x \neq 0) \\ 0 & (x = 0) \end{cases}$

(3) $f(x) = \begin{cases} 0 & (x \leq 0) \\ e^{-1/x} & (x > 0) \end{cases}$

2.　$\alpha > 0$ とする. 関数 $f(x) = |x|^{\alpha}$ が点 $x = 0$ で微分可能であるための α の条件を求めよ.

3.　関数 $f(x)$ が点 a で微分可能であるとき, 次の極限値を求めよ.

(1) $\displaystyle \lim_{h \to 0} \frac{-f(a + 2h) + 4f(a + h) - 3f(a)}{2h}$

(2) $\displaystyle \lim_{h \to 0} \frac{2f(a + h) + 3f(a) - 6f(a - h) + f(a - 2h)}{6h}$

3.2 導関数 ———————————————————————— ◇

導関数

開区間 I に対して，関数 $f : I \to \mathbb{R}$ が微分可能であるとは，f が I の各点で微分可能であることをいう．一方，端点をもつ区間 I に対して，関数 $f : I \to \mathbb{R}$ が微分可能であるとは，f が I の端点以外の各点で微分可能であり，かつ左端がある場合はその点で右微分可能，右端がある場合はその点で左微分可能であることをいう．

I を開区間とし，関数 $f : I \to \mathbb{R}$ は微分可能であるとする．I の各点 a に微分係数 $f'(a)$ を対応させる関数を $f(x)$ の (1 次) **導関数**といい，$f'(x)$ で表す．$f'(x)$ は

$$f^{(1)}(x), \quad \frac{df}{dx}(x), \quad \frac{d}{dx}f(x)$$

とも表され，関数 $y = f(x)$ については

$$y^{(1)}, \quad y', \quad \frac{dy}{dx}$$

とも表される．

注意 3.2 導関数は，端点をもつ区間 I で微分可能な関数についても定義される．すなわち，端点以外の各点 $a \in I$ については上記のように定め，点 $a \in I$ が左端のときは点 a に $f'_+(a)$ を，点 $a \in I$ が右端のときは点 a に $f'_-(a)$ を対応させればよい．導関数 $f'(x)$ の点 $a \in I$ での値は $f'(a)$ と表記されるが，点 $a \in I$ が端点であるときは，その意味するところは $f'_+(a)$ あるいは $f'_-(a)$ であるから注意が必要である．以下の定理 3.3，定理 3.4，定理 3.5 で考える集合は開区間とするが，それ以外の集合でも同様の性質が成り立つ．それらについては読者の演習とするので，考えてみるとよい．

導関数の性質

導関数に関して，以下の性質が成り立つ．

> **定理 3.3** I を開区間とし，関数 $f, g : I \to \mathbb{R}$ は微分可能であるとする.
>
> (i) **(線形性)** 定数 λ, $\mu \in \mathbb{R}$ に対して，
>
> $$\{\lambda f(x) + \mu g(x)\}' = \lambda f'(x) + \mu g'(x).$$
>
> (ii) **(積の微分)** $\{f(x)g(x)\}' = f'(x)g(x) + f(x)g'(x).$
>
> (iii) **(商の微分)** $g(x) \neq 0$ のとき，$\left\{ \dfrac{f(x)}{g(x)} \right\}' = \dfrac{f'(x)g(x) - f(x)g'(x)}{\{g(x)\}^2}.$

証明 各点 $a \in I$ で微分可能で，上記の関係式が成り立つことを示せばよい.

(i) $\{\lambda f(x) + \mu g(x)\} - \{\lambda f(a) + \mu g(a)\} = \lambda\{f(x) - f(a)\} + \mu\{g(x) - g(a)\}$ と変形できるので，

$$\lim_{x \to a} \frac{\{\lambda f(x) + \mu g(x)\} - \{\lambda f(a) + \mu g(a)\}}{x - a}$$

$$= \lim_{x \to a} \left\{ \lambda \frac{f(x) - f(a)}{x - a} + \mu \frac{g(x) - g(a)}{x - a} \right\}$$

$$= \lambda f'(a) + \mu g'(a).$$

よって，$\lambda f(x) + \mu g(x)$ は点 $a \in I$ で微分可能であり，(i) の関係式を得る.

(ii) $f(x)g(x) - f(a)g(a) = \{f(x) - f(a)\}g(x) + f(a)\{g(x) - g(a)\}$ と変形できるので，

$$\lim_{x \to a} \frac{f(x)g(x) - f(a)g(a)}{x - a}$$

$$= \lim_{x \to a} \left\{ \frac{f(x) - f(a)}{x - a} g(x) + f(a) \frac{g(x) - g(a)}{x - a} \right\}$$

$$= f'(a)g(a) + f(a)g'(a).$$

ただし，2 番目の等号では，g は点 $a \in I$ で微分可能であるから点 $a \in I$ で連続であること，つまり $\lim_{x \to a} g(x) = g(a)$ を用いていることに注意する. よって，$f(x)g(x)$ は点 $a \in I$ で微分可能であり，(ii) の関係式を得る.

(iii) $g(a) \neq 0$ とする. g は点 $a \in I$ で連続であるから，$|x - a|$ が十分小さいとき $g(x) \neq 0$ とできる.

$$\frac{f(x)}{g(x)} - \frac{f(a)}{g(a)} = \frac{\{f(x) - f(a)\}g(a) - f(a)\{g(x) - g(a)\}}{g(x)g(a)}$$

と変形できるので,

$$\lim_{x \to a} \frac{\dfrac{f(x)}{g(x)} - \dfrac{f(a)}{g(a)}}{x - a}$$

$$= \lim_{x \to a} \frac{1}{g(x)g(a)} \left\{ \frac{f(x) - f(a)}{x - a} g(a) - f(a) \frac{g(x) - g(a)}{x - a} \right\}$$

$$= \frac{f'(a)g(a) - f(a)g'(a)}{\{g(a)\}^2}.$$

ただし,(ii) の証明と同様,2番目の等号では g の点 $a \in I$ での連続性を用いていることに注意する.よって,$\dfrac{f(x)}{g(x)}$ は点 $a \in I$ で微分可能であり,(iii) の関係式を得る. ∎

特に,(iii) において $f(x) = 1$ とすれば,

$$\left\{ \frac{1}{g(x)} \right\}' = -\frac{g'(x)}{\{g(x)\}^2}.$$

が成り立つ.

定理 3.4 (合成関数の微分法) I, J を開区間とする.関数

$$f : I \to \mathbb{R},\ x \mapsto y = f(x), \quad g : J \to \mathbb{R},\ y \mapsto z = g(y)$$

はそれぞれ微分可能で,$f(I) \subset J$ とする.このとき,合成関数

$$g \circ f : I \to \mathbb{R},\ x \mapsto z = (g \circ f)(x)(= g(f(x)))$$

は I で微分可能であり,

$$(g \circ f)'(x) = g'(f(x))f'(x)$$

が成り立つ.ただし,$g' = \dfrac{dg}{dy},\ f' = \dfrac{df}{dx}$ である.また上記の関係式を,

$$\frac{dz}{dx} = \frac{dz}{dy}\frac{dy}{dx}$$

と表すこともある.

証明   関数 $(g \circ f)(x)$ が各点 $a \in I$ で微分可能で,上記の関係式が成り立つこ

とを示せばよい．関数 $p(y)$ を

$$p(y) = \begin{cases} \dfrac{g(y) - g(f(a))}{y - f(a)} & (y \neq f(a)) \\ g'(f(a)) & (y = f(a)) \end{cases}$$

と定めると，$p(y)$ は点 $f(a)$ において連続である．関数 $y = f(x)$ も点 $a \in I$ において連続であるから，$p(f(x))$ は点 $a \in I$ において連続となり，$\lim_{x \to a} p(f(x)) = p(f(a)) = g'(f(a))$ が成り立つ．$y \neq f(a)$ のとき

$$g(y) - g(f(a)) = p(y)(y - f(a))$$

が成り立つので，これに $y = f(x)$ を代入して，

$$g(f(x)) - g(f(a)) = p(f(x))\{f(x) - f(a)\}.$$

よって，

$$\lim_{x \to a} \frac{g(f(x)) - g(f(a))}{x - a} = \lim_{x \to a} p(f(x)) \frac{f(x) - f(a)}{x - a} = g'(f(a))f'(a)$$

となるから，$(g \circ f)(x)$ は点 $a \in I$ で微分可能であり，$(g \circ f)'(a) = g'(f(a))f'(a)$．したがって，求める結果を得る．∎

定理 3.5 (逆関数の微分法) I を開区間とする．関数 $f : I \to \mathbb{R}$，$x \mapsto y = f(x)$ は微分可能，かつ狭義単調であるとする．さらに，$x \in I$ に対して $f'(x) \neq 0$ とする．このとき，逆関数 $x = f^{-1}(y)$ は $f(I)$ で微分可能であり，

$$(f^{-1})'(y) = \frac{1}{f'(x)} \quad (x = f^{-1}(y))$$

が成り立つ．また上記の関係式を，

$$\frac{dx}{dy} = \frac{1}{\dfrac{dy}{dx}}$$

と表すこともある．

証明 関数 $f^{-1}(y)$ が各点 $b \in f(I)$ で微分可能で，上記の関係式が成り立つことを示せばよい．関数 $f^{-1}(y)$ は $f(I)$ の各点を I の各点へ 1 対 1 に写すので，

$y, b \in f(I)$ に対して $f^{-1}(y) = x$, $f^{-1}(b) = a$ とすると $x, a \in I$. よって,

$$\lim_{y \to b} \frac{f^{-1}(y) - f^{-1}(b)}{y - b} = \lim_{x \to a} \frac{x - a}{f(x) - f(a)} = \frac{1}{f'(a)}$$

となるから, $(f^{-1})(y)$ は $b \in f(I)$ で微分可能であり, $(f^{-1})'(b) = \dfrac{1}{f'(a)}$. し
たがって, 求める結果を得る.

初等関数の微分

第 2 章でいろいろな関数を学んだ. ここではそれらの関数の導関数について
考えよう.

例題 3.3　次が成り立つことを示せ.

(1) $(c)' = 0$ (c は定数)　　　　　　　(2) $(x^n)' = nx^{n-1}$ ($n \in \mathbb{N}$)

(3) $(\sin x)' = \cos x$,　$(\cos x)' = -\sin x$　　(4) $(e^x)' = e^x$

解答　(1) $f(x) = c$ とおく. 任意の $x \in \mathbb{R}$ に対して,

$$\lim_{h \to 0} \frac{f(x+h) - f(x)}{h} = \lim_{h \to 0} \frac{c - c}{h} = 0.$$

よって, $f(x) = c$ は任意の $x \in \mathbb{R}$ で微分可能であり, $f'(x) = 0$.

(2) $f(x) = x^n$ ($n \in \mathbb{N}$) とおく. 任意の $x \in \mathbb{R}$ に対して,

$$\begin{aligned}
\lim_{h \to 0} \frac{f(x+h) - f(x)}{h} &= \lim_{h \to 0} \frac{(x+h)^n - x^n}{h} \\
&= \lim_{h \to 0} \frac{1}{h} \{ (x^n + nx^{n-1}h + \cdots + h^n) - x^n \} \\
&= nx^{n-1}.
\end{aligned}$$

よって, $f(x) = x^n$ ($n \in \mathbb{N}$) は任意の $x \in \mathbb{R}$ で微分可能であり, $f'(x) = nx^{n-1}$.

(3) $f(x) = \sin x$ とおく. 和積の公式より, $h \neq 0$ に対して,

$$\begin{aligned}
\frac{f(x+h) - f(x)}{h} &= \frac{\sin(x+h) - \sin x}{h} \\
&= \frac{2}{h} \cos \left(x + \frac{h}{2} \right) \sin \frac{h}{2}.
\end{aligned}$$

ここで，例題 2.4 より $\displaystyle\lim_{h\to 0}\frac{\sin\dfrac{h}{2}}{\dfrac{h}{2}}=1$ であるから，任意の $x\in\mathbb{R}$ に対して，

$$\lim_{h\to 0}\frac{f(x+h)-f(x)}{h}=\lim_{h\to 0}\cos\left(x+\frac{h}{2}\right)\cdot\frac{\sin\dfrac{h}{2}}{\dfrac{h}{2}}=\cos x.$$

よって，$f(x)=\sin x$ は任意の $x\in\mathbb{R}$ で微分可能であり，$f'(x)=\cos x$．一方，$\cos x$ の場合に関しては，和積の公式より，

$$\frac{\cos(x+h)-\cos x}{h}=-\frac{2}{h}\sin\left(x+\frac{h}{2}\right)\sin\frac{h}{2}.$$

以下，$\sin x$ の場合と同様にして，$(\cos x)'=-\sin x$ を得る．

(4) $f(x)=e^x$ とおく．指数法則より，$h\neq 0$ に対して，

$$\frac{f(x+h)-f(x)}{h}=\frac{e^{x+h}-e^x}{h}=e^x\cdot\frac{e^h-1}{h}.$$

ここで，例題 2.15 (4) より，$\displaystyle\lim_{h\to 0}\frac{e^h-1}{h}=1$ であるから，任意の $x\in\mathbb{R}$ に対して，

$$\lim_{h\to 0}\frac{f(x+h)-f(x)}{h}=e^x\lim_{h\to 0}\frac{e^h-1}{h}=e^x.$$

よって，$f(x)=e^x$ は任意の $x\in\mathbb{R}$ で微分可能であり，$f'(x)=e^x$．　∎

例題 3.4　次の関数の導関数を求めよ．
(1) ax^3+bx^2+cx+d $(a,b,c,d$ は定数$)$　　(2) x^2e^x　　(3) $\tan x$
(4) $\cosh x$

解答　(1) 定理 3.3 (i) より，$x\in\mathbb{R}$ に対して，

$$(ax^3+bx^2+cx+d)'=a(x^3)'+b(x^2)'+c(x)'+(d)'$$

$$=3ax^2+2bx+c.$$

(2) 積の微分法 (定理 3.3 (ii)) より,

$$(x^2 e^x)' = (x^2)' e^x + x^2 (e^x)' = 2x e^x + x^2 e^x = x(2+x)e^x.$$

(3) 商の微分法 (定理 3.3 (iii)) より,

$$(\tan x)' = \left(\frac{\sin x}{\cos x}\right)' = \frac{(\sin x)' \cos x - \sin x (\cos x)'}{\cos^2 x}$$

$$= \frac{\cos^2 x + \sin^2 x}{\cos^2 x} = \frac{1}{\cos^2 x}.$$

(4) 合成関数の微分法 (定理 3.4) より,

$$(e^{-x})' = e^{-x} \cdot (-x)' = -e^{-x}$$

であるから, 定理 3.3 (i) より

$$(\cosh x)' = \left(\frac{e^x + e^{-x}}{2}\right)' = \frac{(e^x)' + (e^{-x})'}{2}$$

$$= \frac{e^x - e^{-x}}{2} = \sinh x.$$

例題 3.5 次が成り立つことを示せ.

(1) $(\log |x|)' = \dfrac{1}{x}$ $(x \neq 0)$　(2) $(x^\alpha)' = \alpha x^{\alpha-1}$ $(\alpha \in \mathbb{R},\ x > 0)$

解答　(1) $y = \log |x|$ とおく. $x > 0$ の場合は $y = \log x$ であり, $x = e^y$ より

$$\frac{dx}{dy} = e^y.$$

よって, 逆関数の微分法 (定理 3.5) より

$$\frac{dy}{dx} = \frac{1}{\dfrac{dx}{dy}} = \frac{1}{e^y} = \frac{1}{x}.$$

$x < 0$ の場合は $y = \log(-x)$ であり, 合成関数の微分法 (定理 3.4) より

$$\{\log(-x)\}' = \frac{1}{-x} \cdot (-x)' = \frac{1}{x}.$$

よって，$(\log |x|)' = \dfrac{1}{x}$.

(2) $x^{\alpha} = e^{\alpha \log x}$ と表せるので，合成関数の微分法 (定理 3.4) より，

$$(x^{\alpha})' = (e^{\alpha \log x})' = e^{\alpha \log x} \cdot (\alpha \log x)' = x^{\alpha} \cdot \frac{\alpha}{x} = \alpha x^{\alpha-1}. \qquad \blacksquare$$

$I (\subset \mathbb{R})$ を区間とし，関数 $f : I \to \mathbb{R}$ は I で微分可能とする．合成関数の微分法 (定理 3.4) と例題 3.5 (1) から，$f(x) \neq 0$ となる任意の $x \in I$ に対して，

$$\{\log |f(x)|\}' = \frac{f'(x)}{f(x)}$$

が成り立つ．これを利用すると，例題 3.5(2) は次のように示すことができる．いま，$f(x) = x^{\alpha} \, (\alpha \in \mathbb{R}, \ x > 0)$ とし，両辺対数をとると，$\log f(x) = \alpha \log x$ となる．この両辺を x で微分すると，

$$\frac{f'(x)}{f(x)} = \frac{\alpha}{x}.$$

よって，$f'(x) = f(x) \cdot \dfrac{\alpha}{x} = \alpha x^{\alpha-1}$. このような方法を**対数微分法**という．

例題 **3.6**　対数微分法により，$f(x) = x^x \, (x > 0)$ の導関数を求めよ．

解答　両辺対数をとると，$\log f(x) = x \log x$ となり，これを微分すると

$$\frac{f'(x)}{f(x)} = \log x + 1.$$

よって，$f'(x) = f(x)(\log x + 1) = x^x(\log x + 1)$. $\qquad \blacksquare$

例題 **3.7**　次が成り立つことを示せ．

(1) $(\mathrm{Sin}^{-1} x)' = \dfrac{1}{\sqrt{1 - x^2}} \quad (-1 < x < 1)$ 　　(2) $(\mathrm{Tan}^{-1} x)' = \dfrac{1}{1 + x^2}$

解答　(1) $y = \mathrm{Sin}^{-1} x \, (-1 < x < 1)$ とおくと，$x = \sin y$, $-\dfrac{\pi}{2} < y < \dfrac{\pi}{2}$ で

あり，

$$\frac{dx}{dy} = \cos y = \sqrt{1 - \sin^2 y}.$$

よって，逆関数の微分法 (定理 3.5) より，

$$\frac{dy}{dx} = \frac{1}{\dfrac{dx}{dy}} = \frac{1}{\sqrt{1 - \sin^2 y}} = \frac{1}{\sqrt{1 - x^2}}.$$

(2) $y = \mathrm{Tan}^{-1} x$ とおくと，$x = \tan y,\ -\dfrac{\pi}{2} < y < \dfrac{\pi}{2}$ であり，

$$\frac{dx}{dy} = \frac{1}{\cos^2 y} = 1 + \tan^2 y.$$

よって，逆関数の微分法 (定理 3.5) より，

$$\frac{dy}{dx} = \frac{1}{\dfrac{dx}{dy}} = \frac{1}{1 + \tan^2 y} = \frac{1}{1 + x^2}.$$

例題 **3.8** 次の関数の導関数を求めよ．
(1) $(\mathrm{Sin}^{-1} x)^2$ (2) $\mathrm{Tan}^{-1} \dfrac{1}{x}$

解答 (1) 合成関数の微分法 (定理 3.4) より，

$$\{(\mathrm{Sin}^{-1} x)^2\}' = 2\,\mathrm{Sin}^{-1} x \cdot (\mathrm{Sin}^{-1} x)' = \frac{2\,\mathrm{Sin}^{-1} x}{\sqrt{1 - x^2}}.$$

(2) 合成関数の微分法 (定理 3.4) より，

$$\left(\mathrm{Tan}^{-1} \frac{1}{x}\right)' = \frac{1}{1 + \left(\dfrac{1}{x}\right)^2} \cdot \left(\frac{1}{x}\right)'$$

$$= \frac{1}{1 + \dfrac{1}{x^2}} \cdot \left(-\frac{1}{x^2}\right) = -\frac{1}{x^2 + 1}.$$

例題 3.3，例題 3.5，例題 3.4 (3), (4)，例題 3.7，および後述の練習問題 3-2 の 1 から，以下の基本的な関数の導関数が得られる．

─── 導関数の公式 ───

(1) $(c)' = 0$ (c は定数).

$(x^\alpha)' = \alpha x^{\alpha-1}$ (α は実数).

(2) $(e^x)' = e^x,\quad (a^x)' = a^x \log a \quad (a > 0)$.

(3) $(\log |x|)' = \dfrac{1}{x},\quad (\log_a |x|)' = \dfrac{1}{x \log a}$ ($a > 0$ かつ $a \neq 1$).

(4) $(\sin x)' = \cos x,\quad (\cos x)' = -\sin x,\quad (\tan x)' = \dfrac{1}{\cos^2 x}$.

(5) $(\mathrm{Sin}^{-1}x)' = \dfrac{1}{\sqrt{1-x^2}},\quad (\mathrm{Cos}^{-1}x)' = -\dfrac{1}{\sqrt{1-x^2}}$,

$(\mathrm{Tan}^{-1}x)' = \dfrac{1}{1+x^2}$.

(6) $(\cosh x)' = \sinh x,\quad (\sinh x)' = \cosh x$,

$(\tanh x)' = \dfrac{1}{\cosh^2 x}$.

高次導関数

1 次導関数 $f'(x)$ の導関数を $f(x)$ の 2 次導関数といい

$$f''(x),\quad f^{(2)}(x),\quad \frac{d^2 f}{dx^2}$$

などで表す. 一般に, 関数 $f(x)$ および自然数 $n \geq 2$ について, $n-1$ 次導関数の導関数を **n 次導関数**といい

$$f^{(n)}(x),\quad \frac{d^n f}{dx^n}$$

などで表す. 関数 $y = f(x)$ について, n 次導関数 $f^{(n)}(x)$ を

$$y^{(n)},\quad \frac{d^n y}{dx^n}$$

とも表す. $n = 0$ の場合にも上記の記号を使えるようにするために, 以下では $f^{(0)}(x)$ や $\dfrac{d^0 f}{dx^0}$ などは $f(x)$ を表すものとする.

I を区間とする. 関数 $f : I \to \mathbb{R}$ に対して, n 次導関数 $f^{(n)}(x)$ が存在するとき, f は I で **n 回微分可能**であるという. f が I で n 回微分可能で, かつ n 次導関数 $f^{(n)}(x)$ が I で連続であるとき, f は I で **C^n 級**であるという. 定理

3.1 より，微分可能ならば連続であるので，C^{n+1} 級の関数は C^n 級の関数でもある．また，任意の $n \in \mathbb{N}$ に対して C^n 級である関数を C^∞ 級であるという．

例題 3.9 $f(x) = \sin x$ とおく．$n \in \mathbb{N}$ に対して，$f^{(n)}(x)$ を求めよ．

解答 $f(x) = \sin x$ の 4 次導関数まで求めると，

$$f'(x) = \cos x = \sin\left(x + \frac{\pi}{2}\right),$$

$$f''(x) = \cos\left(x + \frac{\pi}{2}\right) = \sin\left(x + \pi\right),$$

$$f^{(3)}(x) = \cos\left(x + \pi\right) = \sin\left(x + \frac{3\pi}{2}\right),$$

$$f^{(4)}(x) = \cos\left(x + \frac{3\pi}{2}\right) = \sin\left(x + 2\pi\right) = \sin x.$$

よって，$k = 0, 1, 2, \cdots$ に対して，

$$f^{(4k)}(x) = \sin x = \sin\left(x + 2k\pi\right),$$

$$f^{(4k+1)}(x) = \sin\left(x + \frac{\pi}{2}\right) = \sin\left(x + \frac{\pi}{2} + 2k\pi\right),$$

$$f^{(4k+2)}(x) = \sin\left(x + \pi\right) = \sin\left(x + \pi + 2k\pi\right),$$

$$f^{(4k+3)}(x) = \sin\left(x + \frac{3\pi}{2}\right) = \sin\left(x + \frac{3\pi}{2} + 2k\pi\right).$$

以上をまとめると，$n = 0, 1, 2, \cdots$ に対して，

$$f^{(n)}(x) = \sin\left(x + \frac{n\pi}{2}\right)$$

を得る．

━━━━ n 次導関数の例 ━━━━

(1)　$(x^\alpha)^{(n)} = \alpha(\alpha-1)(\alpha-2)\cdots(\alpha-n+1)x^{\alpha-n}$　（α は実数）.

(2)　$(e^x)^{(n)} = e^x$,　　$(a^x)^{(n)} = a^x(\log a)^n$　　$(a > 0)$.

(3)　$(\log|x|)^{(n)} = (-1)^{n-1}\dfrac{(n-1)!}{x^n}$.

(4)　$(\sin x)^{(n)} = \sin\left(x + \dfrac{n\pi}{2}\right)$,　　$(\cos x)^{(n)} = \cos\left(x + \dfrac{n\pi}{2}\right)$.

---

n 次導関数 $(\tan x)^{(n)}$, $(\mathrm{Sin}^{-1}x)^{(n)}$, $(\mathrm{Cos}^{-1}x)^{(n)}$, $(\mathrm{Tan}^{-1}x)^{(n)}$ などは複雑な式になる.

　I を区間とし, 関数 $f, g : I \to \mathbb{R}$ は n 回微分可能であるとする. このとき, 定数 λ, μ に対して,

$$\frac{d^n}{dx^n}\{\lambda f(x) + \mu g(x)\} = \lambda f^{(n)}(x) + \mu g^{(n)}(x)$$

が成り立つ. 関数の積 $f(x)g(x)$ の n 次導関数に関しては, 次の定理を得る.

定理 3.6 (Leibniz (ライプニッツ) の公式)　I を区間とする. 関数 $f, g : I \to \mathbb{R}$ が n 回微分可能であるならば,

$$\{f(x)g(x)\}^{(n)} = \sum_{k=0}^{n}\binom{n}{k}f^{(k)}(x)g^{(n-k)}(x). \tag{3.1}$$

証明　$n \in \mathbb{N}$ に関する数学的帰納法により示す.

　$n = 1$ の場合は積の微分 (定理 3.3(ii)) であるから成り立つ.

　$n = m$ のとき (3.1) が成り立つと仮定する. つまり,

$$\{f(x)g(x)\}^{(m)} = \sum_{k=0}^{m}\binom{m}{k}f^{(k)}(x)g^{(m-k)}(x).$$

このとき, 右辺は (少なくとも) 1 回微分可能であり,

$\{f(x)g(x)\}^{(m+1)}$

$\displaystyle = \sum_{k=0}^{m}\binom{m}{k}\left(f^{(k)}(x)g^{(m-k)}(x)\right)'$

$$= \sum_{k=0}^{m} \binom{m}{k} f^{(k+1)}(x) g^{(m-k)}(x) + \sum_{k=0}^{m} \binom{m}{k} f^{(k)}(x) g^{(m-k+1)}(x)$$

$$= \sum_{k=1}^{m+1} \binom{m}{k-1} f^{(k)}(x) g^{(m-k+1)}(x) + \sum_{k=0}^{m} \binom{m}{k} f^{(k)}(x) g^{(m-k+1)}(x)$$

$$= f^{(0)}(x) g^{(m+1)}(x) + \sum_{k=1}^{m} \left\{ \binom{m}{k-1} + \binom{m}{k} \right\} f^{(k)}(x) g^{(m-k+1)}(x)$$

$$\quad + f^{(m+1)}(x) g^{(0)}(x)$$

ここで，

$$\binom{m}{k-1} + \binom{m}{k} = \binom{m+1}{k}$$

が成り立つ (確認は読者の演習とする) ので，

$$\{ f(x) g(x) \}^{(m+1)}$$

$$= f^{(0)}(x) g^{(m+1)}(x) + \sum_{k=1}^{m} \binom{m+1}{k} f^{(k)}(x) g^{(m-k+1)}(x) + f^{(m+1)} g^{(0)}$$

$$= \sum_{k=0}^{m+1} \binom{m+1}{k} f^{(k)}(x) g^{(m+1-k)}(x).$$

よって，$n = m+1$ のときも (3.1) が成り立つ.

以上からすべての $n \in \mathbb{N}$ に対して (3.1) が成り立つ.

例題 3.10 Leibniz の公式を利用して，$f(x) = x^2 e^{-x}$ の n 次導関数を求めよ．ただし，$n \geq 2$ とする.

解答　$k \geq 3$ に対して，

$$\frac{d^k}{dx^k} x^2 = 0$$

である. また，

$$\frac{d^k}{dx^k} e^{-x} = (-1)^k e^{-x}$$

であるから，Leibniz の公式より，

$$f^{(n)}(x) = (-1)^n e^{-x} x^2 + n \cdot (-1)^{n-1} e^{-x} \cdot 2x$$

$$+ \frac{n(n-1)}{2} \cdot (-1)^{n-2} e^{-x} \cdot 2$$

$$= (-1)^n \{x^2 - 2nx + n(n-1)\} e^{-x}.$$

練習問題 3-2

1. 次が成り立つことを示せ.

(1) $(a^x)' = a^x \log a \ (a > 0, \ a \neq 1)$

(2) $(\log_a |x|)' = \dfrac{1}{x \log a} \ (a > 0, \ a \neq 1)$

(3) $(\mathrm{Cos}^{-1} x)' = -\dfrac{1}{\sqrt{1 - x^2}}$

(4) $(\sinh x)' = \cosh x$

(5) $(\tanh x)' = \dfrac{1}{\cosh^2 x}$

2. 次の関数の導関数を求めよ.

(1) $\sqrt[3]{x}$　　　　　　　(2) $(3x + 5)(x^2 - x + 1)$　　(3) $e^x \cos x$

(4) $\dfrac{x - 1}{x + 1}$　　　　　(5) $\dfrac{x^2 - 2x + 3}{x + 1}$　　　(6) $\dfrac{\log |x|}{x}$

(7) $\dfrac{1}{\sqrt{x^2 + 1}}$　　　(8) $\cos^5 x$　　　　　　(9) $\dfrac{1}{\sin 3x}$

(10) $\mathrm{Sin}^{-1}(3x)$　　　(11) $\left(\mathrm{Cos}^{-1} x\right)^2$　　　(12) e^{-x^2}

(13) $\log (x^2 + 1)$　　　(14) $\log |\cos x|$　　　(15) $\log |\log |x||$

(16) $\log (x + \sqrt{x^2 + 1})$　(17) $x^{\sin x} \ (x > 0)$　　(18) $\mathrm{Tan}^{-1} \dfrac{x - 1}{x + 1}$

(19) $2 \mathrm{Cos}^{-1} \sqrt{\dfrac{x + 1}{2}}$　　(20) $\mathrm{Sin}^{-1} \dfrac{x}{\sqrt{x^2 + 1}}$

3. 次の関数の n 次導関数を推測し，それを数学的帰納法で示せ.

(1) $\dfrac{1}{1 - x}$　　(2) $e^x \sin x$　　(3) $\log (1 + 2x)$

4. Leibniz の公式を用いて，次の関数の n 次導関数を求めよ．

(1) $x^3 e^{2x}$　　(2) $x^2 \sin x$　　(3) $x \log (1 + 2x)$

5. $\mathbb{R}$ で 2 回微分可能な関数 $z(t)$ と $t = \log x$ との合成関数を $y(x) = z(\log x)$ とする．定数 a, b に対して $y(x)$ が方程式

$$x^2 \frac{d^2 y}{dx^2} + ax \frac{dy}{dx} + by = 0$$

を満たすとき，$z(t)$ が満たす方程式を求めよ．

3.3 平均値の定理と Taylor の定理 ─────────────❖

▎平均値の定理▎

> **定理 3.7 (Rolle (ロル) の定理)** 関数 $f(x)$ は区間 $[a,b]$ で連続で，区間 (a,b) で微分可能であり，$f(a) = f(b)$ とする．このとき，$a < c < b$ を満たす点 c が存在して $f'(c) = 0$ となる．

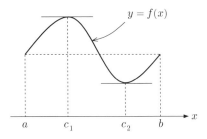

証明　$f(x)$ が区間 $[a,b]$ で定数関数であるとすると，任意の $x \in (a,b)$ に対し $f'(x) = 0$ となるので，この場合は成り立つ．

　$f(x)$ は区間 $[a,b]$ で定数関数でないとする．最大最小の原理 (定理 2.9) より，$f(x)$ は区間 $[a,b]$ 上で最大値，最小値をとるので，

$$f(c_1) = \max_{x \in [a,b]} f(x), \quad f(c_2) = \min_{x \in [a,b]} f(x)$$

とおくと，$f(c_1) > f(c_2)$ である．このとき，$f(a) = f(b)$ であるから $c_1 \in (a,b)$ または $c_2 \in (a,b)$ である．いま，$c_1 \in (a,b)$ とすると，$f(c_1)$ は最大値だから，

$$\lim_{x \to c_1+0} \frac{f(x) - f(c_1)}{x - c_1} \le 0, \quad \lim_{x \to c_1-0} \frac{f(x) - f(c_1)}{x - c_1} \ge 0$$

となり，$f'(c_1) = 0$ を得る．また，$c_2 \in (a,b)$ の場合も同様にして $f'(c_2) = 0$ を得る．よって，$c = c_1$ または $c = c_2$ とすれば成り立つ． ▌

　Rolle の定理から，以下の定理が導かれる．

定理 **3.8 (平均値の定理)** 関数 $f(x)$ は区間 $[a,b]$ で連続，区間 (a,b) で微分可能とする．このとき $a < c < b$ を満たす点 c が存在して

$$\frac{f(b) - f(a)}{b - a} = f'(c)$$

となる．

　平均値の定理は，幾何学的には曲線 $y = f(x)$ 上の 2 点 $(a, f(a))$, $(b, f(b))$ を結ぶ直線と，点 $(c, f(c))$ における接線が平行であるような c が存在することを示している．この定理で $f(a) = f(b)$ とした場合が Rolle の定理である．

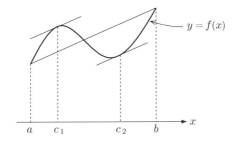

証明　定数 $k = \dfrac{f(b) - f(a)}{b - a}$ をとり，

$$\varphi(x) = \{f(b) - f(x)\} - k(b - x)$$

とする．このとき，$\varphi(x)$ は $[a,b]$ で連続，(a,b) で微分可能であり，$\varphi(a) = \varphi(b) = 0$ を満たす．Rolle の定理 (定理 3.7) より，$a < c < b$ を満たす点 c が存在して $\varphi'(c) = 0$．一方，$\varphi'(x) = -f'(x) + k$ が成り立つので，$f'(c) = k$．つまり，求める結果を得る．

定数関数・単調関数の導関数

　平均値の定理の応用として，以下の結果を得る．

定理 **3.9**　I を区間とし，関数 $f : I \to \mathbb{R}$ は微分可能であるとする．f が区間 I で定数関数であるための必要十分条件は，任意の $x \in I$ に対して $f'(x) = 0$ が成り立つことである．

証明 定数関数 $f(x) = c$ について $f'(x) = 0$ である．逆に任意の $x \in I$ に対して $f'(x) = 0$ とする．$a \in I$ を固定する．平均値の定理より，任意の $x \in I\,(x \neq a)$ に対して a と x の間の点 c が存在し $f(x) = f(a) + f'(c)(x - a)$ が成り立つ．さらに $f'(c) = 0$ であるから，$f(x) = f(a)$ を得る．よって，$f(x)$ は I 上の定数関数である． ∎

> **定理 3.10** I を区間とし，関数 $f : I \to \mathbb{R}$ は微分可能であるとする．
>
> (i)　f が区間 I で単調増加であるための必要十分条件は，任意の $x \in I$ に対して $f'(x) \geq 0$ が成り立つことである．
>
> (ii)　f が区間 I で単調減少であるための必要十分条件は，任意の $x \in I$ に対して $f'(x) \leq 0$ が成り立つことである．

証明 (i) のみ示す．まず必要性を示す．f は区間 I で単調増加であるとし，$a \in I$ を任意にとる．このとき，$x \neq a$ となる x に対して $\dfrac{f(x) - f(a)}{x - a} \geq 0$ が成り立つので，

$$f'(a) = \lim_{x \to a} \frac{f(x) - f(a)}{x - a} \geq 0$$

を得る．すなわち，任意の $x \in I$ に対して $f'(x) \geq 0$ である．

十分性を示す．平均値の定理より，任意の $x_1, x_2 \in I\,(x_1 < x_2)$ に対して $x_1 < c < x_2$ を満たす点 c が存在して $f(x_2) = f(x_1) + f'(c)(x_2 - x_1)$ が成り立つ．$f'(c) \geq 0$ かつ $x_2 > x_1$ であるから $f(x_2) \geq f(x_1)$ となる．よって，f は区間 I で単調増加である． ∎

> **定理 3.11** I を区間とし，関数 $f : I \to \mathbb{R}$ は微分可能であるとする．
>
> (i)　任意の $x \in I$ に対して $f'(x) > 0$ ならば，f は区間 I で狭義単調増加である．
>
> (ii)　任意の $x \in I$ に対して $f'(x) < 0$ ならば，f は区間 I で狭義単調減少である．

証明 (i) は定理 3.10(i) の証明で $f'(c) \geq 0$ の代わりに $f'(c) > 0$ とすれば $f(x_2) > f(x_1)$ となり，$f(x)$ は I で狭義単調増加である．(ii) は $f'(c) > 0$ の

代わりに $f'(c) < 0$ を用いれば $f(x_2) < f(x_1)$ となり, f は区間 I で狭義単調減少である.

注意 3.3　定理 3.11(i), (ii) の逆は一般には成り立たない. たとえば, $f(x) = x^3$ は $\mathbb{R}$ で狭義単調増加であるが, $f'(x) = 3x^2$ より $f'(0) = 0$ となり, $f'(x) > 0$ が成り立たない $x \in \mathbb{R}$ が存在する.

Taylor (テイラー) の定理

　平均値の定理を n 次導関数に対して拡張することを考えたとき得られるのが次の Taylor の定理である. Taylor の定理は関数の多項式近似を与え, 関数の値の近似値を求めるときなどに利用される (例題 3.11 参照). 最後の項を剰余項と呼ぶが, 近似値の誤差評価を論理的に考察する際に必要となる.

定理 3.12 (Taylor の定理)　関数 $f(x)$ は点 a の近傍を含む区間 I で n 回微分可能とする. 区間 I の各点 x に対して, 点 a と点 x の間にある点 c が存在して

$$f(x) = \sum_{k=0}^{n-1} \frac{f^{(k)}(a)}{k!}(x-a)^k + \frac{f^{(n)}(c)}{n!}(x-a)^n$$

$$\left(= f(a) + \frac{f'(a)}{1!}(x-a) + \frac{f''(a)}{2!}(x-a)^2 \right.$$

$$\left. + \cdots + \frac{f^{(n-1)}(a)}{(n-1)!}(x-a)^{n-1} + \frac{f^{(n)}(c)}{n!}(x-a)^n \right)$$

と表すことができる.

　Taylor の定理において, 最後の項を $R_n(x)$ によって表すとき, $R_n(x)$ を **Lagrange (ラグランジュ) の剰余項**という. 上記の c を

$$c = a + \theta(x-a) \quad (0 < \theta < 1)$$

と表せば, Lagrange の剰余項 $R_n(x)$ は

$$\frac{f^{(n)}(a + \theta(x-a))}{n!}(x-a)^n$$

と表される.

証明 $x \neq a$ とする. 変数 t の関数

$$\varphi(t) = f(x) - \sum_{k=0}^{n-1} \frac{f^{(k)}(t)}{k!}(x-t)^k - K(x-t)^n$$

を a と x を含む区間で定める. ただし, K は t に依存しない定数で

$$K = \frac{1}{(x-a)^n}\left\{ f(x) - \sum_{k=0}^{n-1} \frac{f^{(k)}(a)}{k!}(x-a)^k \right\}$$

とする. このとき f は a と x を含む区間で n 回微分可能であるから φ はその区間で連続かつ微分可能であり, さらに $\varphi(a) = \varphi(x) = 0$. よって, Rolle の定理 (定理 3.7) より, a と x の間にある点 c が存在して, $\varphi'(c) = 0$. 一方,

$$\varphi'(t) = -\left\{ \sum_{k=0}^{n-1} \frac{f^{(k+1)}(t)}{k!}(x-t)^k - \sum_{k=1}^{n-1} \frac{f^{(k)}(t)}{(k-1)!}(x-t)^{k-1} \right\}$$

$$+ nK(x-t)^{n-1}$$

$$= -\frac{f^{(n)}(t)}{(n-1)!}(x-t)^{n-1} + nK(x-t)^{n-1}$$

$$= n(x-t)^{n-1}\left(-\frac{f^{(n)}(t)}{n!} + K \right)$$

であるから,

$$n(x-c)^{n-1}\left(\frac{f^{(n)}(c)}{n!} - K \right) = 0.$$

よって, $K = \dfrac{f^{(n)}(c)}{n!}$ を得るので,

$$f(x) = \sum_{k=0}^{n-1} \frac{f^{(k)}(a)}{k!}(x-a)^k + \frac{f^{(n)}(c)}{n!}(x-a)^n$$

が成り立つ.

Maclaurin (マクローリン) の定理

Taylor の定理の $a = 0$ の場合は Maclaurin の定理と呼ばれる.

定理 3.13 (Maclaurin の定理) 関数 $f(x)$ は点 0 の近傍を含む区間 I で n 回微分可能とする. 区間 I の各点 x に対して, 点 0 と点 x の間にある点 c が存在して

$$f(x) = \sum_{k=0}^{n-1} \frac{f^{(k)}(0)}{k!} x^k + \frac{f^{(n)}(c)}{n!} x^n$$

$$\left(= f(0) + \frac{f'(0)}{1!} x + \frac{f''(0)}{2!} x^2 \right.$$

$$\left. + \cdots + \frac{f^{(n-1)}(0)}{(n-1)!} x^{n-1} + \frac{f^{(n)}(c)}{n!} x^n \right)$$

と表すことができる.

$c = \theta x,\ 0 < \theta < 1$ とおくと, Maclaurin の定理における剰余項は

$$R_n(x) = \frac{f^{(n)}(\theta x)}{n!} x^n$$

となる.

例 3.1

関数 $f(x) = e^x$ に Maclaurin の定理を適用する. $f^{(k)}(x) = e^x\ (k \in \mathbb{N})$ より, $f^{(k)}(0) = 1$ であるから,

$$e^x = \sum_{k=0}^{n-1} \frac{1}{k!} x^k + \frac{e^{\theta x}}{n!} x^n \quad (0 < \theta < 1).$$

$$\left(= 1 + x + \frac{1}{2!} x^2 + \frac{1}{3!} x^3 + \cdots + \frac{1}{(n-1)!} x^{n-1} + \frac{e^{\theta x}}{n!} x^n \right)$$

◆ 関数 e^x の Maclaurin 展開の近似のようす

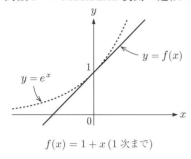

$f(x) = 1 + x$（1 次まで）

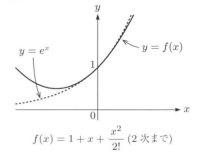

$f(x) = 1 + x + \dfrac{x^2}{2!}$（2 次まで）

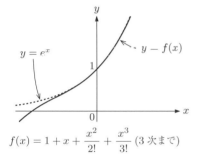

$f(x) = 1 + x + \dfrac{x^2}{2!} + \dfrac{x^3}{3!}$（3 次まで）

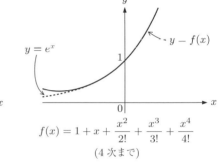

$f(x) = 1 + x + \dfrac{x^2}{2!} + \dfrac{x^3}{3!} + \dfrac{x^4}{4!}$

（4 次まで）

例 3.2

関数 $f(x) = \sin x$ に $n = 2m + 1$ として Maclaurin の定理を適用する．
$f^{(j)}(x) = \sin\left(x + \dfrac{j\pi}{2}\right)$ $(j \in \mathbb{N})$ より，

$$f^{(j)}(0) = \sin\frac{j\pi}{2} = \begin{cases} \sin k\pi = 0 & (j = 2k), \\ \cos k\pi = (-1)^k & (j = 2k + 1), \end{cases}$$

$$f^{(2m+1)}(\theta x) = \sin\left(\theta x + m\pi + \frac{\pi}{2}\right) = \cos\left(\theta x + m\pi\right) = (-1)^m \cos\theta x.$$

よって,

$$\sin x = \sum_{k=0}^{m-1} \frac{(-1)^k}{(2k+1)!} x^{2k+1} + \frac{(-1)^m \cos \theta x}{(2m+1)!} x^{2m+1} \quad (0 < \theta < 1).$$

$$\left(= x - \frac{1}{3!} x^3 + \frac{1}{5!} x^5 - \frac{1}{7!} x^7 \right.$$

$$\left. + \cdots + \frac{(-1)^{m-1}}{(2m-1)!} x^{2m-1} + \frac{(-1)^m \cos \theta x}{(2m+1)!} x^{2m+1} \right)$$

♦ 関数 $\sin x$ の Maclaurin 展開の近似のようす

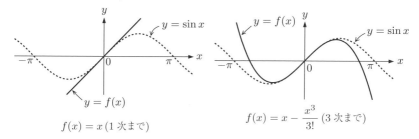

$f(x) = x$ (1 次まで)

$f(x) = x - \dfrac{x^3}{3!}$ (3 次まで)

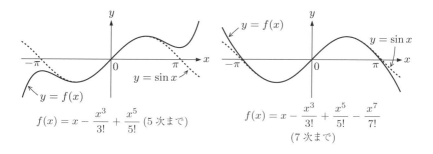

$f(x) = x - \dfrac{x^3}{3!} + \dfrac{x^5}{5!}$ (5 次まで)

$f(x) = x - \dfrac{x^3}{3!} + \dfrac{x^5}{5!} - \dfrac{x^7}{7!}$

(7 次まで)

─── **Maclaurin 展開の例** ───

以下, $0 < \theta < 1$ とする.

(1) $e^x = \displaystyle\sum_{k=0}^{n-1} \frac{x^k}{k!} + \frac{e^{\theta x}}{n!} x^n$.

(2) $\sin x = \displaystyle\sum_{k=0}^{m-1} \frac{(-1)^k}{(2k+1)!} x^{2k+1} + \frac{(-1)^m \cos \theta x}{(2m+1)!} x^{2m+1}$.

(3) $\cos x = \displaystyle\sum_{k=0}^{m-1} \frac{(-1)^k}{(2k)!} x^{2k} + \frac{(-1)^m \cos \theta x}{(2m)!} x^{2m}$.

(4) $\log(1+x) = \displaystyle\sum_{k=1}^{n-1} \frac{(-1)^{k-1}}{k} x^k + \frac{(-1)^{n-1}}{n(1+\theta x)^n} x^n$.

(5) $(1+x)^\alpha = \displaystyle\sum_{k=0}^{n-1} \binom{\alpha}{k} x^k + \binom{\alpha}{n}(1+\theta x)^{\alpha-n} x^n$.

　　ただし, $\alpha \in \mathbb{R}$ に対して,
$$\binom{\alpha}{0} = 1, \quad \binom{\alpha}{k} = \frac{\alpha(\alpha-1)\cdots(\alpha-k+1)}{k!} \quad (k = 1, 2, \cdots).$$

注意 3.4　$\alpha \in \mathbb{R}$ に対して, $\dbinom{\alpha}{k}$ を一般二項係数という.

　　Maclaurin の定理の 1 つの応用として, 近似値を求める.

┌──┐
│ **例題 3.11**　自然対数の底 e の近似値を求めよ. │
└──┘

解答　関数 e^x に Maclaurin の定理を適用し $x = 1$ を代入すると,
$$e = \sum_{k=0}^{n-1} \frac{1}{k!} + \frac{e^\theta}{n!} \quad (0 < \theta < 1)$$
が得られる. この式で $n = 10$ とすれば,
$$e = \sum_{k=0}^{9} \frac{1}{k!} + \frac{e^\theta}{10!}.$$

このとき $e < 3$ (例題 A.3 参照) と $0 < \theta < 1$ より，剰余項は

$$\frac{e^\theta}{10!} < \frac{3}{10!} (\approx 0.8 \times 10^{-6}) < 1.0 \times 10^{-6}$$

と評価できる．よって，

$$0 < e - \left(1 + 1 + \frac{1}{2!} + \cdots + \frac{1}{9!}\right) = \frac{e^\theta}{10!} < 1.0 \times 10^{-6}.$$

一方，

$$\sum_{k=0}^{9} \frac{1}{k!} = 1 + 1 + \frac{1}{2!} + \cdots + \frac{1}{9!}$$

の小数第 7 位までの数値の和を求めると 2.7182812 である．ここで，この値は小数第 8 位以降を 7 回切り捨てているので，誤差は $\frac{7}{10^7}$ 未満である．つまり，

$$0 < \left(1 + 1 + \frac{1}{2!} + \cdots + \frac{1}{9!}\right) - 2.7182812 < 0.7 \times 10^{-6}.$$

したがって，

$$0 < e - 2.7182812 < 1.7 \times 10^{-6}$$

を得るので，$2.7182812 < e < 2.7182829$ となり，e の小数第 5 位までの正しい近似値 2.71828 を得る．n をより大きくすれば，同様にしてよりよい近似値を求めることができる．

点 a の近傍で $f(x)$ は C^∞ 級とする．定理 3.12 の $R_n(x)$ について，各点 x において $\lim_{n\to\infty} R_n(x) = 0$ が成り立つならば，

$$f(x) = \lim_{n\to\infty} \left\{\sum_{k=0}^{n-1} \frac{f^{(k)}(a)}{k!}(x-a)^k + R_n(x)\right\} = \sum_{n=0}^{\infty} \frac{f^{(n)}(a)}{n!}(x-a)^n$$

となる．右辺の級数を関数 $f(x)$ の点 a を中心とする **Taylor 級数**という．特に，$a = 0$ のときは **Maclaurin 級数**と呼ばれる．

例題 3.12　次が成り立つことを示せ.

(1) $e^x = \displaystyle\sum_{k=0}^{\infty} \frac{1}{k!} x^k$ (2) $\sin x = \displaystyle\sum_{k=0}^{\infty} \frac{(-1)^k}{(2k+1)!} x^{2k+1}$

解答　まず, $a \in \mathbb{R}$, $a > 0$ に対して,

$$\lim_{n \to \infty} \frac{a^n}{n!} = 0 \tag{3.2}$$

を示す. $b_n = \dfrac{a^n}{n!}$ とおくと,

$$\lim_{n \to \infty} \frac{b_{n+1}}{b_n} = \lim_{n \to \infty} \frac{a}{n+1} = 0$$

であるから, ある $n_0 \in \mathbb{N}$ が存在して, $n \geq n_0$ に対して

$$\frac{b_{n+1}}{b_n} < \frac{1}{2}$$

とできる. したがって, $n \geq n_0$ に対して

$$0 < b_n < \left(\frac{1}{2}\right)^{n-n_0} b_{n_0}$$

を得るので, $\displaystyle\lim_{n \to \infty} b_n = 0$. つまり, $\displaystyle\lim_{n \to \infty} \frac{a^n}{n!} = 0$.

(1) e^x に Maclaurin の定理を適用すると,

$$e^x = \sum_{k=0}^{n-1} \frac{1}{k!} x^k + \frac{e^{\theta x}}{n!} x^n \quad (0 < \theta < 1).$$

ここで, $R_n(x) = \dfrac{e^{\theta x}}{n!} x^n$ とおくと, $x \in \mathbb{R}$ に対して,

$$|R_n(x)| \leq e^{|x|} \frac{|x|^n}{n!}.$$

このとき, (3.2) より $\displaystyle\lim_{n \to \infty} \frac{|x|^n}{n!} = 0$ であるから, $\displaystyle\lim_{n \to \infty} R_n(x) = 0$ となり, 求める結果を得る.

(2) $\sin x$ に Maclaurin の定理を適用すると,

$$\sin x = \sum_{k=0}^{m-1} \frac{(-1)^k}{(2k+1)!} x^{2k+1} + \frac{(-1)^m \cos \theta x}{(2m+1)!} x^{2m+1} \quad (0 < \theta < 1).$$

ここで，$R_{2m+1}(x) = \dfrac{(-1)^m \cos\theta x}{(2m+1)!} x^{2m+1}$ とおくと，$x \in \mathbb{R}$ に対して，

$$|R_{2m+1}(x)| \leq \frac{|x|^{2m+1}}{(2m+1)!}.$$

このとき，(3.2) より $\displaystyle\lim_{m\to\infty} \frac{|x|^{2m+1}}{(2m+1)!} = 0$ であるから，$\displaystyle\lim_{m\to\infty} R_{2m+1}(x) = 0$
となり，求める結果を得る．　　∎

例題 3.13　関数 f は点 a を含む近傍で Taylor 級数展開可能であるとする．
このとき，
$$\frac{f(a+h) - f(a-h)}{2h} = f'(a) + O(h^2) \quad (h \to 0)$$
が成り立つことを示せ．

解答　$f(a+h)$, $f(a-h)$ の Taylor 級数をそれぞれ求めると，十分小さな $|h|$
に対して，

$$f(a+h) = f(a) + f'(a)h + \frac{f''(a)}{2!}h^2 + \frac{f^{(3)}(a)}{3!}h^3 + O(h^4),$$

$$f(a-h) = f(a) - f'(a)h + \frac{f''(a)}{2!}h^2 - \frac{f^{(3)}(a)}{3!}h^3 + O(h^4).$$

よって，

$$f(a+h) - f(a-h) = 2f'(a)h + \frac{2f^{(3)}(a)}{3!}h^3 + O(h^4)$$

を得るので，十分小さな $|h|$ に対して，

$$\frac{f(a+h) - f(a-h)}{2h} = f'(a) + \frac{f^{(3)}(a)}{3!}h^2 + O(h^3)$$
$$= f'(a) + O(h^2).$$

　　∎

■ 極大・極小 ■

関数 $f(x)$ に対して，ある $\delta > 0$ が存在して，

$$f(x) > f(a) \quad (a - \delta < x < a + \delta, \; x \neq a)$$

が成り立つとき，f は点 a で**極小**であるといい $f(a)$ を**極小値**という．また，

$$f(x) < f(a) \quad (a - \delta < x < a + \delta,\ x \neq a)$$

が成り立つとき，f は点 a で**極大**であるといい $f(a)$ を**極大値**という．極大値と極小値を合わせて，**極値**という．

> **定理 3.14** 関数 $f(x)$ は点 a で微分可能であるとする．点 a で極値をとるならば，$f'(a) = 0$ である．

証明　点 a で極小とすると

$$f'_-(a) = \lim_{x \to a-0} \frac{f(x) - f(a)}{x - a} \leq 0, \quad f'_+(a) = \lim_{x \to a+0} \frac{f(x) - f(a)}{x - a} \geq 0$$

が成り立つ．さらに f は点 a で微分可能であるから $f'(a) = f'_-(a) = f'_+(a)$．よって，$f'(a) = 0$ を得る．極大の場合も同様に示される．

> **定理 3.15** 関数 $f(x)$ は点 a の近傍で C^2 級であるとし，$f'(a) = 0$ とする.
> (i)　$f''(a) > 0$ ならば，$f(x)$ は点 a で極小である．
> (ii)　$f''(a) < 0$ ならば，$f(x)$ は点 a で極大である．

証明　(i) のみ示す．$f(x)$ は C^2 級であるから，$x \neq a$ である x に対して Taylor の定理 (定理 3.12) を適用すると，$0 < \theta < 1$ を満たす θ が存在して

$$f(x) = f(a) + f'(a)(x - a) + \frac{1}{2!} f''(a + \theta(x - a))(x - a)^2$$

$$= f(a) + \frac{1}{2!} f''(a + \theta(x - a))(x - a)^2.$$

さらに，$f''(x)$ は点 a で連続であるから，$f''(a) > 0$ より a に十分近い x に対して $f''(a + \theta(x - a)) > 0$ とできる．このとき，$f(x) > f(a)\,(x \neq a)$ となり，$f(x)$ は点 a で極小である．

　　極値の応用として，関数のグラフの概形を調べることができる．

例題 3.14　$f(x) = x^2 e^{-x} \left(= \dfrac{x^2}{e^x} \right)$ とする．このとき，$y = f(x)$ の概形を求めよ．

解答　関数 $f(x)$ の 1 次導関数および 2 次導関数をそれぞれ求めると，

$$f'(x) = x(2-x)e^{-x}, \quad f''(x) = (2 - 4x + x^2)e^{-x}$$

より $f'(x) = 0$ となる点は $x = 0$, 2．ここで，$f''(0) > 0$，$f''(2) < 0$ であるから $f(x)$ は $x = 0$ で極小で極小値 $f(0) = 0$ をとり，$x = 2$ で極大で極大値 $f(2) = 4e^{-2}$ をとることがわかる．また，$\displaystyle \lim_{x \to \infty} x^2 e^{-x} = 0$，$\displaystyle \lim_{x \to -\infty} x^2 e^{-x} = \infty$ となるので，$y = f(x)$ のグラフの概形は次のようになる．

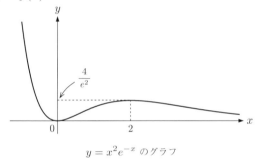

$y = x^2 e^{-x}$ のグラフ

例題 3.15　$\sigma, m \in \mathbb{R}$ は定数とし，

$$f(x) = \frac{1}{\sqrt{2\pi}\sigma} e^{-\frac{(x-m)^2}{2\sigma^2}}$$

とする．ただし，$\sigma > 0$ である．このとき，$y = f(x)$ の概形を求めよ．

解答　関数 $f(x)$ の 1 次導関数および 2 次導関数をそれぞれ求めると，

$$f'(x) = -\frac{x - m}{\sqrt{2\pi}\sigma^3} e^{-\frac{(x-m)^2}{2\sigma^2}},$$

$$f''(x) = -\frac{1}{\sqrt{2\pi}\sigma^3} \left\{ 1 - \frac{(x-m)^2}{\sigma^2} \right\} e^{-\frac{(x-m)^2}{2\sigma^2}}$$

であるから，$f'(x) = 0$ となるのは $x = m$ のときである．ここで，$f''(m) <$

0 より $f(x)$ は $x = m$ で極大で，極大値 $f(m) = \dfrac{1}{\sqrt{2\pi}\sigma}$ をとる．また，$\displaystyle\lim_{x\to\pm\infty} f(x) = 0$. したがって，$y = f(x)$ のグラフの概形は次のようになる．

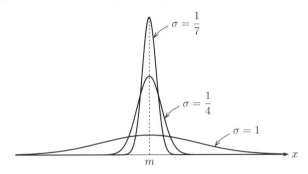

$y = f(x)$ のグラフ．パラメータ σ の値に応じて形状が図のように異なる．

凸関数

$I\,(\subset \mathbb{R})$ を区間とする．関数 $f : I \to \mathbb{R}$ が任意の $a, b \in I\ (a \neq b)$, $t \in (0, 1)$ に対して

$$f(ta + (1-t)b) \leq tf(a) + (1-t)f(b) \tag{3.3}$$

を満たすとき，f は区間 I における**凸関数**という．(3.3) の代わりに

$$f(ta + (1-t)b) < tf(a) + (1-t)f(b) \tag{3.4}$$

が成り立つとき，**狭義凸関数**という．

　上記の定義は図形的には以下のような意味をもつ．いま，曲線 $y = f(x)$ に対して A$(a, f(a))$, B$(b, f(b))$ とし，線分 AB を $1 - t : t$ に内分する点を C とすると，

$$\mathrm{C}(ta + (1-t)b, tf(a) + (1-t)f(b))$$

となる．一方，$x = ta + (1-t)b$ における曲線 $y = f(x)$ 上の点を D とすると，

$$\mathrm{D}(ta + (1-t)b, f(ta + (1-t)b))$$

となる．よって条件 (3.3) は点 D が点 C の下にあることを意味する．つまり，f が区間 I において凸関数であるとは，グラフ $\{(x, f(x)) \mid x \in I\}$ 上の点を結んだ線分の下に常にグラフがあることを意味する．

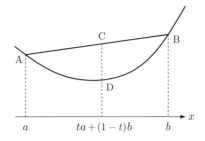

また，凸関数について次の定理を得る.

定理 **3.16**　I を区間とし，関数 $f : I \to \mathbb{R}$ は 2 回微分可能であるとする．このとき，次の (i)–(iv) は互いに同値である．

(i)　f は I において凸関数である．

(ii)　$a < x < b$ となる任意の $a, b, x \in I$ に対して次の不等式が成り立つ．

$$\frac{f(x) - f(a)}{x - a} \leq \frac{f(b) - f(a)}{b - a} \leq \frac{f(b) - f(x)}{b - x}. \tag{3.5}$$

(iii)　f' は I で単調増加である．

(iv)　任意の $x \in I$ に対して $f''(x) \geq 0$.

証明　まず (iv) ならば (i) を示す．Taylor の定理と $f''(x) \geq 0 \, (x \in I)$ より，任意の $x, y \in I$ に対して

$$f(y) = f(x) + f'(x)(y - x) + \frac{1}{2!} f''(x + \theta(y - x))(y - x)^2$$

$$\geq f(x) + f'(x)(y - x)$$

が成り立つ．このとき，$a, b \in I$ に対して

$$f(a) \geq f(x) + f'(x)(a - x), \quad f(b) \geq f(x) + f'(x)(b - x).$$

ここで，$t \in (0, 1)$ とし，第 1 式の両辺に t，第 2 式の両辺に $1 - t$ を掛けて辺々加えると，

$$tf(a) + (1 - t)f(b) \geq f(x) + f'(x)\{ta + (1 - t)b - x\}$$

を得る．この不等式で $x = ta + (1 - t)b$ とすると，

$$tf(a) + (1 - t)f(b) \geq f(ta + (1 - t)b)$$

が成り立つので，f は区間 I において凸関数である．

次に (i) ならば (ii) を示す．$x = ta + (1-t)b$ とすると，f は凸関数であるから，

$$\frac{f(x) - f(a)}{x - a} \leq \frac{tf(a) + (1-t)f(b) - f(a)}{ta + (1-t)b - a} = \frac{f(b) - f(a)}{b - a}.$$

よって，(3.5) の左側の不等式が成り立つ．(3.5) の右側の不等式も同様にして得ることができる．

次に (ii) ならば (iii) を示す．$a < x < b$ となる $a, b, x \in I$ に対して，(3.5) の左側の不等式で $x \to a + 0$，右側の不等式で $x \to b - 0$ とすれば，

$$f'(a) \leq \frac{f(b) - f(a)}{b - a} \leq f'(b)$$

を得る．よって，f' は I で単調増加である．

最後に (iii) ならば (iv) については定理 3.10 の証明を参照せよ．

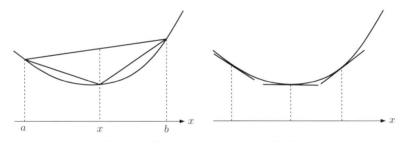

左図は (ii) に関連する図，右図は (iii) に関連する図

注意 3.5　$f''(x) > 0 \, (x \in I)$ であれば，$y \neq x$ のとき

$$f(y) > f(x) + f'(x)(y - x)$$

が成り立つので，この不等式を利用して f が区間 I において狭義凸関数であることを示すことができる．

Newton (ニュートン) 法

定理 3.17 関数 $f(x)$ は区間 $[a,b]$ で 2 回微分可能で, $f(a)f(b) < 0$ かつ $f''(x) > 0\,(x \in [a,b])$ を満たすとする. このとき, 方程式 $f(x) = 0$ は区間 (a,b) でただ 1 つの解をもつ.

証明 仮定から中間値の定理を適用できるので, 方程式 $f(x) = 0$ は区間 (a,b) で解をもつ. この解がただ 1 つであることを示す. 背理法による. いま, $f(c_1) = f(c_2) = 0$ かつ $c_1 < c_2$ を満たす $c_1, c_2 \in (a,b)$ が存在するとする. このとき, $c_1 = sa + (1-s)c_2$, $c_2 = tc_1 + (1-t)b$ となる $s, t \in (0,1)$ が存在する. f は狭義凸関数であるから, (3.4) より

$$0 = f(c_1) = f(sa + (1-s)c_2) < sf(a) + (1-s)f(c_2) = sf(a),$$

$$0 = f(c_2) = f(tc_1 + (1-t)b) < tf(c_1) + (1-t)f(b) = (1-t)f(b).$$

よって, $f(a) > 0$ かつ $f(b) > 0$ となり, $f(a)f(b) < 0$ に矛盾する. 以上から, 方程式 $f(x) = 0$ は区間 (a,b) でただ 1 つの解をもつ. ∎

関数 $f(x)$ はある有界閉区間で 2 回微分可能であるとする. このとき, 方程式 $f(x) = 0$ の解 $x = \gamma$ (ただし, $f'(\gamma) \neq 0$) を求めることを考える. いま, γ の適当な近似値 x_1 が何らかの方法で求められたとする. $f(x_1) \neq 0$ であれば, x_1 を補正して

$$\gamma = x_1 + h$$

とおく. $|h|$ が十分小さいとき,

$$0 = f(\gamma) = f(x_1 + h) \approx f(x_1) + f'(x_1)h$$

と考えられるので, $f'(x_1) \neq 0$ ならば h は

$$h = -\frac{f(x_1)}{f'(x_1)}$$

で与えられる. したがって,

$$x_2 = x_1 - \frac{f(x_1)}{f'(x_1)}$$

とおけば, x_2 は x_1 よりも高精度の γ の近似値となることが期待できる. これを繰り返せば,

$$x_{n+1} = x_n - \frac{f(x_n)}{f'(x_n)} \quad (n = 1, 2, \cdots)$$

を得る. この考え方をもとにして, 次の定理を得る.

> **定理 3.18 (Newton 法)** 関数 $f(x)$ は区間 $[a, b]$ で 2 回微分可能であり, $f(a)f(b) < 0$ かつ $f''(x) > 0 \, (x \in [a, b])$ を満たすとする. このとき, $f(x_1) > 0$ となる $x_1 \in [a, b]$ を 1 つとり,
>
> $$x_{n+1} = x_n - \frac{f(x_n)}{f'(x_n)} \quad (n = 1, 2, \cdots) \tag{3.6}$$
>
> によって数列 $\{x_n\}$ を定めると, 数列 $\{x_n\}$ は狭義単調列で, 方程式 $f(x) = 0$ のただ 1 つの解に収束する.

注意 3.6 定理 3.18 において, $f(a) > 0$ であれば数列 $\{x_n\}$ は狭義単調増加列となり, $f(b) > 0$ であれば数列 $\{x_n\}$ は狭義単調減少列となる.

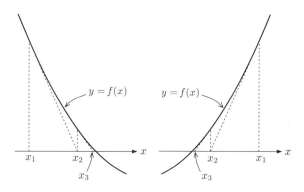

左図が $f(a) > 0$ の場合, 右図が $f(b) > 0$ の場合

Newton 法は, 幾何学的には曲線 $y = f(x)$ 上の点 $(x_n, f(x_n))$ における接線 $y = f'(x_n)(x - x_n) + f(x_n)$ と x 軸との交点の x 座標

$$x = x_n - \frac{f(x_n)}{f'(x_n)}$$

を求める操作の繰り返しにより，方程式 $f(x) = 0$ の解の近似値を求めることを意味している．

例題 3.16　$f(x) = x^3 + x - 1$ に Newton 法を適用し，方程式 $f(x) = 0$ の区間 $(0, 1)$ における解の近似値を求める数列 $\{x_n\}$ を導け．また，数列 $\{x_n\}$ の第 4 項まで具体的に計算せよ．

解答　$f(0) = -1 < 0$, $f(1) = 1 > 0$ であり，さらに

$$f'(x) = 3x^2 + 1, \quad f''(x) = 6x > 0 \ (x \in (0, 1]).$$

したがって，定理 3.18 より，

$$x_1 = 1, \quad x_{n+1} = x_n - \frac{x_n^3 + x_n - 1}{3x_n^2 + 1} = \frac{2x_n^3 + 1}{3x_n^2 + 1} \quad (n = 1, 2, \cdots)$$

によって定められる数列 $\{x_n\}$ は狭義単調減少列であり，方程式 $f(x) = 0$ の区間 $(0, 1)$ におけるただ 1 つの解に収束するので，この数列 $\{x_n\}$ が求める数列となる．第 4 項まで具体的に計算してみると，

$$x_2 = \frac{2x_1^3 + 1}{3x_1^2 + 1} = \frac{2 + 1}{3 + 1} = \frac{3}{4} \ (= 0.75),$$

$$x_3 = \frac{2x_2^3 + 1}{3x_2^2 + 1} = \frac{2\left(\dfrac{3}{4}\right)^3 + 1}{3\left(\dfrac{3}{4}\right)^2 + 1} = \frac{118}{172} \ (= 0.686046\cdots),$$

$$x_4 = \frac{2x_3^3 + 1}{3x_3^2 + 1} = \frac{2\left(\dfrac{118}{172}\right)^3 + 1}{3\left(\dfrac{118}{172}\right)^2 + 1} = \frac{8374512}{12273232} \ (= 0.682339\cdots).$$

l'Hospital (ロピタル) の定理

極限 $\displaystyle\lim_{x \to a} \frac{f(x)}{g(x)}$ は $\displaystyle\lim_{x \to a} f(x) = \lim_{x \to a} g(x) = 0$ ならば $\dfrac{0}{0}$ の不定形と呼ばれ，$\displaystyle\lim_{x \to a} f(x) = \lim_{x \to a} g(x) = \infty$ ならば $\dfrac{\infty}{\infty}$ の不定形と呼ばれる．ここでは不定形の極限を求める方法の 1 つとして l'Hospital の定理を紹介する．そのために，次の定理を準備する．

定理 3.19 (Cauchy (コーシー) の平均値の定理)　関数 $f(x)$, $g(x)$ は区間 $[a,b]$ で連続，区間 (a,b) で微分可能とする．さらに $a < x < b$ に対して $g'(x) \neq 0$ とする．このとき $a < c < b$ を満たす点 c が存在して

$$\frac{f(b) - f(a)}{g(b) - g(a)} = \frac{f'(c)}{g'(c)}$$

となる．

証明　平均値の定理と $g'(x) \neq 0$ $(a < x < b)$ より，$g(b) - g(a) \neq 0$ が成り立つので，

$$\varphi(x) = f(b) - f(x) - k\{g(b) - g(x)\}, \quad k = \frac{f(b) - f(a)}{g(b) - g(a)}$$

とおく．φ に対して Rolle の定理を適用すれば求める結果を得る．∎

　Cauchy の平均値の定理を利用することにより，次の定理が示される．

定理 3.20 (l'Hospital (ロピタル) の定理)　関数 $f(x)$, $g(x)$ は点 a の近傍の点 a を除く各点で微分可能で，かつ $g'(x) \neq 0$ であるとする．このとき，次のことが成り立つ．

(i)　$\displaystyle\lim_{x \to a} f(x) = \lim_{x \to a} g(x) = 0$, $\displaystyle\lim_{x \to a} \frac{f'(x)}{g'(x)} = \alpha$ ならば

$$\lim_{x \to a} \frac{f(x)}{g(x)} = \alpha.$$

(ii)　$\displaystyle\lim_{x \to a} f(x) = \lim_{x \to a} g(x) = \pm\infty$, $\displaystyle\lim_{x \to a} \frac{f'(x)}{g'(x)} = \alpha$ ならば

$$\lim_{x \to a} \frac{f(x)}{g(x)} = \alpha.$$

また，a や α を ∞ や $-\infty$ で置き換えた場合も成り立つ．

証明　(i) a が有限の場合を考える．$f(a) = g(a) = 0$ とすると $f(x)$, $g(x)$ は点 a でも連続となる．Cauchy の平均値の定理 (定理 3.19) より a と x の間の

点 c が存在して

$$\frac{f(x)}{g(x)} = \frac{f(x) - f(a)}{g(x) - g(a)} = \frac{f'(c)}{g'(c)}$$

が成り立つ. $x \to a$ のとき $c \to a$ であるので

$$\lim_{x \to a} \frac{f(x)}{g(x)} = \lim_{c \to a} \frac{f'(c)}{g'(c)} = \lim_{x \to a} \frac{f'(x)}{g'(x)}.$$

$x \to \pm\infty$ の場合は, $t = \dfrac{1}{x}$ とおき $t \to 0 \pm 0$ として同様に証明できる.

(ii) この証明は省略する. 興味のある読者は関連図書の [4] を参照せよ.

注意 3.7　以下の極限値を求めるのに l'Hospital の定理を適用してはならない.

$$\lim_{x \to 0} \frac{\sin x}{x}, \quad \lim_{x \to 0} \frac{e^x - 1}{x}.$$

もし適用するならば $(\sin x)' = \cos x$ や $(e^x)' = e^x$ を利用することになるが, これら導関数はそれぞれ $\lim\limits_{x \to 0} \dfrac{\sin x}{x} = 1$, $\lim\limits_{x \to 0} \dfrac{e^x - 1}{x} = 1$ を用いて導かれる (例題 3.3 参照) ものであり, l'Hospital の定理を適用するのは論理的に破綻していることになる. l'Hospital の定理の安易な濫用は厳に慎むべきである.

例題 3.17　次の関数の極限値を求めよ.

(1) $\displaystyle\lim_{x \to 0} \frac{\cosh x - 1}{x^2}$　(2) $\displaystyle\lim_{x \to \infty} \frac{x^3}{e^x}$　(3) $\displaystyle\lim_{x \to 0+0} x \log x$

解答　(1) これは $\dfrac{0}{0}$ の形で, 分子と分母をそれぞれ微分した $\lim\limits_{x \to 0} \dfrac{\sinh x}{2x}$ も $\dfrac{0}{0}$ の形である. よって, l'Hospital の定理を 2 回適用すると

$$\lim_{x \to 0} \frac{\cosh x - 1}{x^2} = \lim_{x \to 0} \frac{\sinh x}{2x} = \lim_{x \to 0} \frac{\cosh x}{2} = \frac{1}{2}.$$

(2) これは $\dfrac{\infty}{\infty}$ の形で, 分子と分母をそれぞれ微分した $\lim\limits_{x \to \infty} \dfrac{3x^2}{e^x}$ も $\dfrac{\infty}{\infty}$ の形である. また $\lim\limits_{x \to \infty} \dfrac{6x}{e^x}$ も $\dfrac{\infty}{\infty}$ の形である. よって, l'Hospital の定理を 3 回適用すると

$$\lim_{x \to \infty} \frac{x^3}{e^x} = \lim_{x \to \infty} \frac{3x^2}{e^x} = \lim_{x \to \infty} \frac{6x}{e^x} = \lim_{x \to \infty} \frac{6}{e^x} = 0.$$

(3) $x \log x = \dfrac{\log x}{\dfrac{1}{x}}$ なので，これは $\dfrac{-\infty}{\infty}$ の形である．よって，l'Hospital の定理を適用すると

$$\lim_{x \to 0+0} x \log x = \lim_{x \to 0+0} \frac{\log x}{\dfrac{1}{x}} = \lim_{x \to 0+0} \frac{\dfrac{1}{x}}{-\dfrac{1}{x^2}} = \lim_{x \to 0+0} (-x) = 0. \quad \blacksquare$$

注意 3.8　この例題の (2), (3) の極限の求め方については，例題 2.16 も参照せよ．Taylor の定理を利用して求める方法もある．

練習問題 3-3

1.　次の関数に Maclaurin の定理 (定理 3.13) を $n = 4$ として適用せよ．

(1) $e^x \sin x$　(2) $\sqrt{1-x}$　(3) $\sinh x$

2.　$\cos x$ に Maclaurin の定理を $n = 10$ として適用し，それを利用して $\cos 1$ の近似値を求めよ．

3.　$f(x) = \log \dfrac{1+x}{1-x}$ $(-1 < x < 1)$ に Maclaurin の定理を $n = 6$ として適用し，それを利用して $\log 2 \left(= f\left(\dfrac{1}{3}\right)\right)$ の近似値を求めよ．

4.　$\mathrm{Cos}^{-1} x$ に Maclaurin の定理を $n = 8$ として適用し，それを利用して $\mathrm{Cos}^{-1}\left(-\dfrac{1}{3}\right)$ の近似値を求めよ．ただし，円周率は $\pi = 3.14159$ とする (この値は正四面体の中心から各頂点に引いた線分同士のなす角を表し，**Maraldi (マラルディ) の角**と呼ばれる)．

5.　関数 f は点 a を含む近傍で Taylor 級数展開可能であるとする．このとき，

$$\frac{-f(a+2h) + 4f(a+h) - 3f(a)}{2h} = f'(a) + O(h^2) \quad (h \to 0)$$

が成り立つことを示せ．

6. 次の関数 $f(x)$ の極値を求めよ.

(1) $f(x) = \dfrac{1}{3 + x^2}$　　　　(2) $f(x) = x \log x \ (x > 0)$

(3) $f(x) = x\sqrt{1 - x^2} \ (|x| < 1)$　　(4) $f(x) = x^{-x} \ (x > 0)$

7.　$f(x) = x^2 - 7$ に Newton 法を適用し，$\sqrt{7}$ の近似値を求める数列 $\{x_n\}$ を導け．また，数列 $\{x_n\}$ の第 4 項まで具体的に計算せよ．

8.　次の極限値を求めよ.

(1) $\displaystyle\lim_{x \to 0} \dfrac{\tan x - x}{x - \sin x}$　　　　(2) $\displaystyle\lim_{x \to 0} \dfrac{x^2 - \sin^2 x}{x^4}$

(3) $\displaystyle\lim_{x \to +\infty} x \left(\dfrac{\pi}{2} - \mathrm{Tan}^{-1} x \right)$　　(4) $\displaystyle\lim_{x \to 3} \left(\dfrac{x}{3} \right)^{\frac{x}{3 - x}}$

(5) $\displaystyle\lim_{x \to \frac{\pi}{2} - 0} (\tan x)^{\cos x}$

Coffee Break ◇◇

　近年の PC の性能向上により，現象の解析に際して数値シミュレーションを行う機会が増えている．多くの現象は微分方程式で記述されるため，微分の近似式が必要となる．たとえば十分小さな $|h|$ に対して

$$\frac{f(a + h) - f(a)}{h} = f'(a) + O(h),$$

$$\frac{f(a + h) - f(a - h)}{2h} = f'(a) + O(h^2)$$

が成り立つので，$O(h)$ や $O(h^2)$ を誤差と思えば

$$\frac{f(a + h) - f(a)}{h}, \quad \frac{f(a + h) - f(a - h)}{2h}$$

は $f'(a)$ の近似式と考えることができる．実際，これらの式をもとに導関数を近似する差分表式が導かれ利用されている (前者から前進差分表式，後者から中心差分表式が導かれる)．また，$O(h)$ や $O(h^2)$ はこれらの式の近似度 (精度) を表しており，前者の近似度は 1，後者の近似度は 2 であることを示している．練習問題 3-1 の 3 や 3-3 の 5 は，別の差分表式に関する問題であるので考えてみよう．

◇◇◇

4

積分法

　積分には2つの概念がある．1つは微小量の (無限個の) 総和としての積分であり，もう1つは微分の逆演算としての積分である．微小量の総和としての積分の概念の誕生は，微分の概念の誕生よりもはるかに古く，Archimedes (アルキメデス，紀元前 287 頃–212) の時代までさかのぼる．一方，微分の逆演算としての積分は，Newton (1642–1727) と Leibniz (1646–1716) によって独立に発見され，現在の微分積分学の創始につながっている．この章では，微小量の総和としての積分に厳密な意味を与えた Riemann (リーマン，1826–1866) による積分の定義を学び，微分積分学の基本定理によって Riemann 積分が微分の逆演算としての積分に帰着されることを学ぶ．また，その結果をもとに，さまざまな関数に対して積分値を求める方法を学ぶ．さらに，Riemann 積分の概念を拡張し，定義域上で有界とは限らない関数の積分 (広義積分) を学ぶ．

4.1　Riemann 積分 ————————————————❖

Riemann 和
　有界閉区間 $[a, b]$ の分割

$$\Delta : a = x_0 < x_1 < \cdots < x_{n-1} < x_n = b$$

に対して，

$$|\Delta| = \max\{x_k - x_{k-1} \mid k = 1, 2, \cdots, n\}$$

を分割 Δ の幅という．$p_k \in [x_{k-1}, x_k]$ をとって数列 $\{p_k\}$ をつくり，分割とそれに付随する数列との対 $(\Delta, \{p_k\})$ を構成する．このとき，有界閉区間 $[a, b]$ で有界な関数 f に対して，

$$S(f; \Delta, \{p_k\}) = \sum_{k=1}^{n} f(p_k)(x_k - x_{k-1})$$

を対 $(\Delta, \{p_k\})$ に関する f の **Riemann 和**という.

Riemann 積分

関数 $f : [a, b] \to \mathbb{R}$ は有界とする. また, $S(f; \Delta, \{p_k\})$ を $[a, b]$ の分割 Δ とそれに付随する数列 $\{p_k\}$ との対 $(\Delta, \{p_k\})$ に関する f の Riemann 和とする. このとき, ある実数 α が存在して,

> 任意の $\varepsilon > 0$ に対して, ある $\delta > 0$ が存在し, $|\Delta| < \delta$ を満たす
>
> 任意の $(\Delta, \{p_k\})$ について, $|S(f; \Delta, \{p_k\}) - \alpha| < \varepsilon$

が成り立つとき, つまり, 対 $(\Delta, \{p_k\})$ のとり方によらないある実数 α が存在して,

$$\lim_{|\Delta| \to 0} S(f; \Delta, \{p_k\}) = \alpha$$

であるとき, f は区間 $[a, b]$ で**積分可能**であるという. α を

$$\int_a^b f(x)\,dx$$

で表し, f の区間 $[a, b]$ での**積分**または **Riemann 積分**という. **定積分**ともいう.

注意 4.1 $|\Delta| \to 0$ とは, 分点を多くとって分割を細かくすることを意味する.

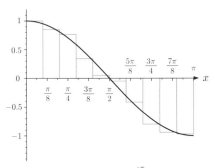

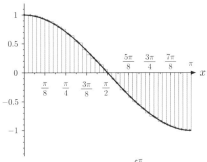

ランダムに選んだ点を用いた $\int_0^\pi f(x)\,dx$ の近似, ただし, $f(x) = \cos x$ で分割は等間隔. 積分の近似値は -0.0546842761. 使用分割数：10

ランダムに選んだ点を用いた $\int_0^\pi f(x)\,dx$ の近似, ただし, $f(x) = \cos x$ で分割は等間隔. 積分の近似値は 0.00558569876. 使用分割数：40

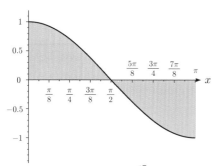

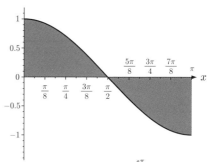

ランダムに選んだ点を用いた $\int_0^\pi f(x)\,dx$ の近似，ただし，$f(x) = \cos x$ で分割は等間隔．積分の近似値は -0.0001308785．使用分割数：160

ランダムに選んだ点を用いた $\int_0^\pi f(x)\,dx$ の近似，ただし，$f(x) = \cos x$ で分割は等間隔．積分の近似値は -0.0000030013．使用分割数：640

上記の定義では $a < b$ として定義したが，$a = b$ および $a > b$ の場合は以下のように定義する．

$$\int_a^a f(x)\,dx = 0, \quad \int_a^b f(x)\,dx = -\int_b^a f(x)\,dx.$$

例題 4.1　定数関数 $f(x) \equiv L$ が区間 $[a,b]$ において積分可能であることを，定義にしたがって示せ．

解答　分割 $\Delta : a = x_0 < x_1 < \cdots < x_n = b$ とそれに付随する数列 $\{p_k\}$ との対 $(\Delta, \{p_k\})$ に対して，定数関数 $f(x) \equiv L$ の Riemann 和は

$$S(f; \Delta, \{p_k\}) = \sum_{k=1}^n f(p_k)(x_k - x_{k-1}) = L \sum_{k=1}^n (x_k - x_{k-1}) = L(b - a).$$

このとき，$L(b-a)$ は $(\Delta, \{p_k\})$ によらず，さらに，

$$\lim_{|\Delta| \to 0} S(f; \Delta, \{p_k\}) = L(b - a).$$

よって，定数関数 $f(x) \equiv L$ は区間 $[a,b]$ において積分可能であり，

$$\int_a^b f(x)\,dx = L(b - a).$$

積分可能性については以下の定理がある.

定理 4.1　有界閉区間 $[a, b]$ で連続な関数は区間 $[a, b]$ で積分可能である.

定理 4.2　有界閉区間 $[a, b]$ で単調増加または単調減少な関数は区間 $[a, b]$ で積分可能である.

これらの定理の証明および積分可能性の詳細については付録 D を参照せよ.

積分の基本性質

積分の基本性質として, 以下の定理が成り立つ.

定理 4.3　関数 $f, g : [a, b] \to \mathbb{R}$ は有界とし, 有界閉区間 $[a, b]$ で積分可能であるとする.

(i)　**(線形性)**　定数 λ, μ に対して, 関数 $\lambda f + \mu g$ は積分可能であり,

$$\int_a^b \{\lambda f(x) + \mu g(x)\} \, dx = \lambda \int_a^b f(x) \, dx + \mu \int_a^b g(x) \, dx.$$

(ii)　**(単調性)**　区間 $[a, b]$ で $f(x) \le g(x)$ であれば,

$$\int_a^b f(x) \, dx \le \int_a^b g(x) \, dx.$$

(iii)　$|f(x)|$ も区間 $[a, b]$ で積分可能であり,

$$\left| \int_a^b f(x) \, dx \right| \le \int_a^b |f(x)| \, dx.$$

証明　まず (i) を示す.

$$\alpha = \int_a^b f(x) \, dx, \quad \beta = \int_a^b g(x) \, dx$$

とおく. f, g は区間 $[a, b]$ で積分可能であるから, 任意の分割 Δ とそれに付随

する数列 $\{p_k\}$ との対 $(\Delta, \{p_k\})$ に対し, $|\Delta| \to 0$ であれば,

$$\lim_{|\Delta| \to 0} S(f; \Delta, \{p_k\}) = \alpha, \qquad \lim_{|\Delta| \to 0} S(g; \Delta, \{p_k\}) = \beta.$$

ここで,

$$S(\lambda f + \mu g; \Delta, \{p_k\}) = \lambda S(f; \Delta, \{p_k\}) + \mu S(g; \Delta, \{p_k\})$$

が成り立ち, さらに

$$|S(\lambda f + \mu g; \Delta, \{p_k\}) - (\lambda \alpha + \mu \beta)|$$

$$\leq |\lambda||S(f; \Delta, \{p_k\}) - \alpha| + |\mu||S(g; \Delta, \{p_k\}) - \beta|$$

であるから, $|\Delta| \to 0$ とすれば, 右辺の各項は $\{p_k\}$ のとり方によらず 0 に収束する. よって, $\lambda f + \mu g$ は区間 $[a,b]$ で積分可能であり, (i) が成り立つ.

次に (ii) を示す. 任意の分割 Δ とそれに付随する数列 $\{p_k\}$ との対 $(\Delta, \{p_k\})$ に対して,

$$S(f; \Delta, \{p_k\}) \leq S(g; \Delta, \{p_k\}).$$

f, g は区間 $[a,b]$ で積分可能であるから, $|\Delta| \to 0$ とすれば, (ii) が成り立つ.

(iii) については付録 D を参照せよ.

定理 4.4　関数 $f : [a,b] \to \mathbb{R}$ は有界とし, 有界閉区間 $[a,b]$ で積分可能であるとする. このとき, f は区間 $[a,b]$ に含まれる任意の有界閉区間で積分可能である.

定理 4.5 (区間についての加法性)　関数 $f : [a,b] \to \mathbb{R}$ は有界とし, 有界閉区間 $[a,c]$ および $[c,b]$ で積分可能であるとする. このとき, f は有界閉区間 $[a,b]$ で積分可能であり,

$$\int_a^b f(x)\,dx = \int_a^c f(x)\,dx + \int_c^b f(x)\,dx.$$

これらの定理の証明は付録 D を参照せよ.

関数 $f : [a, b] \to \mathbb{R}$ が連続であれば，定理 4.1 より f は区間 $[a, b]$ で積分可能である．連続関数については，以下の定理が成り立つ．

> **定理 4.6** 関数 $f : [a, b] \to \mathbb{R}$ が連続で，$f(x) \geq 0 \, (x \in [a, b])$ かつ $f(c) \neq 0$ となる $c \in [a, b]$ が存在するならば，$\displaystyle \int_a^b f(x) \, dx > 0$．

証明 $c \in (a, b)$ の場合 (つまり，$c \neq a, b$ の場合) を示す．仮定より $f(c) > 0$ である．また f は c で連続であるから，ある $0 < \delta < \min \{c - a, b - c\}$ が存在し，$c - \delta < x < c + \delta$ ならば $|f(x) - f(c)| < \dfrac{f(c)}{2}$ とできる．よって，

$$f(x) > \frac{f(c)}{2} \quad (x \in (c - \delta, c + \delta)).$$

このとき，$f(x) \geq 0 \, (x \in [a, c - \delta] \cup [c + \delta, b])$ に注意すれば，

$$\int_a^b f(x) \, dx = \int_a^{c-\delta} f(x) \, dx + \int_{c-\delta}^{c+\delta} f(x) \, dx + \int_{c+\delta}^b f(x) \, dx$$

$$\geq \int_{c-\delta}^{c+\delta} f(x) \, dx \geq \frac{f(c)}{2} \int_{c-\delta}^{c+\delta} dx = f(c)\delta > 0.$$

したがって，$c \in (a, b)$ の場合に求める結果を得る．

$c = a$ の場合は，c で右連続かつ $f(c) > 0$ であることから，ある $\delta > 0$ が存在して，$f(x) > 0 \, (x \in [c, c + \delta))$．よって，$f(\tilde{c}) > 0$ となる $\tilde{c} \in (a, b)$ が存在するので，上記と同様にして求める結果を得る．

$c = b$ の場合も，c で左連続かつ $f(c) > 0$ であることから，同様にして示すことができる． ∎

関数の平均値

関数 $f : [a, b] \to \mathbb{R}$ は有界とし，有界閉区間 $[a, b]$ で積分可能であるとする．区間 $[a, b]$ の n 等分割 Δ を

$$x_k = a + \frac{k}{n}(b - a) \quad (k = 0, 1, 2, \cdots, n)$$

によって定め，対 $(\Delta, \{x_k\})$ に関する f の Riemann 和を求めると

$$\sum_{k=1}^{n} f(x_k)(x_k - x_{k-1}) = \sum_{k=1}^{n} f(x_k) \frac{b-a}{n} = (b-a) \cdot \frac{1}{n} \sum_{k=1}^{n} f(x_k)$$

を得る．ここで $n \to \infty$ とすると $|\Delta| \to 0$ となり，f は区間 $[a,b]$ で積分可能であるから，左辺は積分値に収束する．つまり，

$$\int_a^b f(x)\,dx = (b-a) \lim_{n \to \infty} \frac{1}{n} \sum_{k=1}^{n} f(x_k).$$

このとき，$\dfrac{1}{n} \displaystyle\sum_{k=1}^{n} f(x_k)$ は相加平均を表していることに注意する．積分値

$$\frac{1}{b-a} \int_a^b f(x)\,dx$$

を区間 $[a,b]$ における関数 f の**平均値**という．

定理 4.7 (積分の平均値の定理)　関数 $f : [a,b] \to \mathbb{R}$ が連続であれば，$a < c < b$ を満たす c が存在して

$$\frac{1}{b-a} \int_a^b f(x)\,dx = f(c).$$

証明　まず f が定数関数の場合を示す．$f(x) \equiv L$ (L は定数) とすると，例題 4.1 より，任意の $x \in (a,b)$ に対して

$$\frac{1}{b-a} \int_a^b f(x)\,dx = L = f(x).$$

よって，どのように $c \in (a,b)$ をとっても成立する．

次に，f が定数関数でない場合を示す．f は有界閉区間 $[a,b]$ で連続であるから，最大値，最小値をもつ．それらを

$$f(c_1) = \min_{x \in [a,b]} f(x), \quad f(c_2) = \max_{x \in [a,b]} f(x)$$

とおくと，任意の $x \in [a,b]$ に対して

$$f(c_1) \le f(x) \le f(c_2).$$

よって，定理 4.3 (ii) と例題 4.1 より，

$$f(c_1)(b-a) \leq \int_a^b f(x)\,dx \leq f(c_2)(b-a).$$

ここで，f は連続かつ定数関数ではないから，$f(x) \neq f(c_1)$ かつ $f(x) \neq f(c_2)$ となる $x \in [a,b]$ が存在する．このとき，定理 4.6 より

$$f(c_1)(b-a) < \int_a^b f(x)\,dx < f(c_2)(b-a)$$

となるから，

$$f(c_1) < \frac{1}{b-a}\int_a^b f(x)\,dx < f(c_2).$$

したがって，中間値の定理より，c_1 と c_2 の間に

$$\frac{1}{b-a}\int_a^b f(x)\,dx = f(c)$$

となる c が存在する．　　　　　　　　　　　　　　　　　　　　　■

微分積分学の基本定理

開区間 (a,b) で定義された関数 f に対して，

$$\frac{d}{dx}G(x) = f(x) \quad (x \in (a,b))$$

を満たす関数 G を f の**原始関数**という．G_1, G_2 を関数 $f : (a,b) \to \mathbb{R}$ の原始関数とするとき，

$$G_1{}'(x) = f(x) = G_2{}'(x)$$

であるから，任意の $x \in (a,b)$ に対して，

$$\{G_1(x) - G_2(x)\}' = 0.$$

よって $G_1(x) - G_2(x) = C$ $(x \in (a,b)$, C は定数$)$ となるから，原始関数は加法的定数を除いて一意に定まる．

定理 **4.8 (微分積分学の基本定理)** 有界閉区間 $[a, b]$ で定義された有界関数 f が次の (i), (ii) を満たすとする.

(i) 区間 $[a, b]$ で連続, 区間 (a, b) で微分可能な関数 G が存在して. 任意の $x \in (a, b)$ に対して $G'(x) = f(x)$ である.

(ii) f は区間 $[a, b]$ で積分可能である.

このとき,

$$G(b) - G(a) = \int_a^b f(x)\,dx. \tag{4.1}$$

注意 4.2　(4.1) の左辺を $[G(x)]_{x=a}^{x=b}$ と表すこともある.

証明　有界閉区間 $[a, b]$ の分割を $\Delta : a - x_0 < x_1 < \cdots < x_{n-1} < x_n = b$ とする. 仮定 (i) より, 小区間 $[x_{k-1}, x_k]\,(k = 1, 2, \cdots, n)$ において G に対して平均値の定理を適用すると, ある $c_k \in [x_{k-1}, x_k]$ が存在して,

$$G(x_k) - G(x_{k-1}) = f(c_k)(x_k - x_{k-1}).$$

このとき,

$$
\begin{aligned}
G(b) - G(a) &= \sum_{k=1}^{n} \{ G(x_k) - G(x_{k-1}) \} \\
&= \sum_{k=1}^{n} f(c_k)(x_k - x_{k-1}) \\
&= S(f; \Delta, \{c_k\})
\end{aligned}
$$

が成り立つ. この両辺で $|\Delta| \to 0$ とすると, 仮定 (ii) より f は区間 $[a, b]$ で積分可能であるから,

$$G(b) - G(a) = \lim_{|\Delta| \to 0} S(f; \Delta, \{c_k\}) = \int_a^b f(x)\,dx.$$

以上から求める結果を得る. ∎

有界閉区間 $[a, b]$ で定義された有界関数 f が積分可能であるとき, 各 $x \in [a, b]$

に対して

$$F(x) = \int_a^x f(t)\,dt$$

で定義される関数 F を区間 $[a,b]$ における f の**不定積分**という.

定理 4.9　有界関数 $f : [a,b] \to \mathbb{R}$ は区間 $[a,b]$ で積分可能とし, 関数 F を区間 $[a,b]$ における f の不定積分とする. このとき, 次の (i), (ii) が成り立つ.

(i)　F は区間 $[a,b]$ で連続である.

(ii)　f が区間 $[a,b]$ で連続ならば, F は任意の $x \in (a,b)$ で微分可能で

$$F'(x) = f(x).$$

証明　(i) を示す. f は有界であるから, $|f(x)| \leq M \ (x \in [a,b])$ となる $M > 0$ が存在する. よって, 任意の $x_0 \in [a,b]$ に対して,

$$|F(x) - F(x_0)| = \left| \int_{x_0}^x f(t)\,dt \right| \leq \left| \int_{x_0}^x |f(t)|\,dt \right| \leq M|x - x_0|$$

が成り立つので, 任意の $x_0 \in [a,b]$ における連続性 (端の点では片側連続性) が示される. つまり, (i) が成り立つ.

次に (ii) を示す. 任意の $x \in (a,b)$ をとる. $x + h \in (a,b)$ に対して

$$\frac{F(x+h) - F(x)}{h} = \frac{1}{h} \left\{ \int_a^{x+h} f(t)\,dt - \int_a^x f(t)\,dt \right\}$$

$$= \frac{1}{h} \int_x^{x+h} f(t)\,dt.$$

ここで, 積分の平均値定理より, x と $x + h$ の間に

$$\frac{1}{h} \int_x^{x+h} f(t)\,dt = f(c)$$

となる c が存在する. また, $h \to 0$ のとき, $c \to x$ である. このとき,

$$\lim_{h \to 0} \frac{F(x+h) - F(x)}{h} = \lim_{h \to 0} \frac{1}{h} \int_x^{x+h} f(t)\,dt = \lim_{c \to x} f(c) = f(x).$$

よって, F は x で微分可能であり, (ii) が成り立つ.

定理 4.9 (ii) より，f が区間 $[a, b]$ で連続ならば，不定積分 $\Gamma(x) = \displaystyle\int_a^x f(t)\,dt$ は f の原始関数となる．このとき f の任意の原始関数 G は

$$G(x) = \int_a^x f(t)\,dt + C \quad (C \text{ は定数})$$

と表される．そこで，今後は関数 f の原始関数に定数を加えたものを $\displaystyle\int f(x)\,dx$ で表すことにする．

以下によく知られている原始関数を挙げておく．

基本的な原始関数

以下，定数を省略して表記する．

(1)　$\displaystyle\int x^\alpha\,dx - \frac{x^{\alpha+1}}{\alpha+1}\ (\alpha \ne -1)$,　$\displaystyle\int \frac{1}{x}\,dx - \log|x|$.

(2)　$\displaystyle\int e^x\,dx = e^x$,　$\displaystyle\int a^x\,dx = \frac{a^x}{\log a}\ (a > 0,\ a \ne 1)$.

(3)　$\displaystyle\int \cos x\,dx = \sin x$,　$\displaystyle\int \sin x\,dx = -\cos x$,

　　　$\displaystyle\int \frac{1}{\cos^2 x}\,dx = \tan x$.

(4)　$\displaystyle\int \frac{1}{1+x^2}\,dx = \mathrm{Tan}^{-1}x$.

(5)　$\displaystyle\int \frac{1}{\sqrt{1-x^2}}\,dx = \mathrm{Sin}^{-1}x$.

(6)　$\displaystyle\int \frac{1}{\sqrt{x^2+c}}\,dx = \log|x + \sqrt{x^2+c}|\ (c \in \mathbb{R})$.

(7)　$\displaystyle\int \cosh x\,dx = \sinh x$,　$\displaystyle\int \sinh x\,dx = \cosh x$,

　　　$\displaystyle\int \frac{1}{\cosh^2 x}\,dx = \tanh x$.

また合成関数の微分法より，$a \ne 0$ に対して，

$$(e^{ax})' = ae^{ax}, \quad \{\sin ax\}' = a\cos ax, \quad \{\cos ax\}' = -a\sin ax$$

であったから,
$$\int e^{ax}\,dx = \frac{1}{a}e^{ax},$$
$$\int \cos ax\,dx = \frac{1}{a}\sin ax, \quad \int \sin ax\,dx = -\frac{1}{a}\cos ax$$
を得る.

例題 4.2 $k, m \in \mathbb{N}$ とする. このとき,
$$\int_{-\pi}^{\pi} \cos kx \cos mx\,dx$$
の値を求めよ.

解答 三角関数の積和の公式より,
$$\cos kx \cos mx = \frac{1}{2}[\cos(k+m)x + \cos(k-m)x].$$

(i) $k \neq m$ のとき
$$\int_{-\pi}^{\pi} \cos kx \cos mx\,dx$$
$$= \frac{1}{2}\int_{-\pi}^{\pi}[\cos(k+m)x + \cos(k-m)x]\,dx$$
$$= \frac{1}{2}\left[\frac{1}{k+m}\sin(k+m)x + \frac{1}{k-m}\sin(k-m)x\right]_{x=-\pi}^{x=\pi}$$
$$= \frac{1}{2}\left[\frac{1}{k+m}\sin(k+m)\pi + \frac{1}{k-m}\sin(k-m)\pi\right.$$
$$\left.- \frac{1}{k+m}\sin\{-(k+m)\pi\} - \frac{1}{k-m}\sin\{-(k-m)\pi\}\right]$$
$$= 0.$$

(ii) $k = m$ のとき
$$\int_{-\pi}^{\pi} \cos^2 kx\,dx$$
$$= \frac{1}{2}\int_{-\pi}^{\pi}\{\cos 2kx + 1\}\,dx$$

$$= \frac{1}{2} \left[\frac{1}{2k} \sin 2kx + x \right]_{x=-\pi}^{x=\pi}$$

$$= \frac{1}{2} \left\{ \frac{1}{2k} \sin 2k\pi + \pi - \frac{1}{2k} \sin(-2k\pi) - (-\pi) \right\}$$

$$= \pi.$$

以上 (i), (ii) より

$$\int_{-\pi}^{\pi} \cos kx \cos mx \, dx = \begin{cases} 0 & (k \neq m), \\ \pi & (k = m) \end{cases}$$

を得る.

練習問題 4-1

1. 次の定積分の値を求めよ.

(1) $\displaystyle\int_1^2 \frac{1}{x} \, dx$ 　　　 (2) $\displaystyle\int_0^1 e^{3x} \, dx$ 　　　 (3) $\displaystyle\int_0^1 5^{2x} \, dx$

(4) $\displaystyle\int_0^{\frac{\pi}{4}} \sin 2x \, dx$ 　 (5) $\displaystyle\int_0^1 \frac{1}{1+x^2} \, dx$ 　 (6) $\displaystyle\int_0^{\sqrt{3}} \frac{1}{\sqrt{x^2+3}} \, dx$

(7) $\displaystyle\int_0^{\frac{\pi}{3}} \sin^2 x \, dx$ 　 (8) $\displaystyle\int_{-\frac{\pi}{3}}^{\frac{\pi}{2}} |\sin x| \, dx$

2. $a_0, a_k, b_k \ (k \in \mathbb{N})$ は定数とし,

$$f(x) = \frac{a_0}{2} + \sum_{k=1}^n \{a_k \cos kx + b_k \sin kx\}$$

とする. このとき, 以下の問に答えよ.

(1) $k, m \in \mathbb{N}$ に対して

$$\int_{-\pi}^{\pi} \sin kx \sin mx \, dx = \begin{cases} \pi & (k = m), \\ 0 & (k \neq m), \end{cases}$$

$$\int_{-\pi}^{\pi} \sin kx \cos mx \, dx = 0$$

が成り立つことを示せ.

(2)　例題 4.2 と (1) を利用して,

$$\int_{-\pi}^{\pi} f(x) \cos mx \, dx = \pi a_m \quad (m = 0, 1, 2, \cdots, n),$$

$$\int_{-\pi}^{\pi} f(x) \sin mx \, dx = \pi b_m \quad (m = 1, 2, \cdots, n)$$

が成り立つことを示せ.

3.† 関数 $f(x) = x$ が区間 $[a, b]$ で積分可能であることを定義にしたがって
示せ.

Coffee Break ◇◇

第3章で Taylor 級数を学んだが,それは与えられた関数をべき級数によっ
て表すというものであった.一方,たとえば周期 2π の関数 f を

$$f(x) = \frac{a_0}{2} + \sum_{n=1}^{\infty} \{a_n \cos nx + b_n \sin nx\}$$

という形の三角関数の級数で表すというのが Fourier (フーリエ) 級数である.
Fourier (1768–1830) は熱伝導の解析の過程で任意の関数は上記のような三角
関数の級数で表されることを主張したが,それ以後この Fourier 級数の概念は,
振動解析や信号処理を始めとして,物理学,工学のさまざまな分野で応用され
ている.例題 4.2 や練習問題 4-1 の 2 の計算は,Fourier 級数の概念を理解す
る上で基本となる計算であるので,理工系の学生は身につけておこう.

◇◇

4.2　積分の計算 ─────────────────────────── ❖

置換積分法と部分積分法

> **定理 4.10 (置換積分法)**　関数 f が有界閉区間 I で連続，関数 $x = x(t)$ が有界閉区間 J で C^1 級で $x(J) \subset I$ であれば，
>
> $$\int f(x)\,dx = \int f(x(t))\frac{dx}{dt}\,dt.$$
>
> また，$\alpha, \beta \in J$ について，$a = x(\alpha)$, $b = x(\beta)$ とすると
>
> $$\int_a^b f(x)\,dx = \int_\alpha^\beta f(x(t))\frac{dx}{dt}\,dt.$$

証明　$c \in I$ とし，$F(x) = \displaystyle\int_c^x f(t)\,dt\,(x \in I)$ とおく．f は有界閉区間 I で連続であるから，定理4.9 (ii) より

$$\frac{d}{dx}F(x) = f(x).$$

よって変数 x に関して $F(x)$ は $f(x)$ の原始関数である．このとき合成関数の微分法より，$x = x(t)$ に対して，

$$\frac{d}{dt}F(x(t)) = \frac{dF}{dx} \cdot \frac{dx}{dt} = f(x(t))\frac{dx}{dt}.$$

これは変数 t に関して $F(x(t))$ は $f(x(t))\dfrac{dx}{dt}$ の原始関数であることを意味するので，

$$\int f(x(t))\frac{dx}{dt}\,dt = F(x(t)) + C = F(x) + C = \int f(x)\,dx.$$

ただし，C は任意定数である．また $f(x(t))\dfrac{dx}{dt}$ は区間 J で t に関して連続であるから積分可能であり，定理4.8 より，

$$\int_\alpha^\beta f(x(t))\frac{dx}{dt}\,dt = F(x(\beta)) - F(x(\alpha)) = F(b) - F(a) = \int_a^b f(x)\,dx$$

となり，求める結果を得る．　∎

置換積分法 (定理 4.10) の特別な場合として，区間 I で C^1 級の関数 f に対して，

$$\int \frac{f'(x)}{f(x)}\,dx = \log|f(x)|,$$

$$\int \{f(x)\}^\alpha f'(x)\,dx = \frac{\{f(x)\}^{\alpha+1}}{\alpha+1} \quad (\alpha \neq -1)$$

が成り立つ．実際，置換積分法より，定義域が $f(I)$ を含む連続関数 g と $y = f(x)$ に対して，

$$\int g(f(x))f'(x)\,dx = \int g(y)\,dy.$$

ここで g として，$g(y) = \dfrac{1}{y}$，$g(y) = y^\alpha\ (\alpha \neq -1)$ をそれぞれとれば，上記の式が成り立つことがわかる．

例題 4.3　関数 f は区間 $[-a, a]$ で積分可能であるとする．このとき，f が奇関数であれば，

$$\int_{-a}^{a} f(x)\,dx = 0$$

が成り立つことを示せ．

解答　f が奇関数のとき，

$$\int_{-a}^{a} f(x)\,dx = \int_{-a}^{0} f(x)\,dx + \int_{0}^{a} f(x)\,dx$$

$$= -\int_{-a}^{0} f(-x)\,dx + \int_{0}^{a} f(x)\,dx.$$

第 1 項で $t = -x$ とすると，

$$\int_{-a}^{0} f(-x)\,dx = \int_{0}^{a} f(t)\,dt.$$

よって，求める結果を得る．

例題 4.4　次の関数の原始関数を求めよ.

(1) $\dfrac{1}{x^2 + a^2}$ $(a \neq 0)$　　(2) xe^{-x^2}　　(3) $\cos^2 x \sin^3 x$

解答　(1) $\dfrac{1}{x^2 + a^2}$ は

$$\frac{1}{x^2 + a^2} = \frac{1}{a^2} \cdot \frac{1}{\left(\dfrac{x}{a}\right)^2 + 1}$$

と変形できるので, $t = \dfrac{x}{a}$ とおく. このとき, $x = at$ であり $\dfrac{dx}{dt} = a$ であるから, 置換積分法より,

$$\int \frac{1}{x^2 + a^2}\, dx \underset{(x=at)}{=} \frac{1}{a^2} \int \frac{1}{t^2 + 1} \cdot a\, dt = \frac{1}{a} \int \frac{1}{t^2 + 1}\, dt.$$

ここで, $\displaystyle\int \frac{1}{t^2 + 1}\, dt = \mathrm{Tan}^{-1} t + C$ であり, $t = \dfrac{x}{a}$ に注意すれば,

$$\int \frac{1}{x^2 + a^2}\, dx = \frac{1}{a} \mathrm{Tan}^{-1} \frac{x}{a} + C.$$

(2) $y = -x^2$ とおくと, $\dfrac{dy}{dx} = -2x$ であるから, 置換積分法より,

$$\int xe^{-x^2}\, dx \underset{(y=-x^2)}{=} \int e^{y} \cdot \left(-\frac{1}{2}\right) dy = -\frac{1}{2} e^{y} + C = -\frac{1}{2} e^{-x^2} + C.$$

(3) $\cos^2 x \sin^3 x$ は

$$\cos^2 x \sin^3 x = \cos^2 x (1 - \cos^2 x) \sin x = (\cos^2 x - \cos^4 x) \sin x$$

と変形できるので, $y = \cos x$ とおく. このとき, $\dfrac{dy}{dx} = -\sin x$ であるから, 置換積分法より,

$$\int \cos^2 x \sin^3 x\, dx \underset{(y=\cos x)}{=} \int (y^2 - y^4) \cdot (-1)\, dy = -\left(\frac{1}{3} y^3 - \frac{1}{5} y^5\right) + C$$

$$= \frac{1}{5} \cos^5 x - \frac{1}{3} \cos^3 x + C.$$

定理 **4.11 (部分積分法)** 関数 f, g が有界閉区間 I で C^1 級であれば,

$$\int f(x)g'(x)\,dx = f(x)g(x) - \int f'(x)g(x)\,dx + C \quad (C \text{ は任意定数}),$$

$$\int_a^b f(x)g'(x)\,dx = [f(x)g(x)]_{x=a}^{x=b} - \int_a^b f'(x)g(x)\,dx \quad (a, b \in I).$$

証明 関数 f, g は C^1 級であるから, 積の微分公式より,

$$\{f(x)g(x)\}' = f'(x)g(x) + f(x)g'(x).$$

よって, $f(x)g(x)$ は $f'(x)g(x) + f(x)g'(x)$ の原始関数であるから,

$$\int \{f'(x)g(x) + f(x)g'(x)\}\,dx = f(x)g(x) + C \quad (C \text{ は任意定数}).$$

ここで積分の線形性を用いれば 1 つ目の等式を得る. 2 つ目の等式は定理 4.8 から従う. ∎

定理 4.11 の特別な場合として, 区間 I で C^1 級の関数 f に対して,

$$\int f(x)\,dx = xf(x) - \int xf'(x)\,dx$$

が成り立つ.

例題 4.5 次の関数の原始関数を求めよ.

(1) xe^x (2) $x\cos x$ (3) $\log x$ (4) $\sqrt{1-x^2}$

解答 (1) 部分積分法より,

$$\int xe^x\,dx = xe^x - \int e^x\,dx + C = xe^x - e^x + C.$$

(2) 部分積分法より,

$$\int x\cos x\,dx = x\sin x - \int \sin x\,dx + C = x\sin x + \cos x + C.$$

(3) 部分積分法より,

$$\int \log x\,dx = x\log x - \int dx + C = x\log x - x + C.$$

(4) 部分積分法より，

$$\int \sqrt{1-x^2}\,dx = x\sqrt{1-x^2} - \int x\cdot\left(-\frac{x}{\sqrt{1-x^2}}\right)dx$$

$$= x\sqrt{1-x^2} + \int \frac{x^2}{\sqrt{1-x^2}}\,dx + C.$$

ここで，

$$\int \frac{x^2}{\sqrt{1-x^2}}\,dx = \int \frac{-(1-x^2)+1}{\sqrt{1-x^2}}\,dx$$

$$= \int \left(-\sqrt{1-x^2} + \frac{1}{\sqrt{1-x^2}}\right)dx$$

$$= -\int \sqrt{1-x^2}\,dx + \mathrm{Sin}^{-1}x + C$$

であるから，

$$\int \sqrt{1-x^2}\,dx = x\sqrt{1-x^2} + \left(-\int \sqrt{1-x^2}\,dx + \mathrm{Sin}^{-1}x\right) + C.$$

したがって

$$\int \sqrt{1-x^2}\,dx = \frac{1}{2}(x\sqrt{1-x^2} + \mathrm{Sin}^{-1}x) + C. \qquad \blacksquare$$

例題 **4.6**　$n \in \mathbb{N} \cup \{0\}$ について，

$$I_n = \int_0^{\frac{\pi}{2}} \cos^n x\,dx$$

の値を求めよ．

解答　部分積分法より，

$$I_n = \int_0^{\frac{\pi}{2}} \cos x \cos^{n-1} x\,dx$$

$$= \left[\sin x \cos^{n-1} x\right]_{x=0}^{x=\frac{\pi}{2}} - \int_0^{\frac{\pi}{2}} \sin x \cdot (n-1)\cos^{n-2} x \cdot (-\sin x)\,dx$$

$$= (n-1)\int_0^{\frac{\pi}{2}} \sin^2 x \cos^{n-2} x\,dx$$

$$= (n-1) \left\{ \int_0^{\frac{\pi}{2}} \cos^{n-2} x \, dx - \int_0^{\frac{\pi}{2}} \cos^n x \, dx \right\}$$

$$= (n-1)(I_{n-2} - I_n).$$

よって，

$$I_n = \frac{n-1}{n} I_{n-2}$$

を得る．このとき，$n = 2k \, (k = 1, 2, \cdots)$ であれば，

$$I_n = \frac{2k-1}{2k} \cdot \frac{2k-3}{2k-2} \cdots \frac{1}{2} I_0 = \frac{(2k-1)!!}{(2k)!!} I_0.$$

ただし，$(2k-1)!! = (2k-1)(2k-3)\cdots 3 \cdot 1, \ (2k)!! = (2k)(2k-2)\cdots 4 \cdot 2$ である．$n = 2k+1 \, (k = 1, 2, \cdots)$ であれば，

$$I_n = \frac{2k}{2k+1} \cdot \frac{2k-2}{2k-1} \cdots \frac{2}{3} I_1 = \frac{(2k)!!}{(2k+1)!!} I_1.$$

ここで，

$$I_0 = \int_0^{\frac{\pi}{2}} dx = \frac{\pi}{2}, \quad I_1 = \int_0^{\frac{\pi}{2}} \cos x \, dx = [\sin x]_{x=0}^{x=\frac{\pi}{2}} = 1$$

であるから，

$$I_n = \begin{cases} \dfrac{(2k-1)!!}{(2k)!!} \cdot \dfrac{\pi}{2} & (n = 2k), \\[3mm] \dfrac{(2k)!!}{(2k+1)!!} & (n = 2k+1). \end{cases}$$

ただし，$k = 0, 1, 2, \cdots$ である． ∎

　例題 4.6 の結果から，**Wallis（ウォリス）の公式**

$$\sqrt{\pi} = \lim_{n \to \infty} \frac{1}{\sqrt{n}} \cdot \frac{(2n)!!}{(2n-1)!!} = \lim_{n \to \infty} \frac{2^{2n}}{\sqrt{n}} \cdot \frac{(n!)^2}{(2n)!}$$

を示すことができる．$x \in \left(0, \dfrac{\pi}{2}\right)$ に対して $\cos^{2n+1} x < \cos^{2n} x < \cos^{2n-1} x$ であるから，$I_{2n+1} < I_{2n} < I_{2n-1}$．ここで，例題 4.6 の結果を用いれば，

$$\frac{(2n)!!}{(2n+1)!!} < \frac{(2n-1)!!}{(2n)!!} \cdot \frac{\pi}{2} < \frac{(2n-2)!!}{(2n-1)!!}.$$

このとき，

$$\frac{1}{2n+1} \cdot \frac{2}{\pi} < \left\{ \frac{(2n-1)!!}{(2n)!!} \right\}^2 < \frac{1}{2n} \cdot \frac{2}{\pi}$$

を得るので，

$$\lim_{n \to \infty} n \left\{ \frac{(2n-1)!!}{(2n)!!} \right\}^2 = \frac{1}{\pi}.$$

よって，Wallis の公式を得る．

有理関数の積分

$P(x), Q(x)$ を実数を係数とする x の多項式とする．このとき

$$\frac{P(x)}{Q(x)}$$

の形の関数を**有理関数**という．いま，$Q(x)$ が

$$Q(x) = (x - \alpha_1)^{m_1} \cdots (x - \alpha_k)^{m_k} (x^2 + a_1 x + b_1)^{n_1} \cdots (x^2 + a_\ell x + b_\ell)^{n_\ell}$$

と因数分解できるとする．ただし，

$$\begin{cases} \alpha_i \in \mathbb{R}, \ m_i \in \mathbb{N} \ (i = 1, \cdots, k), \\ a_j, \ b_j \in \mathbb{R}, \ a_j^2 - 4b_j < 0, \ n_j \in \mathbb{N} \ (j = 1, \cdots, \ell). \end{cases}$$

このとき，$(P(x)$ の次数$) < (Q(x)$ の次数$)$ であれば，

$$\frac{P(x)}{Q(x)} = \sum_{i=1}^{k} \sum_{p=1}^{m_i} \frac{A_{i,p}}{(x - \alpha_i)^p} + \sum_{j=1}^{\ell} \sum_{q=1}^{n_j} \frac{B_{j,q} x + C_{j,q}}{(x^2 + a_j x + b_j)^q}$$

とできる．ただし，$A_{i,p}$，$B_{j,q}$，$C_{j,q}$ は定数である．これを**部分分数分解**という．したがって，有理関数の原始関数を求めることは

$$\int \frac{1}{(x - \alpha)^m} \, dx \tag{4.2}$$

および

$$\int \frac{Bx + C}{(x^2 + ax + b)^n} \, dx \tag{4.3}$$

を求めることに帰着される. ただし, $a^2 - 4b < 0$ である. まず, (4.2) は

$$\int \frac{1}{(x-\alpha)^m}\,dx = \begin{cases} \dfrac{1}{1-m}(x-\alpha)^{1-m} & (m \neq 1), \\[2ex] \log|x-\alpha| & (m=1) \end{cases}$$

となる. 次に, (4.3) は

$$\int \frac{Bx+C}{(x^2+ax+b)^n}\,dx = \int \frac{Bx+C}{\left\{\left(x+\dfrac{a}{2}\right)^2 - \dfrac{a^2}{4} + b\right\}^n}\,dx$$

$$= \int \frac{B\left(t-\dfrac{a}{2}\right)+C}{(t^2+r)^n}\,dt \quad \left(t = x + \frac{a}{2}\right)$$

$$= B\int \frac{t}{(t^2+r)^n}\,dt + \left(C - \frac{Ba}{2}\right)\int \frac{1}{(t^2+r)^n}\,dt$$

と変形できる. ただし, $r = -\dfrac{a^2}{4} + b > 0$ である. このとき, 第1項は

$$\int \frac{t}{(t^2+r)^n}\,dt = \frac{1}{2}\int \frac{(t^2+r)'}{(t^2+r)^n}\,dt = \begin{cases} \dfrac{1}{2(1-n)}(t^2+r)^{1-n} & (n \neq 1), \\[2ex] \dfrac{1}{2}\log(t^2+r) & (n=1) \end{cases}$$

となる. 第2項は

$$\frac{1}{(t^2+r)^{n-1}} = \frac{t^2}{(t^2+r)^n} + \frac{r}{(t^2+r)^n}$$

と変形できるから,

$$I_n = \int \frac{1}{(t^2+r)^n}\,dt$$

とおくと,

$$I_n = \frac{1}{r}\left\{I_{n-1} - \int \frac{t^2}{(t^2+r)^n}\,dt\right\}. \tag{4.4}$$

ここで,

$$\int \frac{t^2}{(t^2+r)^n}\,dt = \int t \cdot \frac{t}{(t^2+r)^n}\,dt$$

$$= \int t \cdot \frac{1}{2(1-n)} \{(t^2+r)^{1-n}\}' \, dt$$

$$= \frac{t}{2(1-n)(t^2+r)^{n-1}} - \frac{1}{2(1-n)} I_{n-1}.$$

これを (4.4) に代入すると，漸化式

$$I_n = \frac{1}{r} \left\{ I_{n-1} - \frac{t}{2(1-n)(t^2+r)^{n-1}} + \frac{1}{2(1-n)} I_{n-1} \right\}$$

$$= \frac{2n-3}{2r(n-1)} I_{n-1} + \frac{t}{2(n-1)(t^2+r)^{n-1}} \quad (n \geq 2) \tag{4.5}$$

を得る．ここで，

$$I_1 = \int \frac{1}{t^2+r} \, dt = \frac{1}{\sqrt{r}} \mathrm{Tan}^{-1} \frac{t}{\sqrt{r}} \tag{4.6}$$

であるから，(4.5) と (4.6) より I_n を求めることができる．よって，得られた結果において t を $x + \dfrac{a}{2}$ にもどせば，(4.3) を初等関数で表すことができる．

例題 4.7 次の関数の原始関数を求めよ.

(1) $\dfrac{2x^3+3x^2+x-2}{(x-1)(x+1)^2}$ (2) $\dfrac{2x^3+x^2+4x+1}{(x^2+1)^2}$ (3) $\dfrac{1}{(x^2+4)^2}$

解答 (1) (分子の次数)$= 3 =$(分母の次数) であるから，整式の割り算を行うと，

$$\frac{2x^3+3x^2+x-2}{(x-1)(x+1)^2} = 2 + \frac{x^2+3x}{(x-1)(x+1)^2}$$

となる．ここで第 2 項の部分分数分解を行う．

$$\frac{x^2+3x}{(x-1)(x+1)^2} = \frac{a}{x-1} + \frac{b}{x+1} + \frac{c}{(x+1)^2}$$

とおくと，

$$x^2+3x = (a+b)x^2 + (2a+c)x + a-b-c$$

を得る．これが任意の $x \in \mathbb{R}$ に対して成り立つための条件は

$$a+b = 1, \quad 2a+c = 3, \quad a-b-c = 0.$$

これを解くと $(a, b, c) = (1, 0, 1)$ であるから,

$$\frac{x^2 + 3x}{(x-1)(x+1)^2} = \frac{1}{x-1} + \frac{1}{(x+1)^2}$$

と部分分数分解できる. よって,

$$\int \frac{2x^3 + 3x^2 + x - 2}{(x-1)(x+1)^2}\, dx = 2\int dx + \int \frac{1}{x-1}\, dx + \int \frac{1}{(x+1)^2}\, dx$$

$$= 2x + \log|x-1| - \frac{1}{x+1} + C.$$

ただし, C は任意定数である.

(2) (分子の次数)$= 3 < 4 =$(分母の次数) であるから, 部分分数分解を行う.

$$\frac{2x^3 + x^2 + 4x + 1}{(x^2+1)^2} = \frac{ax+b}{x^2+1} + \frac{cx+d}{(x^2+1)^2}$$

とおくと,

$$2x^3 + x^2 + 4x + 1 = ax^3 + bx^2 + (a+c)x + b + d$$

を得る. これが任意の $x \in \mathbb{R}$ に対して成り立つための条件は

$$a = 2, \quad b = 1, \quad a + c = 4, \quad b + d = 1.$$

これを解くと $(a, b, c, d) = (2, 1, 2, 0)$ であるから,

$$\frac{2x^3 + x^2 + 4x + 1}{(x^2+1)^2} = \frac{2x+1}{x^2+1} + \frac{2x}{(x^2+1)^2}$$

$$= \frac{2x}{x^2+1} + \frac{1}{x^2+1} + \frac{2x}{(x^2+1)^2}$$

と部分分数分解できる. よって,

$$\int \frac{2x^3 + x^2 + 4x + 1}{(x^2+1)^2}\, dx = \int \frac{2x}{x^2+1}\, dx + \int \frac{1}{x^2+1}\, dx$$

$$+ \int \frac{2x}{(x^2+1)^2}\, dx$$

$$= \log(x^2+1) + \mathrm{Tan}^{-1} x - \frac{1}{x^2+1} + C.$$

ただし，C は任意定数である．

(3) $1 = \dfrac{1}{4}(x^2 + 4 - x^2)$ より，

$$\int \frac{1}{(x^2+4)^2}\,dx = \frac{1}{4}\left\{\int \frac{1}{x^2+4}\,dx - \int \frac{x^2}{(x^2+4)^2}\,dx\right\}$$

ここで例題 4.4(1) より，第 1 項は

$$\int \frac{1}{x^2+4}\,dx = \frac{1}{2}\mathrm{Tan}^{-1}\frac{x}{2} + C \quad (C\ \text{は任意定数}).$$

また $\left(\dfrac{1}{x^2+4}\right)' = -\dfrac{2x}{(x^2+4)^2}$ であるから，第 2 項は

$$\int \frac{x^2}{(x^2+4)^2}\,dx = -\frac{1}{2}\int x\left(\frac{1}{x^2+4}\right)'\,dx$$

$$= -\frac{1}{2}\left(\frac{x}{x^2+4} - \int \frac{1}{x^2+4}\,dx + C\right)$$

$$= -\frac{1}{2}\left(\frac{x}{x^2+4} - \frac{1}{2}\mathrm{Tan}^{-1}\frac{x}{2} + C\right).$$

ただし，C は任意定数である．よって，

$$\int \frac{1}{(x^2+4)^2}\,dx = \frac{1}{8}\left(\frac{x}{x^2+4} + \frac{1}{2}\mathrm{Tan}^{-1}\frac{x}{2}\right) + C$$

$$(C\ \text{は任意定数}).$$

有理関数の積分への帰着

　次の形の不定積分は指定された変数変換を行い置換積分法を適用することによって，t に関する有理関数の不定積分へ帰着させることができる．ここで，$R(u, v)$ は実数係数の有理式とする．

(I) $\displaystyle\int R(\sin x, \cos x)\,dx$ の場合．

$t = \tan\dfrac{x}{2}$ とおくと，$x = 2\,\mathrm{Tan}^{-1} t$ であり，$\dfrac{dx}{dt} = \dfrac{2}{1+t^2}$．また，

$$\begin{cases} \cos x = 2\cos^2\dfrac{x}{2} - 1 = \dfrac{2}{1+t^2} - 1 = \dfrac{1-t^2}{1+t^2}, \\[2mm] \sin x = 2\sin\dfrac{x}{2}\cos\dfrac{x}{2} = 2\tan\dfrac{x}{2}\cos^2\dfrac{x}{2} = \dfrac{2t}{1+t^2}. \end{cases}$$

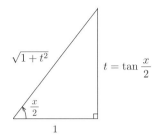

したがって，置換積分法より

$$\int R(\cos x, \sin x)\, dx = \int R\left(\frac{1-t^2}{1+t^2}, \frac{2t}{1+t^2}\right) \frac{2}{1+t^2}\, dt.$$

右辺は t に関する有理関数の積分である．

例題 4.8 定積分 $\displaystyle\int_0^{\frac{\pi}{2}} \frac{1}{\cos x + 2}\, dx$ の値を求めよ．

解答 $t = \tan\dfrac{x}{2}$ とおくと，

$$\cos x + 2 = \frac{1-t^2}{1+t^2} + 2 = \frac{3+t^2}{1+t^2}.$$

また，$\dfrac{dx}{dt} = \dfrac{2}{1+t^2}$ であるから，

$$\int_0^{\frac{\pi}{2}} \frac{1}{\cos x + 2}\, dx = \int_0^1 \frac{1+t^2}{3+t^2} \cdot \frac{2}{1+t^2}\, dt = 2\int_0^1 \frac{1}{3+t^2}\, dt$$

$$= 2\left[\frac{1}{\sqrt{3}}\, \mathrm{Tan}^{-1}\frac{t}{\sqrt{3}}\right]_{t=0}^{t=1} = \frac{\pi}{3\sqrt{3}}.$$

(II) $\displaystyle\int R\left(x, \sqrt[n]{\frac{ax+b}{cx+d}}\right) dx$ の場合

$t = \sqrt[n]{\dfrac{ax+b}{cx+d}}$ とおくと，$x = -\dfrac{d \cdot t^n - b}{c \cdot t^n - a}$ $(=\varphi(t)$ とおく$)$. このとき置換積分法より

$$\int R\left(x, \sqrt[n]{\frac{ax+b}{cx+d}}\right) dx = \int R(\varphi(t), t)\varphi'(t)\, dt.$$

$\varphi(t),\ \varphi'(t)$ はともに t に関する有理関数であるから，右辺は有理関数の積分である.

例題 **4.9**　　$\displaystyle \int \sqrt{\frac{2-x}{x}}\, dx$ を求めよ.

解答　$t = \sqrt{\dfrac{2-x}{x}}$ とおき，これを x について解くと，

$$x = \frac{2}{1+t^2}\ (= \varphi(t)\ とおく).$$

よって，置換積分法と部分積分法より，

$$\int \sqrt{\frac{2-x}{x}}\, dx = \int t\, \varphi'(t)\, dt = t\, \varphi(t) - \int \varphi(t)\, dt + C$$

$$= t\, \varphi(t) - 2 \int \frac{1}{1+t^2}\, dt + C = t\, \varphi(t) - 2\, \mathrm{Tan}^{-1} t + C$$

$$= \sqrt{x(2-x)} - 2\, \mathrm{Tan}^{-1} \sqrt{\frac{2-x}{x}} + C.$$

練習問題 4‑2

1.　次の定積分の値を求めよ.

(1) $\displaystyle \int_0^2 \frac{1}{x^2+4}\, dx$　　(2) $\displaystyle \int_0^{\frac{\pi}{3}} \cos^3 x\, dx$　　(3) $\displaystyle \int_0^{\frac{\pi}{4}} x \sin 2x\, dx$

2.　次の関数の原始関数を求めよ.

(1) $\dfrac{1}{\sqrt{a^2-x^2}}\ (a>0)$　　(2) $x\sqrt{x^2+3}$　　(3) $\dfrac{x}{x^2+1}$

(4) $\dfrac{1}{x \log |x|}$　　　　　　　(5) $\dfrac{1}{e^x+1}$　　　　(6) $x \log |x|$

(7) $x\, \mathrm{Tan}^{-1} x$　　　　　(8) $\log (x^2+1)$　　(9) $\mathrm{Sin}^{-1} x$

(10) $\mathrm{Tan}^{-1} \dfrac{1}{x}$　　　　　(11) $\sqrt{x^2+1}$　　　(12) $\sin (\log |x|)$

3.　次の関数の原始関数を求めよ.

(1) $\dfrac{1}{(x-2)(x-3)}$　　(2) $\dfrac{x^2+x-1}{x(x+1)(x+2)}$　　(3) $\dfrac{1}{x(x+1)^2}$

(4) $\dfrac{x+3}{x^2+2x+5}$　　(5) $\dfrac{x^3+4x^2+2x+16}{(x^2+4)^2}$　　(6) $\dfrac{(x-1)^2}{(x^2+1)(x^2+2)}$

(7) $\dfrac{1}{(x^2+1)^3}$

4.　次の定積分の値を求めよ.

(1) $\displaystyle\int_0^{\frac{\pi}{2}} \dfrac{1}{\cos x+1}\,dx$　　(2) $\displaystyle\int_0^{\frac{\pi}{3}} \dfrac{1}{\cos x}\,dx$　　(3) $\displaystyle\int_0^{\frac{\pi}{3}} \dfrac{1}{\sin x+1}\,dx$

(4) $\displaystyle\int_0^{\frac{\pi}{2}} \dfrac{1}{\sin x+2}\,dx$　　(5) $\displaystyle\int_0^{\frac{\pi}{2}} \dfrac{1}{5-3\sin x+4\cos x}\,dx$

5.　次の関数の原始関数を求めよ.

(1) $\sqrt{\dfrac{x}{3-x}}$　　(2) $\sqrt{\dfrac{x+2}{x+1}}$　　(3) $\dfrac{1}{x}\sqrt{\dfrac{1-x}{x}}$

6.　次の関数の原始関数を求めよ.

(1) $\dfrac{1}{a\tan x+b}$ $(a,b$ は定数, $a\neq 0)$　　(2) $\dfrac{1}{x\sqrt{x^2+1}}$

7.　関数 f は区間 $[-a,a]$ で積分可能であるとする. f が偶関数であれば,

$$\int_{-a}^{a} f(x)\,dx = 2\int_0^{a} f(x)\,dx$$

が成り立つことを示せ.

8.[†]　Legendre (ルジャンドル) の多項式

$$P_n(x) = \frac{1}{2^n n!}\frac{d^n}{dx^n}(x^2-1)^n$$

に対して,

$$\int_{-1}^{1} P_m(x)P_n(x)\,dx = \begin{cases} \dfrac{2}{2n+1} & (m=n), \\[2mm] 0 & (m\neq n) \end{cases}$$

が成り立つことを示せ.

4.3 広義積分 ────────────────────────── ❖

広義積分

ここまでは有界閉区間上の有界関数に関する積分を考えてきた．ここでは有界でない関数の積分，および無限区間における積分を定義する．それらの積分を**広義積分**と呼ぶ．

(I) 非有界関数の積分

関数 $f : (a, b] \to \mathbb{R}$ は非有界とし，任意の $t\,(a < t < b)$ に対し有界閉区間 $[t, b]$ で有界かつ積分可能であるとする．極限

$$\lim_{t \to a+0} \int_t^b f(x)\,dx$$

が有限値として存在するとき，f は区間 $(a, b]$ で広義積分可能であるといい，この極限値をいままでと同様

$$\int_a^b f(x)\,dx$$

で表す．$f : [a, b) \to \mathbb{R}$ が非有界の場合についても同様にして定義する．

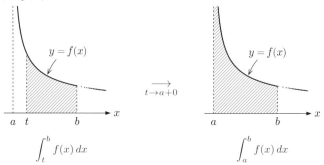

(II) 無限区間での積分

関数 $f : [a, \infty) \to \mathbb{R}$ は任意の $t\,(> a)$ に対し有界閉区間 $[a, t]$ で有界かつ積分可能であるとする．極限

$$\lim_{t \to \infty} \int_a^t f(x)\,dx$$

が有限値として存在するとき，f は区間 $[a, \infty)$ で広義積分可能であるといい，

この極限値を

$$\int_a^\infty f(x)\,dx$$

で表す. $f:(-\infty, b]\to\mathbb{R}$ の場合についても同様にして定義する.

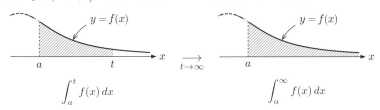

$$\int_a^t f(x)\,dx \qquad \int_a^\infty f(x)\,dx$$

関数 $f:(a,b)\to\mathbb{R}$ について, $c\in(a,b)$ に対して

$$\lim_{t\to a+0}\int_t^c f(x)\,dx,\quad \lim_{t\to b-0}\int_c^t f(x)\,dx$$

がともに有限値として存在するとき, f は区間 (a,b) で広義積分可能であると
いい, これらの和を

$$\int_a^b f(x)\,dx$$

で表す. この定義は $c\in(a,b)$ のとり方によらない. $\displaystyle\int_{-\infty}^\infty f(x)\,dx$ も同様にし
て定義する.

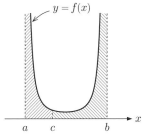

区間 (a,b) での広義積分 $\displaystyle\int_a^b f(x)\,dx$

　広義積分可能であることを広義積分は収束するともいい, 広義積分可能でな
いことを広義積分は発散するともいう. 広義積分に対しても線形性や単調性な
どが成り立つ.

> **例題 4.10**　広義積分 $\displaystyle\int_0^\infty \frac{1}{1+x^2}\,dx$ の値を求めよ.

解答　任意の $t>0$ に対して,

$$\int_0^t \frac{1}{1+x^2}\,dx = \left[\mathrm{Tan}^{-1}x\right]_{x=0}^{x=t} = \mathrm{Tan}^{-1}t - \mathrm{Tan}^{-1}0 = \mathrm{Tan}^{-1}t$$

であるから,

$$\lim_{t\to\infty}\int_0^t \frac{1}{1+x^2}\,dx = \lim_{t\to\infty}\mathrm{Tan}^{-1}t = \frac{\pi}{2}.$$

よって, 広義積分 $\displaystyle\int_0^\infty \frac{1}{1+x^2}\,dx$ は収束し, その値は

$$\int_0^\infty \frac{1}{1+x^2}\,dx = \frac{\pi}{2}.$$

> **例題 4.11**　広義積分 $\displaystyle\int_0^\infty e^{-sx}\sin x\,dx\ (s>0)$ の収束, 発散を調べよ.

解答　任意の $t>0$ に対して,

$$I(t) = \int_0^t e^{-sx}\sin x\,dx$$

とおくと,

$$\begin{aligned}
I(t) &= \left[e^{-sx}\cdot(-\cos x)\right]_{x=0}^{x=t} - \int_0^t (-se^{-sx})\cdot(-\cos x)\,dx \\[2mm]
&= -e^{-st}\cos t - (-1) - s\int_0^t e^{-sx}\cos x\,dx \\[2mm]
&= -e^{-st}\cos t + 1 - s\left\{\left[e^{-sx}\sin x\right]_{x=0}^{x=t} - \int_0^t (-se^{-sx})\sin x\,dx\right\} \\[2mm]
&= -e^{-st}\cos t + 1 - se^{-st}\sin t - s^2\int_0^t e^{-sx}\sin x\,dx \\[2mm]
&= -e^{-st}\cos t + 1 - se^{-st}\sin t - s^2 I(t)
\end{aligned}$$

であるから，

$$I(t) = \frac{1}{1+s^2}(-e^{-st}\cos t + 1 - se^{-st}\sin t).$$

ここで，$s > 0$ より $\lim_{t\to\infty} e^{-st} = 0$ であり，さらに

$$0 \le |e^{-st}\cos t| \le e^{-st}, \quad 0 \le |e^{-st}\sin t| \le e^{-st}$$

であるから，

$$\lim_{t\to\infty} I(t) = \frac{1}{1+s^2}.$$

よって，広義積分 $\displaystyle\int_0^\infty e^{-sx}\sin x\, dx\ (s > 0)$ は収束し，その値は

$$\int_0^\infty e^{-sx}\sin x\, dx = \frac{1}{1+s^2}.$$

例題 **4.12** 広義積分 $\displaystyle\int_0^1 \frac{1}{x^\alpha}\, dx\ (\alpha > 0)$ の収束，発散を調べよ．

解答 $\displaystyle\lim_{t\to 0+0} \frac{1}{x^\alpha} = \infty$ であるから，$\dfrac{1}{x^\alpha}\ (\alpha > 0)$ は区間 $(0,1]$ で非有界な関数である．ここで，任意の $t \in (0,1)$ に対して

$$\int_t^1 \frac{1}{x^\alpha}\, dx = \begin{cases} \left[\dfrac{1}{1-\alpha}x^{1-\alpha}\right]_{x=t}^{x=1} = \dfrac{1}{1-\alpha}(1 - t^{1-\alpha}) & (\alpha \ne 1), \\[3mm] \big[\log x\big]_{x=t}^{x=1} = -\log t & (\alpha = 1). \end{cases}$$

このとき，

$$\lim_{t\to 0+0} t^{1-\alpha} = \begin{cases} 0 & (0 < \alpha < 1), \\ \infty & (\alpha > 1), \end{cases} \qquad \lim_{t\to 0+0} \log t = -\infty$$

であるから，広義積分 $\displaystyle\int_0^1 \frac{1}{x^\alpha}\, dx\ (\alpha > 0)$ は $0 < \alpha < 1$ の場合に収束し，その値は

$$\int_0^1 \frac{1}{x^\alpha}\, dx = \frac{1}{1-\alpha} \quad (0 < \alpha < 1).$$

定理 4.12 関数 $f : (a, b] \to \mathbb{R}$ は非有界で，任意の $t \, (a < t < b)$ に対して有界閉区間 $[t, b]$ で有界かつ積分可能であるとする．

(i) $|f|$ が区間 $(a, b]$ で広義積分可能であれば，f も区間 $(a, b]$ で広義積分可能であり，

$$\left| \int_a^b f(x) \, dx \right| \leq \int_a^b |f(x)| \, dx.$$

（このとき，広義積分 $\displaystyle\int_a^b f(x) \, dx$ は**絶対収束**するという．）

(ii) ある関数 $g : (a, b] \to \mathbb{R}$ が存在し，$|f(x)| \leq g(x) \, (x \in (a, b])$ で，かつ g が区間 $(a, b]$ で広義積分可能であれば，広義積分 $\displaystyle\int_a^b f(x) \, dx$ は絶対収束し，

$$\int_a^b |f(x)| \, dx \leq \int_a^b g(x) \, dx.$$

注意 4.3 定理 4.12 において区間 $(a, b]$ を区間 $[a, b)$，$[a, \infty)$，$(-\infty, b]$ としても同様のことが成り立つ．

　この定理の証明は付録 D を参照せよ．

例題 4.13 広義積分 $\displaystyle\int_0^\infty e^{-x^2} \, dx$ が収束することを示せ．

解答 任意の $t \in \mathbb{R}$ に対し $e^t > t$ が成り立つので，t を x^2 に置き換えて逆数をとると，任意の $x > 0$ に対して

$$0 < e^{-x^2} < \frac{1}{x^2}.$$

さらに，

$$\lim_{s \to \infty} \int_1^s \frac{1}{x^2} \, dx = \lim_{s \to \infty} \left[-\frac{1}{x} \right]_{x=1}^{x=s} = \lim_{s \to \infty} \left(-\frac{1}{s} + 1 \right) = 1$$

であるから，広義積分 $\displaystyle\int_1^\infty \dfrac{1}{x^2}\,dx$ は収束する．したがって，定理 4.12 において

区間 (a, b) を区間 $[1, \infty)$ で置き換えたものを考えれば，広義積分 $\displaystyle\int_1^\infty e^{-x^2}\,dx$

が収束することがわかる．よって，広義積分 $\displaystyle\int_0^\infty e^{-x^2}\,dx$ は収束する．

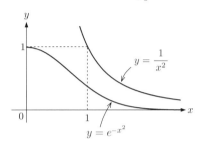

$y = e^{-x^2}$ と $y = \dfrac{1}{x^2}$ のグラフ．$y = e^{-x^2}$ の方が減衰が速い．

例題 4.14　広義積分 $\displaystyle\int_0^\infty e^{-x^2}\,dx$ の値を求めよ．

解答　不等式 $e^t > 1 + t\,(t \neq 0)$ より次の 2 つの不等式を得る．

$$(0 <)\,1 - x^2 < e^{-x^2}\ (0 < x < 1), \quad e^{-x^2} < \frac{1}{1 + x^2}\ (x > 0).$$

これらを n 乗して積分すると，

$$\int_0^1 (1 - x^2)^n\,dx < \int_0^\infty e^{-nx^2}\,dx < \int_0^\infty \frac{1}{(1 + x^2)^n}\,dx.$$

このとき

$$\int_0^1 (1 - x^2)^n\,dx = \int_0^{\frac{\pi}{2}} (\cos\theta)^{2n+1}\,d\theta \quad (x = \sin\theta),$$

$$\int_0^\infty e^{-nx^2}\,dx = \frac{1}{\sqrt{n}} \int_0^\infty e^{-s^2}\,ds \quad (\sqrt{n}\,x = s),$$

$$\int_0^\infty \frac{1}{(1 + x^2)^n}\,dx = \int_0^{\frac{\pi}{2}} (\cos\theta)^{2n-2}\,d\theta \quad (x = \tan\theta).$$

ここで，例題 4.6 より

$$\int_0^{\frac{\pi}{2}} (\cos\theta)^{2n+1}\,d\theta = \frac{(2n)!!}{(2n+1)!!}, \quad \int_0^{\frac{\pi}{2}} (\cos\theta)^{2n-2}\,d\theta = \frac{(2n-3)!!}{(2n-2)!!}\cdot\frac{\pi}{2}$$

であるから，

$$\sqrt{n}\cdot\frac{(2n)!!}{(2n+1)!!} < \int_0^\infty e^{-s^2}\,ds < \sqrt{n}\cdot\frac{(2n-3)!!}{(2n-2)!!}\cdot\frac{\pi}{2}.$$

Wallis の公式を用いると

$$\lim_{n\to\infty}\left\{\sqrt{n}\cdot\frac{(2n)!!}{(2n+1)!!}\right\}$$

$$= \lim_{n\to\infty}\left\{\frac{n}{2n+1}\cdot\frac{(2n)!!}{(2n-1)!!\sqrt{n}}\right\}$$

$$- \frac{1}{2}\cdot\sqrt{\pi} - \frac{\sqrt{\pi}}{2},$$

$$\lim_{n\to\infty}\left\{\sqrt{n}\cdot\frac{(2n-3)!!}{(2n-2)!!}\cdot\frac{\pi}{2}\right\}$$

$$= \lim_{n\to\infty}\left\{\sqrt{\frac{n}{n-1}}\cdot\frac{(2n-3)!!\sqrt{n-1}}{(2n-2)!!}\cdot\frac{\pi}{2}\right\}$$

$$= 1\cdot\frac{1}{\sqrt{\pi}}\cdot\frac{\pi}{2} = \frac{\sqrt{\pi}}{2}.$$

以上から

$$\int_0^\infty e^{-s^2}\,ds = \frac{\sqrt{\pi}}{2}.$$

定理 4.13

(i)　関数 $f:(a,b]\to\mathbb{R}$ は非有界で，任意の $t\,(a<t<b)$ に対し有界閉区間 $[t,b]$ で有界かつ積分可能であるとする．ある $\lambda\in[0,1)$ が存在して極限 $\displaystyle\lim_{x\to a+0}(x-a)^\lambda f(x)$ が収束するならば，広義積分 $\displaystyle\int_a^b f(x)\,dx$ は絶対収束する．

(ii)　関数 $f:[a,\infty)\to\mathbb{R}$ は任意の $t\,(>a)$ に対して有界閉区間 $[a,t]$ で有界かつ積分可能であるとする．ある $\lambda>1$ が存在して極限 $\displaystyle\lim_{x\to\infty}x^\lambda f(x)$

が収束するならば，広義積分 $\displaystyle\int_a^\infty f(x)\,dx$ は絶対収束する．

注意 4.4 定理 4.13 (i) で区間 $(a,b]$ を区間 $[a,b)$ に置き換えた場合は，ある $\lambda \in [0,1)$ について極限 $\displaystyle\lim_{x \to b-0}(b-x)^\lambda f(x)$ を考えればよい．また，定理 4.13 (ii) で区間 $[a,\infty)$ を区間 $(-\infty,b]$ に置き換えた場合は，ある $\lambda > 1$ について極限 $\displaystyle\lim_{x \to -\infty}(-x)^\lambda f(x)$ を考えればよい．

証明 まず (i) を示す．$\displaystyle\lim_{x \to a+0}(x-a)^\lambda f(x) = \alpha$ とすると，ある $\delta > 0$ が存在して，$a < x < a + \delta$ ならば $|(x-a)^\lambda f(x) - \alpha| < 1$ とできる．したがって，

$$|(x-a)^\lambda f(x)| \le |\alpha| + 1 \quad (x \in (a, a+\delta)).$$

また仮定より，f は有界閉区間 $[a+\delta, b]$ で有界であるから，ある $M > 0$ が存在して

$$|(x-a)^\lambda f(x)| \le M \quad (x \in [a+\delta, b]).$$

よって，$\widetilde{M} = \max\{|\alpha|+1, M\}$ とすれば，$|(x-a)^\lambda f(x)| \le \widetilde{M}\,(x \in (a,b])$ を得るので，

$$|f(x)| \le \frac{\widetilde{M}}{(x-a)^\lambda} \quad (x \in (a,b]).$$

ここで例題 4.12 を参考にすれば，関数 $\dfrac{\widetilde{M}}{(x-a)^\lambda}\,(\lambda \in [0,1))$ が区間 $(a,b]$ 上で広義積分可能であることがわかるので，定理 4.12 (ii) より広義積分 $\displaystyle\int_a^b f(x)\,dx$ は絶対収束する．

次に (ii) を示す．$\displaystyle\lim_{x \to \infty}x^\lambda f(x) = \alpha$ とすると，ある $c > 1$ が存在して，$x > c$ ならば $|x^\lambda f(x) - \alpha| < 1$ とできる．したがって，

$$|x^\lambda f(x)| \le |\alpha| + 1 \quad (x > c).$$

以下 (i) の証明と同様の議論を行い，関数 $\dfrac{1}{x^\lambda}\,(\lambda > 1)$ が区間 $[c,\infty)$ で広義積分可能であることに注意すれば，(ii) を示すことができる．

▌ Gamma (ガンマ) 関数 ▌

広義積分

$$\Gamma(p) = \int_0^\infty x^{p-1} e^{-x}\, dx \quad (p > 0)$$

は収束する．$\Gamma(p)$ を **Gamma 関数**という．この広義積分が収束することを示そう．$f(x) = x^{p-1} e^{-x}$ とおく．$p \geq 1$ と $0 < p < 1$ の場合に分けて考える．

$p \geq 1$ の場合は $\displaystyle\int_0^\infty f(x)\, dx$ は区間 $[0, \infty)$ 上の広義積分である．

$$\lim_{x \to \infty} x^2 f(x) = \lim_{x \to \infty} \frac{x^{p+1}}{e^x} = 0$$

であるから，定理 4.13 (ii) より $p \geq 1$ に対して $\displaystyle\int_0^\infty f(x)\, dx$ は収束する．

$0 < p < 1$ の場合は $\displaystyle\int_0^\infty f(x)\, dx$ は区間 $(0, \infty)$ 上の広義積分であるから，

$$\Gamma(p) = \int_0^1 f(x)\, dx + \int_1^\infty f(x)\, dx$$

として，区間 $(0, 1]$，$[1, \infty)$ 上での広義積分の収束，発散をそれぞれ調べる．まず区間 $(0, 1]$ 上での広義積分は，

$$0 < 1 - p < 1, \quad \lim_{x \to 0+0} x^{1-p} f(x) = \lim_{x \to 0+0} e^{-x} = 1$$

であるから，定理 4.13 (i) より $0 < p < 1$ に対して $\displaystyle\int_0^1 f(x)\, dx$ は収束する．$0 < p < 1$ に対して $\displaystyle\int_1^\infty f(x)\, dx$ が収束することは，$p \geq 1$ の場合と同様にして示される．よって，$0 < p < 1$ に対して $\displaystyle\int_0^\infty f(x)\, dx$ は収束する．

以上から，$p > 0$ のとき $\Gamma(p) = \displaystyle\int_0^\infty f(x)\, dx$ は収束する．

例題 **4.15** $\Gamma(p+1) = p\Gamma(p)\,(p>0)$ が成り立つことを示せ.

解答 部分積分法より,任意の $0 < t_1 < 1,\, t_2 > 1$ に対して

$$\int_{t_1}^{t_2} x^p e^{-x}\, dx$$

$$= \left[-x^p e^{-x}\right]_{x=t_1}^{x=t_2} + p \int_{t_1}^{t_2} x^{p-1} e^{-x}\, dx$$

$$= -t_1{}^p e^{-t_2} + t_1{}^p e^{-t_1} + p \left(\int_{t_1}^{1} x^{p-1} e^{-x}\, dx + \int_{1}^{t_2} x^{p-1} e^{-x}\, dx\right)$$

$p > 0$ に対して,$\displaystyle \lim_{t_1 \to 0+0} t_1{}^p e^{-t_1} = 0,\ \lim_{t_2 \to \infty} t_2{}^p e^{-t_2} = 0$ であり,前ページの議論から

$$\lim_{t_1 \to 0+0} \int_{t_1}^{1} x^{p-1} e^{-x}\, dx = \int_{0}^{1} x^{p-1} e^{-x}\, dx,$$

$$\lim_{t_2 \to \infty} \int_{1}^{t_2} x^{p-1} e^{-x}\, dx = \int_{1}^{\infty} x^{p-1} e^{-x}\, dx$$

であるから,求める結果を得る. ▮

上記の性質から,$n \in \mathbb{N}$ に対して,

$$\Gamma(n+1) = n\Gamma(n) = n(n-1)\Gamma(n-1) = n(n-1)\cdots 2\,\Gamma(1).$$

ここで,

$$\Gamma(1) = \int_{0}^{\infty} e^{-x}\, dx = 1$$

であるから,

$$\Gamma(n+1) = n!\ \ (n \in \mathbb{N})$$

を得る.

例題 **4.16** $\Gamma\left(n + \dfrac{1}{2}\right)$ の値を求めよ.

解答 $n + \dfrac{1}{2} - \dfrac{2n-1}{2} + 1$ と表せるので,

$$\Gamma\left(n + \frac{1}{2}\right) = \frac{2n-1}{2}\,\Gamma\left(\frac{2n-1}{2}\right).$$

以下これを繰り返せば,

$$\Gamma\left(n + \frac{1}{2}\right) = \frac{2n-1}{2} \cdot \frac{2n-3}{2} \cdot \cdots \cdot \frac{1}{2}\,\Gamma\left(\frac{1}{2}\right) = \frac{(2n-1)!!}{2^n}\,\Gamma\left(\frac{1}{2}\right).$$

ここで,

$$\Gamma\left(\frac{1}{2}\right) = \int_0^\infty x^{-\frac{1}{2}}\,e^{-x}\,dx \underset{(t=\sqrt{x})}{=} 2\int_0^\infty e^{-t^2}\,dt = \sqrt{\pi}$$

であるから,

$$\Gamma\left(n + \frac{1}{2}\right) = \frac{(2n-1)!!}{2^n}\sqrt{\pi}.$$

練習問題 4-3

1. 次の広義積分の収束,発散を調べ,収束する場合はその値を求めよ.

(1) $\displaystyle\int_0^1 \log x\,dx$ (2) $\displaystyle\int_0^{\frac{\pi}{4}} \frac{1}{\tan x}\,dx$ (3) $\displaystyle\int_0^\infty x e^{-x}\,dx$

(4) $\displaystyle\int_0^\infty x e^{-x^2}\,dx$ (5) $\displaystyle\int_0^1 \frac{1}{x(1-x)}\,dx$

2. 次の広義積分の収束,発散を調べ,収束する場合はその値を求めよ.

(1) $\displaystyle\int_0^\infty e^{-sx}\cos x\,dx\ (s > 0)$ (2) $\displaystyle\int_0^\infty x^\alpha e^{-sx}\,dx\ (\alpha > 0,\ s > 0)$

3. 広義積分 $\displaystyle\int_1^\infty \frac{1}{x^\alpha}\,dx\ (\alpha > 0)$ の収束,発散を調べよ.

4. 次の広義積分の収束,発散を調べよ.

(1) $\displaystyle\int_1^2 \frac{x-1}{\log x}\,dx$ (2) $\displaystyle\int_1^2 \frac{1}{\log x}\,dx$ (3) $\displaystyle\int_1^\infty \frac{1}{\sqrt{x^3+1}}\,dx$

(4) $\displaystyle\int_1^\infty \frac{1}{\sqrt{x}+1}\,dx$

5. m, σ は定数とし，$\sigma \neq 0$ とする．関数

$$f(x) = \frac{1}{\sqrt{2\pi}\,\sigma}\, e^{-\frac{(x-m)^2}{2\sigma^2}} \quad (x \in \mathbb{R})$$

に対して，次の広義積分の値を求めよ．ただし，$\displaystyle\int_{-\infty}^{\infty} e^{-x^2}\,dx = \sqrt{\pi}$，$\displaystyle\lim_{x\to\pm\infty} xe^{-x^2} = 0$ は証明なしで利用してよい．

(1) $\displaystyle\int_{-\infty}^{\infty} f(x)\,dx$ (2) $\displaystyle\int_{-\infty}^{\infty} xf(x)\,dx$ (3) $\displaystyle\int_{-\infty}^{\infty} (x-m)^2 f(x)\,dx$

6.[†] Laguerre (ラゲール) の多項式

$$L_n(x) = e^x \frac{d^n}{dx^n}(x^n e^{-x})$$

に対して，

$$\int_0^{\infty} L_m(x) L_n(x) e^{-x}\,dx = \begin{cases} (n!)^2 & (m = n), \\ 0 & (m \neq n) \end{cases}$$

が成り立つことを示せ．

Coffee Break ◇◇

s は実数または複素数とする．関数 $f : [0, \infty) \to \mathbb{R}$ に対して，広義積分

$$\int_0^{\infty} e^{-sx} f(x)\,dx$$

が収束するとき，この積分の値は s に依存するので，s の関数と考えられる．そこで，

$$\mathcal{L}[f](s) = \int_0^{\infty} e^{-sx} f(x)\,dx$$

と表し，$\mathcal{L}[f]$ を f の Laplace (ラプラス) 変換という．Laplace 変換は，解析的操作を代数的操作に置き換えるという性質をもつ．この性質から，自動制御系や電気回路系の解析など，工学のさまざまな分野で利用されている．例題 4.11 や練習問題 4-3 の 2 は，Laplace 変換に関する計算である．計算してみよう．

◇◇

5

偏微分法

2変数関数を考察する．1変数関数のグラフは曲線であったが，2変数関数のグラフは曲面を表す．この章では，まずは2変数関数に対する極限の定義を学ぶが，1変数関数との違いは，2変数の場合，極限のとり方（点の近づけ方）が2次元的であることである．その結果，微分には2つの概念が存在する．1つはある特定の方向に関する微分である偏微分，もう1つは1変数関数の微分の2変数関数に対する拡張である全微分である．これらの微分の定義と性質を違いを理解しながら学び，さらに1変数関数の場合と同様，応用としてTaylor展開や関数の極値を調べる方法について学ぶ．

5.1　2変数関数の極限と偏微分 ────────────────◈

近傍

2個の実数の組 (x, y) の全体を

$$\mathbb{R}^2 = \{(x, y) \mid x, y \in \mathbb{R}\}$$

で表す．$\mathbb{R}^2$ 内の2点 (x, y), (a, b) の距離を

$$\sqrt{(x-a)^2 + (y-b)^2}$$

で定義し，$\delta > 0$ と点 $(a, b) \in \mathbb{R}^2$ に対して，

$$U_\delta((a, b)) = \{(x, y) \in \mathbb{R}^2 \mid \sqrt{(x-a)^2 + (y-b)^2} < \delta\}$$

とおく．このとき，$U_\delta((a, b))$ を点 (a, b) の **δ-近傍**という．特に δ を指定しない場合は，単に近傍と呼ぶこともある．

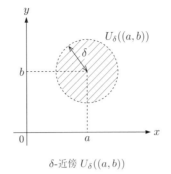

δ-近傍 $U_\delta((a,b))$

第 1 章と同様にして $\mathbb{R}^2$ 内の集合 D の内点，外点，境界点が定義され，$\mathbb{R}^2$ 内の開集合，閉集合が定義される．

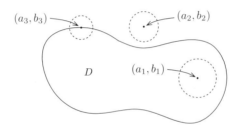

(a_1, b_1) は内点，(a_2, b_2) は外点，(a_3, b_3) は境界点

また，$D \subset \mathbb{R}^2$ が有界であるとは，ある $\delta > 0$ が存在して $D \subset U_\delta((0,0))$ が成り立つことをいう．

2 変数関数

$D \subset \mathbb{R}^2$ に対して，関数

$$f : D \to \mathbb{R}, \ (x, y) \mapsto f(x, y)$$

を **2 変数関数**といい，$(x, y) \in D$ に対応する $\mathbb{R}$ の元を $f(x, y)$ で表す．D を f の**定義域**，$f(D) = \{f(x, y) \mid (x, y) \in D\}$ を f の**値域**という．

たとえば，$f : \mathbb{R}^2 \to \mathbb{R}, \ (x, y) \mapsto x^2 + y^2$ に対して，そのグラフ $z = f(x, y)$ は次の図となる．

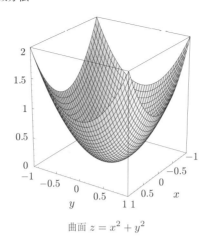

曲面 $z = x^2 + y^2$

$D \subset \mathbb{R}^2$ を

$$D = \{(x,y) \mid -1 \le x, y \le 1\}$$

とすると，値域 $f(D)$ は区間 $[0,2]$ である．

　値域 $f(D)$ が有界であるとき，関数 f は D で**有界**であるという．また，値域 $f(D)$ の最大値，最小値を関数 f の最大値，最小値という．

2変数関数の極限

　関数 $f: D \to \mathbb{R}$, $(x,y) \mapsto f(x,y)$ に対して，点 $(a,b) \in \mathbb{R}^2$ の近傍は D に含まれているとする．$((a,b) \notin D$ でもよい.$)$ $f(x,y)$ の点 (a,b) における**極限**が α であるとは，次が成り立つことをいう．

> 任意の $\varepsilon > 0$ に対して，ある $\delta > 0$ が存在し，
> $0 \ne \sqrt{(x-a)^2 + (y-b)^2} < \delta$ を満たす
> 任意の (x,y) について，$|f(x,y) - \alpha| < \varepsilon$

上記が成り立つとき，

$$\lim_{(x,y)\to(a,b)} f(x,y) = \alpha \quad \text{または} \quad f(x,y) \to \alpha \; ((x,y) \to (a,b))$$

で表す．点 (a,b) で f は α に**収束**するともいう．いかなる実数にも収束しないことを**発散**するという．

　1変数関数の極限と同様の性質が，2変数関数の極限についても成り立つ．

証明は付録 B を参照せよ.

定理 5.1 $\alpha, \beta \in \mathbb{R}$ とする. $\displaystyle\lim_{(x,y)\to(a,b)} f(x,y) = \alpha$, $\displaystyle\lim_{(x,y)\to(a,b)} g(x,y) = \beta$ であれば,

(i) **(線形性)** 定数 λ, μ について,

$$\lim_{(x,y)\to(a,b)} \{\lambda f(x,y) + \mu g(x,y)\} = \lambda\alpha + \mu\beta.$$

(ii) $\displaystyle\lim_{(x,y)\to(a,b)} f(x,y)g(x,y) = \alpha\beta.$

(iii) $\displaystyle\lim_{(x,y)\to(a,b)} \frac{f(x,y)}{g(x,y)} = \frac{\alpha}{\beta} \quad (\beta \neq 0).$

1変数の場合, 点 x を点 a に近づけるとき, その近づき方は右側からかまたは左側からだけであった. 一方, 2変数の場合は, 点 (x,y) を点 (a,b) に近づけるとき, その近づき方はさまざまである. 関数 $f(x,y)$ の点 (a,b) での極限が存在するためには, 点 (x,y) を点 (a,b) に近づけるとき, その近づき方によらない値に f の値が近づかなければならない.

例題 5.1 次の関数について, $\displaystyle\lim_{(x,y)\to(0,0)} f(x,y)$ を求めよ.

(1) $f(x,y) = \dfrac{x^2}{x^2+y^2}$ (2) $f(x,y) = \dfrac{xy^2}{x^2+y^2}$

解答 (1) 直線 $x = 0$ 上 $(x,y) \to (0,0)$ とすると

$$f(0,y) = \frac{0^2}{0^2+y^2} = 0 \to 0.$$

一方, 直線 $y = 0$ 上 $(x,y) \to (0,0)$ とすると

$$f(x,0) = \frac{x^2}{x^2+0^2} = 1 \to 1.$$

よって, 近づけ方により極限の値が異なるので, $\displaystyle\lim_{(x,y)\to(0,0)} \frac{x^2}{x^2+y^2}$ は存在しない. つまり, f は点 $(0,0)$ で発散する.

(2) $x = r\cos\theta, y = r\sin\theta \,(r > 0,\ 0 \leq \theta < 2\pi)$ とすると, $(x,y) \to (0,0)$ の

とき $r \to 0+0$ であり，

$$\left| \frac{xy^2}{x^2+y^2} \right| = \left| \frac{r^3 \cos\theta \sin^2\theta}{r^2 \cos^2\theta + r^2 \sin^2\theta} \right| = \left| \frac{r^3 \cos\theta \sin^2\theta}{r^2} \right| \leq |r| \to 0.$$

よって，$\displaystyle \lim_{(x,y)\to(0,0)} \frac{xy^2}{x^2+y^2} = 0.$

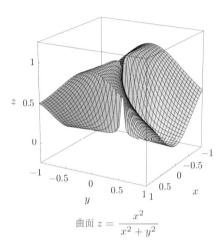 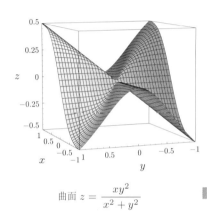

曲面 $z = \dfrac{x^2}{x^2+y^2}$ 　　　　曲面 $z = \dfrac{xy^2}{x^2+y^2}$

2 変数関数の連続性

点 (a,b) の近傍で定義されている関数 f が

$$\lim_{(x,y)\to(a,b)} f(x,y) = f(a,b)$$

を満たすとき，f は点 (a,b) で**連続**であるという．

例題 5.2　次の関数の原点 $(0,0)$ における連続性を調べよ.

(1) $f(x,y) = \begin{cases} xy \cos \dfrac{1}{\sqrt{x^2+y^2}} & ((x,y) \neq (0,0)) \\ 0 & ((x,y) = (0,0)) \end{cases}$

(2) $f(x,y) = \begin{cases} \dfrac{xy}{x^2+y^2} & ((x,y) \neq (0,0)) \\ 0 & ((x,y) = (0,0)) \end{cases}$

解答 (1) $\left| \cos \dfrac{1}{\sqrt{x^2+y^2}} \right| \leq 1$ であるから, $(x,y) \neq (0,0)$ に対して,

$$|f(x,y) - f(0,0)| = |xy| \left| \cos \dfrac{1}{\sqrt{x^2+y^2}} \right| \leq |xy|.$$

この不等式と $\displaystyle\lim_{(x,y) \to (0,0)} |xy| = 0$ より, $\displaystyle\lim_{(x,y) \to (0,0)} f(x,y) = f(0,0)$ となる
から, f は原点 $(0,0)$ において連続である.

(2) $\displaystyle\lim_{(x,y) \to (0,0)} \dfrac{xy}{x^2+y^2}$ を考える. 直線 $x = 0$ 上 $(x,y) \to (0,0)$ とすると

$$f(0,y) = \dfrac{0 \cdot y}{0^2 + y^2} = 0 \to 0.$$

一方, 直線 $y = x$ 上 $(x,y) \to (0,0)$ とすると

$$f(x,x) = \dfrac{x \cdot x}{x^2 + x^2} = \dfrac{1}{2} \to \dfrac{1}{2}.$$

よって, 近づけ方により極限の値が異なるので $\displaystyle\lim_{(x,y) \to (0,0)} \dfrac{xy}{x^2+y^2}$ は存在しな
い. つまり, $\displaystyle\lim_{(x,y) \to (0,0)} f(x,y) = f(0,0)$ が成り立たないので f は原点 $(0,0)$
で連続ではない. ∎

注意 5.1 例題 5.2 (1) において, もし

$$f(x,y) = \begin{cases} xy \cos \dfrac{1}{\sqrt{x^2+y^2}} & ((x,y) \neq (0,0)), \\ \alpha & ((x,y) = (0,0)) \end{cases}$$

で $\alpha \neq 0$ であれば, $\displaystyle\lim_{(x,y) \to (0,0)} f(x,y) = 0 \neq \alpha = f(0,0)$ となるので, f は原
点 $(0,0)$ で連続ではない.

　本章では D と記述した場合, D は $\mathbb{R}^2$ の開集合とする. つまり, $(a,b) \in D$
の近傍 $U_\delta((a,b))\,(\delta > 0)$ を D は含むこととする. 関数 $f : D \to \mathbb{R}$ が, D の
すべての点で連続であるとき, f は D で**連続**であるという. 定義域が開集合で
ない関数の連続性については, 注意 5.3 (p.142) を参照せよ.

　定理 5.1 を用いれば, 次を示すことができる.

> **定理 5.2** 関数 $f, g : D \to \mathbb{R}$ が連続であれば, 関数 $\lambda f + \mu g$ $(\lambda, \mu \in \mathbb{R}$ は定数$)$, fg は D で連続である. また, $\dfrac{f}{g}$ は $\{(x, y) \in D \mid g(x, y) \neq 0\}$ で連続である.

また, 2 変数関数の連続関数の合成関数も連続である. 証明は 1 変数関数の場合と同様である. 付録 B を参照せよ.

> **定理 5.3** $D, E \subset \mathbb{R}^2$ とし, 関数
> $$u : D \to \mathbb{R}, \ (x, y) \mapsto u(x, y), \quad v : D \to \mathbb{R}, \ (x, y) \mapsto v(x, y)$$
> に対して, $\boldsymbol{w}(x, y) = (u(x, y), v(x, y))$, $\boldsymbol{w}(D) \subset E$ とする. さらに,
> $$f : E \to \mathbb{R}, \ (u, v) \mapsto f(u, v)$$
> とする. このとき, $\boldsymbol{w}$ が D で連続で, f が E で連続であれば, 合成関数
> $$f \circ \boldsymbol{w} : D \to \mathbb{R}, \ (x, y) \mapsto (f \circ \boldsymbol{w})(x, y) \, (= f(u(x, y), v(x, y)))$$
> は D で連続である.

2 変数関数 $f(x, y) = x$, $g(x, y) = y$ が $\mathbb{R}^2$ で連続であることは容易に示すことができるので, 定理 5.2 により, x と y の多項式
$$f(x, y) = a_0 x^n + a_1 x^{n-1} y + a_2 x^{n-2} y^2 + \cdots + a_n y^n$$
$(a_0, a_1, \ldots, a_n \in \mathbb{R})$ は $\mathbb{R}^2$ で連続である. また, 定理 5.3 を用いれば, $f(x, y) = \sin(xy)$ や $f(x, y) = e^{x^2 + y^2}$ などの関数も $\mathbb{R}^2$ で連続になることがわかる.

> **定理 5.4 (最大最小の原理)** 関数 $f(x, y)$ が有界閉集合 D で連続ならば, $f(x, y)$ は D で最大値, 最小値をとる.

この定理の証明は, 1 変数関数に対する最大最小の原理 (定理 2.9, 証明は付録 B) と同様にして証明できるので, 省略する.

偏微分

$f: D \to \mathbb{R}$ とする.$(a, b) \in D$ に対して,

$$\lim_{x \to a} \frac{f(x, b) - f(a, b)}{x - a}$$

が存在するとき,f は点 (a, b) で x について**偏微分可能**であるという.その極限値を $f_x(a, b)$ で表し,f の点 (a, b) での x に関する**偏微分係数**という.1変数関数の微分と同様に $h = x - a$ とおけば,f が点 (a, b) で x について偏微分可能であることは

$$\lim_{h \to 0} \frac{f(a + h, b) - f(a, b)}{h}$$

が存在することと同値である.また,

$$\lim_{y \to b} \frac{f(a, y) - f(a, b)}{y - b}$$

が存在するとき,f は点 (a, b) で y について偏微分可能であるという.その極限値を $f_y(a, b)$ で表し,f の点 (a, b) での y に関する偏微分係数という.上記と同様に $k = y - b$ とおけば,f が点 (a, b) で y について偏微分可能であることは

$$\lim_{k \to 0} \frac{f(a, b + k) - f(a, b)}{k}$$

が存在することと同値である.

$f_x(a, b)$,$f_y(a, b)$ がともに存在するとき,f は点 (a, b) で偏微分可能であるという.f が D の各点で偏微分可能であるとき,f は D で偏微分可能であるといい,D の各点 (x, y) に偏微分係数 $f_x(x, y)$,$f_y(x, y)$ を対応させる関数を**偏導関数**という.偏導関数を

$$\frac{\partial f}{\partial x}, \quad \frac{\partial f}{\partial y}$$

と表すこともある.偏導関数 f_x,f_y が D でともに連続であるとき,関数 f は D で $\boldsymbol{C^1}$ **級関数**であるという.

例題 5.3 次の関数は原点 $(0,0)$ で偏微分可能であるか調べよ.

(1) $f(x,y) = \begin{cases} \dfrac{xy}{x^2+y^2} & ((x,y) \neq (0,0)) \\ 0 & ((x,y) = (0,0)) \end{cases}$ (2) $f(x,y) = |x^2+y|$

解答 (1) f の点 $(0,0)$ での x に関する偏微分可能性を調べると,

$$\lim_{h \to 0} \frac{f(h,0) - f(0,0)}{h} = \lim_{h \to 0} \frac{0}{h} = \lim_{h \to 0} 0 = 0.$$

よって, f は点 $(0,0)$ で x について偏微分可能であり, $f_x(0,0) = 0$. また, f の点 $(0,0)$ での y に関する偏微分可能性を調べると,

$$\lim_{k \to 0} \frac{f(0,k) - f(0,0)}{k} = \lim_{k \to 0} \frac{0}{k} = \lim_{k \to 0} 0 = 0.$$

よって, f は点 $(0,0)$ で y について偏微分可能であり, $f_y(0,0) = 0$. したがって, $f_x(0,0), f_y(0,0)$ がともに存在するので, f は原点 $(0,0)$ で偏微分可能である.

(2) f の点 $(0,0)$ での x に関する偏微分可能性を調べると,

$$\lim_{h \to 0} \frac{f(h,0) - f(0,0)}{h} = \lim_{h \to 0} \frac{|h^2|}{h} = \lim_{h \to 0} \frac{h^2}{h} = 0.$$

よって, f は点 $(0,0)$ で x について偏微分可能であり, $f_x(0,0) = 0$. また, f の点 $(0,0)$ での y に関する偏微分可能性を調べると,

$$\lim_{k \to 0} \frac{f(0,k) - f(0,0)}{k} = \lim_{k \to 0} \frac{|k|}{k}.$$

このとき, 極限値 $\displaystyle\lim_{k \to 0} \frac{|k|}{k}$ は存在しないので, $f_y(0,0)$ は存在しない. したがって, f は点 $(0,0)$ で偏微分可能ではない.

例題 5.4 次の関数の偏導関数を求めよ.

(1) $f(x,y) = \dfrac{2x+y}{x-y}$ $(x \neq y)$ (2) $f(x,y) = (x+y)\sin y$

解答　(1) x, y に関して偏微分すると

$$f_x(x, y) = \frac{2 \cdot (x - y) - (2x + y) \cdot 1}{(x - y)^2} = -\frac{3y}{(x - y)^2},$$

$$f_y(x, y) = \frac{1 \cdot (x - y) - (2x + y) \cdot (-1)}{(x - y)^2} = \frac{3x}{(x - y)^2}.$$

(2) x, y に関して偏微分すると

$$f_x(x, y) = 1 \cdot \sin y = \sin y,$$

$$f_y(x, y) = 1 \cdot \sin y + (x + y) \cos y = \sin y + (x + y) \cos y.$$

1変数関数に対する合成関数の微分法により，次の定理が成り立つ．

定理 5.5　関数 $f(t)$ が区間 I で微分可能であり，関数 $g(x, y)$ が D で偏微分可能かつ $g(x, y) \in I \, ((x, y) \in D)$ であれば，合成関数 $F(x, y) = f(g(x, y))$ は D で偏微分可能で，

$$F_x(x, y) = f'(g(x, y))g_x(x, y), \quad F_y(x, y) = f'(g(x, y))g_y(x, y).$$

例題 5.5　次の関数の偏導関数を求めよ．
(1) $f(x, y) = \sqrt{x^2 + y^2}$　　(2) $f(x, y) = \mathrm{Tan}^{-1} \dfrac{y}{x} \, (x \neq 0)$

解答　(1) x, y に関して偏微分すると

$$f_x(x, y) = \frac{1}{2}(x^2 + y^2)^{-\frac{1}{2}} \cdot 2x = \frac{x}{\sqrt{x^2 + y^2}},$$

$$f_y(x, y) = \frac{1}{2}(x^2 + y^2)^{-\frac{1}{2}} \cdot 2y = \frac{y}{\sqrt{x^2 + y^2}}.$$

(2) x, y に関して偏微分すると

$$f_x(x, y) = \frac{1}{1 + \left(\dfrac{y}{x}\right)^2} \cdot \left(-\frac{y}{x^2}\right) = -\frac{y}{x^2 + y^2},$$

$$f_y(x, y) = \frac{1}{1 + \left(\dfrac{y}{x}\right)^2} \cdot \frac{1}{x} = \frac{x}{x^2 + y^2}.$$

▌全微分 ▌

1 変数関数の微分の定義を再考する．関数 $f(x)$ が点 a で微分可能であるとは，以下が成り立つことであった．

極限 $\displaystyle\lim_{x \to a} \frac{f(x) - f(a)}{x - a}$ が有限値として存在する．

いま，上記の極限値を $\gamma \in \mathbb{R}$ とすると，

$$\lim_{x \to a} \frac{f(x) - f(a)}{x - a} = \gamma$$

であることと，

$$\lim_{x \to a} \frac{f(x) - f(a) - \gamma(x - a)}{x - a} = 0 \tag{5.1}$$

であることは同値である．したがって，関数 $f(x)$ が点 a で微分可能であることを，以下のように定義することもできる．

関数 $f(x)$ が点 a で微分可能であるとは，ある $\gamma \in \mathbb{R}$ が存在して (5.1) が成り立つことである．

また，この γ を $f'(a)$ と表したことに注意する．この考察をもとに，2 変数関数に対する微分を定義する．

$f : D \to \mathbb{R}$, $(x, y) \mapsto f(x, y)$ とする．関数 $f(x, y)$ が点 $(a, b) \in D$ で**全微分可能**であるとは，次が成り立つことをいう．

ある $\alpha, \beta \in \mathbb{R}$ が存在して

$$\lim_{(x,y) \to (a,b)} \frac{f(x, y) - f(a, b) - \alpha(x - a) - \beta(y - b)}{\sqrt{(x - a)^2 + (y - b)^2}} = 0. \tag{5.2}$$

この条件を無限小の記号を用いて表すと以下のようになる．

ある $\alpha, \beta \in \mathbb{R}$ が存在して

$$f(x, y) - f(a, b) = \alpha(x - a) + \beta(y - b) + o(\sqrt{(x - a)^2 + (y - b)^2})$$

$$((x, y) \to (a, b)) \tag{5.3}$$

$h = x - a$, $k = y - b$ とおくと，上記の条件は

$$\lim_{(h,k) \to (0,0)} \frac{f(a + h, b + k) - f(a, b) - \alpha h - \beta k}{\sqrt{h^2 + k^2}} = 0, \tag{5.4}$$

または

$$f(a+h,b+k) - f(a,b) = \alpha h + \beta k + o(\sqrt{h^2 + k^2}) \quad ((h,k) \to (0,0))$$

となる $\alpha, \beta \in \mathbb{R}$ が存在することと同値である.

全微分可能な関数については次が成り立つ.

定理 5.6 関数 f が点 (a,b) で全微分可能であれば,

(i) 関数 f は点 (a,b) で連続である.

(ii) 関数 f は点 (a,b) で偏微分可能であり, (5.2)(または (5.4)) において,

$$\alpha = f_x(a,b), \quad \beta = f_y(a,b)$$

となる.

証明 (i) 関数 f は点 (a,b) で全微分可能であるから, (5.3) を満たす $\alpha, \beta \in \mathbb{R}$ が存在する. したがって,

$$\lim_{(x,y) \to (a,b)} \{f(x,y) - f(a,b)\}$$
$$= \lim_{(x,y) \to (a,b)} \{\alpha(x-a) + \beta(y-b) + o(\sqrt{(x-a)^2 + (y-b)^2})\}$$
$$= \alpha \cdot 0 + \beta \cdot 0 + 0 = 0.$$

よって, $\displaystyle\lim_{(x,y) \to (a,b)} f(x,y) = f(a,b)$ が成り立つ.

(ii) 関数 f は点 (a,b) で全微分可能であるから, (5.3) を満たす $\alpha, \beta \in \mathbb{R}$ が存在する. このとき, (5.3) において $y = b$ とすると

$$f(x,b) - f(a,b) = \alpha(x-a) + o(|x-a|) \quad (x \to a).$$

よって,

$$\lim_{x \to a} \frac{f(x,b) - f(a,b)}{x-a} = \lim_{x \to a} \frac{\alpha(x-a) + o(|x-a|)}{x-a} = \alpha$$

が成り立つので, f は点 (a,b) で x に関して偏微分可能であり, $f_x(a,b) = \alpha$. 同様に, (5.3) において $x = a$ とすれば, f が点 (a,b) で y に関して偏微分可能で $f_y(a,b) = \beta$ であることを得る. ∎

注意 5.2 定理 5.6 (ii) より, f が点 (a,b) で全微分可能であれば,

$$\lim_{(h,k) \to (0,0)} \frac{f(a+h,b+k) - f(a,b) - f_x(a,b)h - f_y(a,b)k}{\sqrt{h^2 + k^2}} = 0$$

が成り立つ.

例題 5.6　次の関数は原点 $(0,0)$ で全微分可能であるか調べよ.

(1) $f(x,y) = \begin{cases} \dfrac{x^2 y}{x^2+y^2} & ((x,y) \neq (0,0)) \\ 0 & ((x,y) = (0,0)) \end{cases}$

(2) $f(x,y) = \begin{cases} \dfrac{x^2 y^2}{x^2+y^2} & ((x,y) \neq (0,0)) \\ 0 & ((x,y) = (0,0)) \end{cases}$

解答　$(h,k) \neq (0,0)$ に対して,

$$g(h,k) = \frac{f(h,k) - f(0,0) - f_x(0,0)h - f_y(0,0)k}{\sqrt{h^2+k^2}}$$

とおく.　$\displaystyle \lim_{(h,k) \to (0,0)} g(h,k) = 0$ が成り立てば f は点 $(0,0)$ で全微分可能であり

(定理 5.6 の下の注意を参照), $\displaystyle \lim_{(h,k) \to (0,0)} g(h,k) \neq 0$ であれば f は点 $(0,0)$ で

全微分可能でないから, 極限 $\displaystyle \lim_{(h,k) \to (0,0)} g(h,k)$ を調べる.

(1) 点 $(0,0)$ での偏微分係数を求めると,

$$f_x(0,0) = \lim_{h \to 0} \frac{f(h,0) - f(0,0)}{h} = \lim_{h \to 0} \frac{0}{h} = 0,$$

$$f_y(0,0) = \lim_{k \to 0} \frac{f(0,k) - f(0,0)}{k} = \lim_{k \to 0} \frac{0}{k} = 0$$

であるから,

$$g(h,k) = \frac{h^2 k}{(h^2+k^2)^{3/2}}.$$

このとき, 半直線 $h = k$, $k > 0$ 上 $(h,k) \to (0,0)$ とすると,

$$g(k,k) = \frac{k^2 \cdot k}{(k^2+k^2)^{3/2}} = \frac{k^3}{2\sqrt{2}\,|k|^3} \to \frac{1}{2\sqrt{2}}.$$

半直線 $h = k$, $k < 0$ 上 $(h,k) \to (0,0)$ とすると,

$$g(k,k) = \frac{k^2 \cdot k}{(k^2+k^2)^{3/2}} = \frac{k^3}{2\sqrt{2}\,|k|^3} \to -\frac{1}{2\sqrt{2}}.$$

よって $\displaystyle\lim_{(h,k)\to(0,0)} g(h,k)$ は発散し，f は点 $(0,0)$ で全微分可能でない．

(2) 点 $(0,0)$ での偏微分係数を求めると，

$$f_x(0,0) = \lim_{h\to 0} \frac{f(h,0)-f(0,0)}{h} = \lim_{h\to 0} \frac{0}{h} = 0,$$

$$f_y(0,0) = \lim_{k\to 0} \frac{f(0,k)-f(0,0)}{k} = \lim_{k\to 0} \frac{0}{k} = 0.$$

であるから，

$$g(h,k) = \frac{h^2 k^2}{(h^2+k^2)^{3/2}}$$

このとき，$h = r\cos\theta,\ k = r\sin\theta\,(r>0,\ 0\le\theta<2\pi)$ とすると，$(h,k)\to (0,0)$ のとき $r\to 0+0$ であり，

$$|g(h,k)| = \left| \frac{r^4\cos^2\theta\sin^2\theta}{r^3} \right| \le |r| \to 0.$$

よって，$\displaystyle\lim_{(h,k)\to(0,0)} g(h,k) = 0$ となり，f は点 $(0,0)$ で全微分可能である．

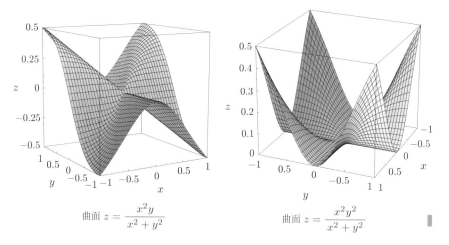

曲面 $z = \dfrac{x^2 y}{x^2+y^2}$　　　　　曲面 $z = \dfrac{x^2 y^2}{x^2+y^2}$

例題 5.6 では定義にしたがって全微分可能性を調べたが，関数 f が点 (a,b) で全微分可能であるための条件として，次の定理が知られている．証明は付録 C を参照せよ．

> **定理 5.7**　関数 f が点 (a,b) で偏微分可能であり, 偏導関数 f_x または f_y のうちどちらか一方が点 (a,b) で連続であれば, 関数 f は点 (a,b) で全微分可能である.

　関数 $z = f(x,y)$ の定義域を D とする. D の各点 (x,y) において f が全微分可能であるとき, f は D で全微分可能であるといい, 1 次式 $f_x(x,y)h + f_y(x,y)k$ を f の**全微分**という. dz または df で表す. 2 つの座標関数 $x,\ y$ の全微分をそれぞれ $dx,\ dy$ とすると, $dx = h,\ dy = k$ となるから, f の全微分は

$$dz = df(x,y) = f_x(x,y)\,dx + f_y(x,y)\,dy$$

と表される.

　例題 5.7　関数 $f(x,y) = \dfrac{x-y}{x+y}$ の全微分を求めよ.

解答　関数 f の 1 次偏導関数を求めると,

$$f_x(x,y) = \frac{2y}{(x+y)^2}, \quad f_y(x,y) = -\frac{2x}{(x+y)^2}.$$

よって, 関数 f の全微分は

$$df(x,y) = \frac{2y}{(x+y)^2}\,dx - \frac{2x}{(x+y)^2}\,dy.$$

注意 5.3　開集合ではない集合 $D \subset \mathbb{R}^2$ に対する f の連続性 (または, 偏微分可能性, 全微分可能性) は, D を含む開集合 $\widetilde{D}$ と f を拡張した $\widetilde{D}$ 上の関数 $\widetilde{f}$ ($\widetilde{f}$ の D での制限が f) が存在して, $\widetilde{f}$ が $\widetilde{D}$ で連続 (または, 偏微分可能, 全微分可能) であることとする.

接平面

　関数 $f(x,y)$ は点 (a,b) で全微分可能とする. このとき,

$$z - f(a,b) = f_x(a,b)(x-a) + f_y(a,b)(y-b)$$

は，点 $(a, b, f(a, b))$ を通りベクトル $(-f_x(a, b), -f_y(a, b), 1)$ に垂直な平面を表す．この平面を，曲面 $z = f(x, y)$ 上の点 $(a, b, f(a, b))$ における **接平面** という．

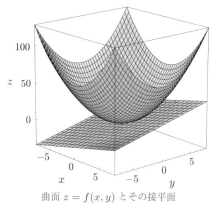

曲面 $z = f(x, y)$ とその接平面

例題 5.8　次の曲面の与えられた点における接平面の方程式を求めよ．
(1) $z = x^2 + y^2$，点 $(1, 1, 2)$　　(2) $z = \log(x^2 - 3y^2)$，点 $(2, 1, 0)$

解答　(1) $f(x, y) = x^2 + y^2$ とおく．このとき，

$$f_x(x, y) = 2x, \quad f_y(x, y) = 2y.$$

よって，$f_x(1, 1) = 2$，$f_y(1, 1) = 2$ であるから，接平面の方程式は

$$z - 2 = 2(x - 1) + 2(y - 1),$$

つまり，$z = 2x + 2y - 2$ である．

(2) $f(x, y) = \log(x^2 - 3y^2)$ とおく．このとき，

$$f_x(x, y) = \frac{2x}{x^2 - 3y^2}, \quad f_y(x, y) = -\frac{6y}{x^2 - 3y^2}.$$

よって，$f_x(2, 1) = 4$，$f_y(2, 1) = -6$ であるから，接平面の方程式は

$$z = 4(x - 2) - 6(y - 1),$$

つまり，$z = 4x - 6y - 2$ である．

練習問題 5 - 1

1. 次の関数 $f(x, y)$ について，$\displaystyle\lim_{(x,y)\to(0,0)} f(x, y)$ を求めよ．

(1) $f(x, y) = \dfrac{x^3 + x^2 y}{2x^2 + y^2}$ (2) $f(x, y) = \dfrac{x^2 y}{x^4 + y^2}$

2. 関数

$$f(x, y) = \begin{cases} xy \log (x^2 + y^2) & ((x, y) \neq (0, 0)) \\ 0 & ((x, y) = (0, 0)) \end{cases}$$

の点 $(0, 0)$ における連続性を調べよ．

3. 次の関数の点 $(0, 0)$ における偏微分可能性および全微分可能性を調べよ．

(1) $f(x, y) = \begin{cases} \dfrac{x \sin y}{\sqrt{x^2 + y^2}} & ((x, y) \neq (0, 0)) \\ 0 & ((x, y) = (0, 0)) \end{cases}$

(2) $f(x, y) = \begin{cases} \dfrac{x^2 \log (1 + x^2 + y^2)}{x^2 + y^2} & ((x, y) \neq (0, 0)) \\ 0 & ((x, y) = (0, 0)) \end{cases}$

4. 次の関数の偏導関数を求めよ．

(1) $xy^2(x + y)$ (2) $\sin (x^2 + xy)$ (3) $e^{\frac{y}{x}}$

(4) $\log |x \cos y|$ (5) $x^y \ (x > 0, \ x \neq 1)$ (6) $\log_y |x| \ (y > 0, \ y \neq 1)$

5. 次の関数の全微分を求めよ．

(1) $\dfrac{x}{x^2 + y^2}$ (2) $\mathrm{Sin}^{-1} \dfrac{y}{x}$ (3) $\mathrm{Tan}^{-1} \dfrac{x - y}{x + y}$

6. 次の曲面 $z = f(x, y)$ について与えられた点での接平面の方程式を求めよ．

(1) $z = \dfrac{x}{x + y}$, 点 $(-2, 1, 2)$ (2) $z = e^{\frac{y^2}{x}}$, 点 $(1, -1, e)$

7. 全微分可能な関数 f, g に対して，次が成り立つことを示せ．

(1) $d(\alpha f + \beta g) = \alpha \, df + \beta \, dg$ (2) $d(fg) = (df)g + f(dg)$

(3) $d\left(\dfrac{f}{g}\right) = \dfrac{(df)g - f(dg)}{g^2}$

5.2　合成関数の偏微分法と高次偏導関数 ────────── ❖

合成関数の偏微分法

> **定理 5.8**　関数 $f(x, y)$ が D で全微分可能であり，関数 $\varphi(t)$, $\psi(t)$ が区間 I で微分可能かつ $(\varphi(t), \psi(t)) \in D\,(t \in I)$ であれば，合成関数 $F(t) = f(\varphi(t), \psi(t))$ は区間 I で微分可能で，
>
> $$F'(t) = f_x(\varphi(t), \psi(t))\,\varphi'(t) + f_y(\varphi(t), \psi(t))\,\psi'(t).$$
>
> $z = f(x, y)$ と $x = \varphi(t)$, $y = \psi(t)$ との合成とみて，次のようにも表す.
>
> $$\frac{dz}{dt} = \frac{\partial z}{\partial x}\frac{dx}{dt} + \frac{\partial z}{\partial y}\frac{dy}{dt}.$$

証明　h が十分小さければ $(\varphi(t+h), \psi(t+h)) \in D$ である. $F(t) = f(\varphi(t), \psi(t))$ が t に関して微分可能であることを示す. つまり，

$$\lim_{h \to 0} \frac{F(t+h) - F(t)}{h}$$

を求める. $\varphi(t+h) - \varphi(t) = \delta_1$, $\psi(t+h) - \psi(t) = \delta_2$ とおくと，$\varphi(t+h) = \varphi(t) + \delta_1$, $\psi(t+h) = \psi(t) + \delta_2$ となり，$f(x, y)$ は D で全微分可能であるから，

$$
\begin{aligned}
&F(t+h) - F(t) \\
&= f(\varphi(t+h), \psi(t+h)) - f(\varphi(t), \varphi(t)) \\
&= f(\varphi(t) + \delta_1, \psi(t) + \delta_2) - f(\varphi(t), \psi(t)) \\
&= f_x(\varphi(t), \psi(t))\delta_1 + f_y(\varphi(t), \psi(t))\delta_2 + o\left(\sqrt{\delta_1{}^2 + \delta_2{}^2}\right)
\end{aligned}
$$

を得る. ここで，φ, ψ は微分可能であるから，

$$\lim_{h \to 0} \frac{\delta_1}{h} = \lim_{h \to 0} \frac{\varphi(t+h) - \varphi(t)}{h} = \varphi'(t),$$

$$\lim_{h \to 0} \frac{\delta_2}{h} = \lim_{h \to 0} \frac{\psi(t+h) - \psi(t)}{h} = \psi'(t)$$

であり，さらに

$$\lim_{h \to 0} \frac{o\left(\sqrt{\delta_1{}^2 + \delta_2{}^2}\right)}{h} = \lim_{h \to 0} \frac{o\left(\sqrt{\delta_1{}^2 + \delta_2{}^2}\right)}{\sqrt{\delta_1{}^2 + \delta_2{}^2}}\sqrt{\left(\frac{\delta_1}{h}\right)^2 + \left(\frac{\delta_2}{h}\right)^2} = 0$$

となるので，

$$\lim_{h \to 0} \frac{F(t+h) - F(t)}{h} = f_x(\varphi(t), \psi(t))\varphi'(t) + f_y(\varphi(t), \psi(t))\psi'(t)$$

が成り立つ．したがって，$F(t)$ は t に関して微分可能であり，求める関係式を得る． ∎

$\mathbb{R}$ で全微分可能な関数 $f(x, y)$ と $x = a + ht,\ y = b + kt\,(a, b, h, k$ は定数$)$ の合成関数を

$$F(t) = f(a + ht, b + kt)$$

とする．このとき，F は t に関して微分可能であり，

$$F'(t) = h f_x(a + ht, b + kt) + k f_y(a + ht, b + kt).$$

定理 5.8 を用いれば，次の定理を得る．

> **定理 5.9**　関数 $f(x, y)$ が D で全微分可能であり，関数 $\varphi(s, t)$, $\psi(s, t)$ が E で偏微分可能 かつ $(\varphi(s, t), \psi(s, t)) \in D\ ((s, t) \in E)$ であれば，合成関数 $F(s, t) = f(\varphi(s, t), \psi(s, t))$ は E で偏微分可能で，
>
> $$F_s(s, t) = f_x(\varphi(s, t), \psi(s, t))\,\varphi_s(s, t) + f_y(\varphi(s, t), \psi(s, t))\,\psi_s(s, t),$$
>
> $$F_t(s, t) = f_x(\varphi(s, t), \psi(s, t))\,\varphi_t(s, t) + f_y(\varphi(s, t), \psi(s, t))\,\psi_t(s, t).$$
>
> $z = f(x, y)$ と $x = \varphi(s, t)$, $y = \psi(s, t)$ との合成とみて，次のようにも表す．
>
> $$\frac{\partial z}{\partial s} = \frac{\partial z}{\partial x}\frac{\partial x}{\partial s} + \frac{\partial z}{\partial y}\frac{\partial y}{\partial s}, \quad \frac{\partial z}{\partial t} = \frac{\partial z}{\partial x}\frac{\partial x}{\partial t} + \frac{\partial z}{\partial y}\frac{\partial y}{\partial t}.$$

$\mathbb{R}^2$ で全微分可能な関数 $f(x, y)$ と $x = r\cos\theta,\ y = r\sin\theta\ (r \geq 0,\ 0 \leq \theta \leq 2\pi)$ の合成関数を

$$F(r, \theta) = f(r\cos\theta, r\sin\theta)$$

とする. このとき, F は r, θ に関して偏微分可能であり,

$$F_r(r, \theta) = f_x(r\cos\theta, r\sin\theta)\cos\theta + f_y(r\cos\theta, r\sin\theta)\sin\theta,$$

$$F_\theta(r, \theta) = -rf_x(r\cos\theta, r\sin\theta)\sin\theta + rf_y(r\cos\theta, r\sin\theta)\cos\theta.$$

高次偏導関数

関数 f の定義域を D とする. 関数 $f(x, y)$ の偏導関数 $f_x(x, y)$, $f_y(x, y)$ が偏微分可能であるならば, それらの偏導関数

$$f_{xx}(x, y), \quad f_{xy}(x, y), \quad f_{yx}(x, y), \quad f_{yy}(x, y)$$

を得る. これらの関数を f の 2 次偏導関数といい,

$$\frac{\partial^2 f}{\partial x^2}, \quad \frac{\partial^2 f}{\partial y \partial x}, \quad \frac{\partial^2 f}{\partial x \partial y}, \quad \frac{\partial^2 f}{\partial y^2}$$

のようにも表す. f の 2 次偏導関数がすべて D で連続であるとき, f は D で $\boldsymbol{C^2}$ 級であるという. さらに, f の n 次偏導関数が存在し, n 次偏導関数がすべて D で連続であるとき f は D で $\boldsymbol{C^n}$ 級であるという. また, f が任意の $n \in \mathbb{N}$ に対して D で C^n 級であるとき, f は D で $\boldsymbol{C^\infty}$ 級であるという.

例題 5.9　関数

$$u(x, t) = \frac{1}{2\sqrt{\pi t}} e^{-\frac{x^2}{4t}} \quad (x \in \mathbb{R}, \ t > 0)$$

が $u_t = u_{xx}$ を満たすことを示せ.

解答　u_t を求めると,

$$u_t = \frac{1}{2\sqrt{\pi}}\left(-\frac{1}{2}t^{-\frac{3}{2}}e^{-\frac{x^2}{4t}} + t^{-\frac{1}{2}}e^{-\frac{x^2}{4t}} \cdot \frac{x^2}{4t^2}\right)$$

$$= \frac{1}{4\sqrt{\pi}\,t^{\frac{3}{2}}}\left(-1 + \frac{x^2}{2t}\right)e^{-\frac{x^2}{4t}}.$$

u_x, u_{xx} を求めると,

$$u_x = \frac{1}{2\sqrt{\pi t}}e^{-\frac{x^2}{4t}} \cdot \left(-\frac{x}{2t}\right) = -\frac{1}{4\sqrt{\pi}\,t^{\frac{3}{2}}}xe^{-\frac{x^2}{4t}},$$

$$u_{xx} = -\frac{1}{4\sqrt{\pi}\,t^{\frac{3}{2}}}\left\{e^{-\frac{x^2}{4t}} + xe^{-\frac{x^2}{4t}} \cdot \left(-\frac{x}{2t}\right)\right\}$$

$$= \frac{1}{4\sqrt{\pi}\,t^{\frac{3}{2}}} \left(-1 + \frac{x^2}{2t} \right) e^{-\frac{x^2}{4t}}.$$

よって, u は $u_t = u_{xx}$ を満たす. ∎

一般に f_{xy} と f_{yx} は一致しない (例題 5.10 参照) が, 次の定理が成り立つ.

定理 5.10 関数 f が D で C^2 級であれば, $f_{xy} = f_{yx}$ である.

証明 $(a, b) \in D$ を任意にとる. 十分小さな $h \neq 0$ に対して,

$$F(h) = f(a+h, b+h) - f(a+h, b) - f(a, b+h) + f(a, b)$$

とおく. $\varphi(x) = f(x, b+h) - f(x, b)$ とすると, $F(h) = \varphi(a+h) - \varphi(a)$ であり, 1 変数関数の平均値の定理より

$$\varphi(a+h) - \varphi(a) = h\varphi'(a + \theta_1 h)$$

となる $\theta_1\,(0 < \theta_1 < 1)$ が存在する. $\varphi'(x) = f_x(x, b+h) - f_x(x, b)$ であるので,

$$F(h) = h\{f_x(a + \theta_1 h, b+h) - f_x(a + \theta_1 h, b)\}$$

を得る. さらに $\psi(y) = f_x(a + \theta_1 h, y)$ とおくと, $F(h) = h\{\psi(b+h) - \psi(b)\}$ であり, 1 変数関数の平均値の定理より

$$\psi(b+h) - \psi(b) = h\psi'(b + \theta_2 h)$$

となる $\theta_2\,(0 < \theta_2 < 1)$ が存在する. $\psi'(y) = f_{xy}(a + \theta_1 h, y)$ であるので,

$$F(h) = h^2 f_{xy}(a + \theta_1 h, b + \theta_2 h)$$

が成り立つ. f_{xy} の連続性から

$$\lim_{h \to 0} \frac{F(h)}{h^2} = f_{xy}(a, b)$$

を得る. 一方, $\widetilde{\varphi}(y) = f(a+h, y) - f(a, y)$ とおいて同様の議論を行えば,

$$\lim_{h \to 0} \frac{F(h)}{h^2} = f_{yx}(a, b)$$

が得られ, $f_{xy}(a, b) = f_{yx}(a, b)$ が成り立つことがわかる. ∎

例題 **5.10**　関数

$$f(x,y) = \begin{cases} xy\dfrac{x-y}{x+y} & (x+y \neq 0) \\[2mm] 0 & (x+y = 0) \end{cases}$$

について，$f_{xy}(0,0) \neq f_{yx}(0,0)$ であることを示せ.

解答　$y \neq 0$ に対して，

$$f_x(0,y) = \lim_{h \to 0} \frac{f(h,y) - f(0,y)}{h} = \lim_{h \to 0} y\frac{h-y}{h+y} = -y,$$

$$f_x(0,0) = \lim_{h \to 0} \frac{f(h,0) - f(0,0)}{h} = \lim_{h \to 0} 0 = 0.$$

よって，

$$f_{xy}(0,0) = \lim_{k \to 0} \frac{f_x(0,k) - f_x(0,0)}{k} = \lim_{k \to 0} \frac{-k}{k} = \lim_{k \to 0}(-1) = -1.$$

一方，$x \neq 0$ に対して，

$$f_y(x,0) = \lim_{k \to 0} \frac{f(x,k) - f(x,0)}{k} = \lim_{k \to 0} x\frac{x-k}{x+k} = x,$$

$$f_y(0,0) = \lim_{k \to 0} \frac{f(0,k) - f(0,0)}{k} = \lim_{k \to 0} 0 = 0.$$

よって，

$$f_{yx}(0,0) = \lim_{h \to 0} \frac{f_y(h,0) - f_y(0,0)}{h} = \lim_{h \to 0} \frac{h}{h} = \lim_{h \to 0} 1 = 1.$$

以上から，

$$f_{xy}(0,0) = -1 \neq 1 = f_{yx}(0,0).$$

偏微分作用素

偏微分可能な関数 $f(x,y)$ に対して，偏微分作用素

$$\frac{\partial}{\partial x}, \quad \frac{\partial}{\partial y}$$

をそれぞれ

$$\frac{\partial}{\partial x} f(x, y) := \frac{\partial f}{\partial x}(x, y), \quad \frac{\partial}{\partial y} f(x, y) := \frac{\partial f}{\partial y}(x, y)$$

と定義する．また，$h, k \in \mathbb{R}$ と C^n 級関数 f に対して，

$$\left(h \frac{\partial}{\partial x} + k \frac{\partial}{\partial y} \right)^n f(x, y) := \sum_{j=0}^{n} \binom{n}{j} h^{n-j} k^j \frac{\partial^n f}{\partial x^{n-j} \partial y^j}(x, y)$$

と定義する．

例題 5.11　a, b, h, k を t によらない定数とする．C^2 級関数 f に対して，

$$\frac{d^2}{dt^2} f(a + ht, b + kt) = \left(h \frac{\partial}{\partial x} + k \frac{\partial}{\partial y} \right)^2 f(a + ht, b + kt)$$

が成り立つことを示せ．

解答　合成関数の偏微分法より，

$$\frac{d}{dt} f(a + ht, b + kt) = f_x(a + ht, b + kt)h + f_y(a + ht, b + kt)k$$

であるから，

$$
\begin{aligned}
\frac{d^2}{dt^2} f(a + ht, b + kt) &= \frac{d}{dt} \{ f_x(a + ht, b + kt)h + f_y(a + ht, b + kt)k \} \\
&= f_{xx}(a + ht, b + kt)h^2 + f_{xy}(a + ht, b + kt)hk \\
&\quad + f_{yx}(a + ht, b + kt)hk + f_{yy}(a + ht, b + kt)k^2.
\end{aligned}
$$

ここで f は C^2 級より $f_{xy} = f_{yx}$ が成り立つので，

$$
\begin{aligned}
\frac{d^2}{dt^2} f(a + ht, b + kt) &= f_{xx}(a + ht, b + kt)h^2 + 2f_{xy}(a + ht, b + kt)hk \\
&\quad + f_{yy}(a + ht, b + kt)k^2 \\
&= \sum_{j=0}^{2} \binom{2}{j} h^{2-j} k^j \frac{\partial^2 f}{\partial x^{2-j} \partial y^j}(a + ht, b + kt) \\
&= \left(h \frac{\partial}{\partial x} + k \frac{\partial}{\partial y} \right)^2 f(a + ht, b + kt).
\end{aligned}
$$

Laplacian (ラプラシアン)

偏微分作用素

$$\Delta = \frac{\partial^2}{\partial x^2} + \frac{\partial^2}{\partial y^2}$$

をラプラシアンという. 関数 $f(x, y)$ に対して,

$$\Delta f = f_{xx} + f_{yy} \left(= \frac{\partial^2 f}{\partial x^2} + \frac{\partial^2 f}{\partial y^2} \right)$$

を f のラプラシアンという. また, $\Delta f = 0$ を満たす関数を**調和関数**という.

例題 5.12 $r = \sqrt{x^2 + y^2}$, $\theta = \mathrm{Tan}^{-1} \dfrac{y}{x}$ とおく. このとき, Δr, $\Delta \theta$ をそれぞれ求めよ.

解答 例題 5.5 より,

$$r_x = \frac{x}{\sqrt{x^2 + y^2}} = \frac{x}{r}, \quad r_y = \frac{y}{\sqrt{x^2 + y^2}} = \frac{y}{r},$$

$$\theta_x = -\frac{y}{x^2 + y^2} = -\frac{y}{r^2}, \quad \theta_y = \frac{x}{x^2 + y^2} = \frac{x}{r^2}.$$

まず r_{xx} を求めると,

$$r_{xx} = \frac{1}{r} + x \cdot \left(-\frac{r_x}{r^2} \right) = \frac{1}{r} - \frac{x^2}{r^3} = \frac{y^2}{r^3}.$$

同様にして, $r_{yy} = \dfrac{x^2}{r^3}$ を得るので,

$$\Delta r = r_{xx} + r_{yy} = \frac{y^2 + x^2}{r^3} = \frac{1}{r}.$$

次に θ_{xx} を求めると,

$$\theta_{xx} = -y \cdot (-2r^{-3} r_x) = \frac{2xy}{r^4}.$$

同様にして, $\theta_{yy} = -\dfrac{2xy}{r^4}$ を得るので,

$$\Delta \theta = \theta_{xx} + \theta_{yy} = 0.$$

> **例題 5.13** $\mathbb{R}^2$ 上の C^2 級関数 $v(r, \theta)$ と $r = \sqrt{x^2 + y^2}$, $\theta = \mathrm{Tan}^{-1} \dfrac{y}{x}$ との合成関数を
> $$u(x, y) = v\left(\sqrt{x^2 + y^2}, \mathrm{Tan}^{-1} \frac{y}{x}\right)$$
> とする. このとき,
> $$\Delta u = v_{rr} + \frac{v_r}{r} + \frac{v_{\theta\theta}}{r^2}$$
> が成り立つことを示せ. ただし, $\Delta u = u_{xx} + u_{yy}$ である.

解答　合成関数の偏微分法より,
$$u_x = v_r r_x + v_\theta \theta_x, \quad u_y = v_r r_y + v_\theta \theta_y.$$
さらに, v は C^2 級関数で $v_{r\theta} = v_{\theta r}$ が成り立つことに注意して計算すれば,
$$u_{xx} = v_{rr} r_x^2 + 2v_{r\theta} r_x \theta_x + v_r r_{xx} + v_{\theta\theta} \theta_x^2 + v_\theta \theta_{xx},$$
$$u_{yy} = v_{rr} r_y^2 + 2v_{r\theta} r_y \theta_y + v_r r_{yy} + v_{\theta\theta} \theta_y^2 + v_\theta \theta_{yy}.$$
よって,
$$\Delta u = v_{rr}(r_x^2 + r_y^2) + 2v_{r\theta}(r_x \theta_x + r_y \theta_y) + v_r \Delta r + v_{\theta\theta}(\theta_x^2 + \theta_y^2) + v_\theta \Delta \theta.$$
例題 5.12 の計算から,
$$r_x^2 + r_y^2 = \left(\frac{x}{r}\right)^2 + \left(\frac{y}{r}\right)^2 = \frac{x^2 + y^2}{r^2} = 1,$$
$$r_x \theta_x + r_y \theta_y = \frac{x}{r} \cdot \left(-\frac{y}{r^2}\right) + \frac{y}{r} \cdot \frac{x}{r^2} = 0,$$
$$\theta_x^2 + \theta_y^2 = \left(-\frac{y}{r^2}\right)^2 + \left(\frac{x}{r^2}\right)^2 = \frac{y^2 + x^2}{r^4} = \frac{1}{r^2},$$
$$\Delta r = \frac{1}{r}, \quad \Delta \theta = 0$$
が成り立つので, 求める結果を得る. ∎

注意 5.4　例題 5.13 の変換は, $\mathbb{R}^2$ の極座標変換
$$x = r\cos\theta, \quad y = r\sin\theta \quad (r \geq 0, \, 0 \leq \theta \leq 2\pi)$$

に対応する．例題 5.13 で得られた式の右辺は，$\mathbb{R}^2$ の極座標に関するラプラシアンの表示式である．

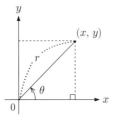

2 変数関数の Taylor の定理

定理 5.11 (Taylor の定理) 関数 $f(x, y)$ は点 (a, b) の近傍で C^n 級とする．このとき，点 (a, b) の近傍内の任意の点 (x, y) に対して，

$$f(x, y) = \sum_{m=0}^{n-1} \frac{1}{m!} \left\{ (x-a)\frac{\partial}{\partial x} + (y-b)\frac{\partial}{\partial y} \right\}^m f(a, b) + R_n(x, y),$$

$$R_n(x, y) = \frac{1}{n!} \left\{ (x-a)\frac{\partial}{\partial x} + (y-b)\frac{\partial}{\partial y} \right\}^n f(\xi, \eta)$$

を満たす (ξ, η) が，点 (a, b) と点 (x, y) を結ぶ線分上に存在する．

証明　$h = x - a$，$k = y - b$ とおき，$g(t) = f(a + ht, b + kt)$ に 1 変数関数の Maclaurin の定理を適用すると，$0 < \theta < 1$ を満たす θ が存在して

$$g(t) = \sum_{m=0}^{n-1} \frac{1}{m!} g^{(m)}(0) t^m + \frac{1}{n!} g^{(n)}(\theta t) t^n \tag{5.5}$$

となる．ここで，

$$g^{(m)}(t) = \frac{d^m}{dt^m} f(a + ht, b + kt) = \left(h\frac{\partial}{\partial x} + k\frac{\partial}{\partial y} \right)^m f(a + ht, b + kt)$$

である (練習問題 5.2 の 4. を参照) ので，

$$g^{(m)}(0) = \left(h\frac{\partial}{\partial x} + k\frac{\partial}{\partial y} \right)^m f(a, b),$$

$$g^{(n)}(\theta t) = \left(h\frac{\partial}{\partial x} + k\frac{\partial}{\partial y} \right)^n f(a + \theta h t, b + \theta k t).$$

また $g(1) = f(a+h, b+k)$ となるので，(5.5) において $t = 1$ とし $\xi = a + \theta h$，$\eta = b + \theta k$ とおけば求める結果を得る．∎

定理 5.11 において，特に $(a, b) = (0, 0)$ のときを **Maclaurin の定理**という．

例題 5.14　関数
$$f(x, y) = \sqrt{x^2 - y^2}$$
に Taylor の定理 (定理 5.11) を $(a, b) = (2, 1)$，$n = 2$ として適用せよ．

解答　f の 1 次偏導関数は
$$f_x(x, y) = x(x^2 - y^2)^{-\frac{1}{2}}, \quad f_y(x, y) = -y(x^2 - y^2)^{-\frac{1}{2}}.$$
さらに，2 次偏導関数は
$$f_{xx}(x, y) = -y^2(x^2 - y^2)^{-\frac{3}{2}}, \quad f_{yy}(x, y) = -x^2(x^2 - y^2)^{-\frac{3}{2}},$$
$$f_{xy}(x, y) = f_{yx}(x, y) = xy(x^2 - y^2)^{-\frac{3}{2}}.$$
よって，$(a, b) = (2, 1)$，$n = 2$ として Taylor の定理を適用すると，$0 < \theta < 1$ を満たす θ が存在して
$$f(x, y) = f(2, 1) + f_x(2, 1)(x - 2) + f_y(2, 1)(y - 1) + R_2(x, y)$$
$$= \sqrt{3} + \frac{2}{\sqrt{3}}(x - 2) - \frac{1}{\sqrt{3}}(y - 1) + R_2(x, y).$$
ここで，$R_2(x, y)$ は
$$R_2(x, y) = \frac{1}{2}\{f_{xx}(\xi, \eta)(x - 2)^2 + 2f_{xy}(\xi, \eta)(x - 2)(y - 1)$$
$$+ f_{yy}(\xi, \eta)(y - 1)^2\}$$
$$= \frac{-\eta^2(x - 2)^2 + 2\xi\eta(x - 2)(y - 1) - \xi^2(y - 1)^2}{2(\xi^2 - \eta^2)^{\frac{3}{2}}}.$$
ただし，$(\xi, \eta) = (2 + \theta(x - 2), 1 + \theta(y - 1))$ である．∎

練習問題 5-2

1. 次の関数 $f(x, y)$ について, $\Delta f = f_{xx} + f_{yy}$ を求めよ.

(1) $f(x, y) = e^x(\cos y + \sin y)$ 　　(2) $f(x, y) = \log(x^2 + y^2)$

(3) $f(x, y) = \dfrac{1}{\sqrt{x^2 + y^2}}$

2. 関数 f, g は $\mathbb{R}$ で C^2 級であるとする. $c\,(\neq 0)$ を定数とし

$$u(x, t) = f(x + ct) + g(x - ct)$$

とおく. このとき, u は $u_{tt} = c^2 u_{xx}$ を満たすことを示せ.

3. $\mathbb{R}^2$ 上の C^2 級関数 $u(x, t)$ と $x = \dfrac{r + s}{2}$, $t = \dfrac{r - s}{2c}$ との合成関数を

$$v(r, s) = u\left(\frac{r + s}{2}, \frac{r - s}{2c}\right)$$

とする. ただし, $c\,(\neq 0)$ は定数である. u が $u_{tt} = c^2 u_{xx}$ を満たすとき, v_{rs} を求めよ.

4. a, b, h, k を t によらない定数とする. C^n 級関数 f に対して,

$$\frac{d^n}{dt^n} f(a + ht, b + kt) = \left(h\frac{\partial}{\partial x} + k\frac{\partial}{\partial y}\right)^n f(a + ht, b + kt)$$

が成り立つことを数学的帰納法によって示せ.

5. 次の関数と点 (a, b) に対して, Taylor の定理 (定理 5.11) を $n = 2$ として適用せよ.

(1) $f(x, y) = e^{x-y}$, $(a, b) = (0, 0)$.

(2) $f(x, y) = \mathrm{Tan}^{-1}\dfrac{y}{x}$, $(a, b) = (1, 0)$.

(3) $f(x, y) = e^x \cos y$, $(a, b) = \left(0, \dfrac{\pi}{4}\right)$.

5.3　2変数関数の極値 ———————————————————— ❖

極値

関数 $f(x, y)$ に対して，ある $\delta > 0$ が存在して，

$$f(x, y) > f(a, b) \quad ((x, y) \in U_\delta((a, b)),\ (x, y) \neq (a, b))$$

が成り立つとき，f は点 (a, b) で**極小**であるといい $f(a, b)$ を**極小値**という．一方，

$$f(x, y) < f(a, b) \quad ((x, y) \in U_\delta((a, b)),\ (x, y) \neq (a, b))$$

が成り立つとき，f は点 (a, b) で**極大**であるといい $f(a, b)$ を**極大値**という．極大値と極小値を合わせて**極値**という．

> **定理 5.12 (極値をとるための必要条件)** 関数 $f(x, y)$ が点 (a, b) で極値をとり偏微分可能であれば，
> $$f_x(a, b) = f_y(a, b) = 0.$$

証明　$f(x, y)$ が点 (a, b) で極値をとるとき，$f(x, b)$ は1変数関数として $x = a$ で極値をとるから $f_x(a, b) = 0$ である．同様にして，$f(a, y)$ は $y = b$ で極値をとるから $f_y(a, b) = 0$ である．　∎

$f_x(a, b) = f_y(a, b) = 0$ を満たす点 (a, b) を f の**臨界点 (停留点)** という．一般に，すべての臨界点で f が極値をとるとは限らない．f が臨界点で極値をとるかどうかを判定するために，以下を考える．

いま，f は C^2 級関数とする．点 (a, b) が臨界点であるとき，点 (a, b) の近傍において $n = 2$ として Taylor の定理を適用すると

$$
\begin{aligned}
f(x, y) = f(a, b) + \frac{1}{2!} \{ &f_{xx}(X(\theta), Y(\theta))(x - a)^2 \\
&+ 2f_{xy}(X(\theta), Y(\theta))(x - a)(y - b) \\
&+ f_{yy}(X(\theta), Y(\theta))(y - b)^2 \} \quad (0 < \theta < 1). \quad (5.6)
\end{aligned}
$$

を得る．ただし，$X(\theta) = a + \theta(x - a)$，$Y(\theta) = b + \theta(y - b)$ である．よって，

$h = x - a$, $k = y - b$ とおくと，$f(x, y)$ と $f(a, b)$ の大小関係は，

$$f_{xx}(X(\theta), Y(\theta))h^2 + 2f_{xy}(X(\theta), Y(\theta))hk + f_{yy}(X(\theta), Y(\theta))k^2 \quad (5.7)$$

の符号によって定まることがわかる．ここで，次の定理を得る．

定理 5.13 2次形式 $\Phi(h, k) = Ah^2 + 2Bhk + Ck^2$ について以下の (i)-(iii) が成り立つ．

(i) $AC - B^2 > 0$ かつ $A > 0$ であれば，任意の $(h, k)\,(\neq (0, 0))$ に対して，$\Phi(h, k) > 0$.

(ii) $AC - B^2 > 0$ かつ $A < 0$ であれば，任意の $(h, k)\,(\neq (0, 0))$ に対して，$\Phi(h, k) < 0$.

(iii) $AC - B^2 < 0$ であれば，$\Phi(h, k)$ の符号は定まらない．

証明 $A \neq 0$ に対して，$\Phi(h, k)$ は

$$\Phi(h, k) = \frac{1}{A}\{(Ah + Bk)^2 + (-B^2 + AC)k^2\} \quad (5.8)$$

と変形できる．

(i) の場合

(5.8) より，任意の (h, k) に対して $\Phi(h, k) \geq 0$ である．等号が成り立つのは $Ah + Bk = 0$ かつ $k = 0$，すなわち $(h, k) = (0, 0)$ のときに限る．よって，$(h, k) \neq (0, 0)$ に対して $\Phi(h, k) > 0$.

(ii) の場合

(5.8) より，任意の (h, k) に対して $\Phi(h, k) \leq 0$ である．等号が成り立つのは (i) の場合と同様にして $(h, k) = (0, 0)$ のときに限る．よって，$(h, k) \neq (0, 0)$ に対して $\Phi(h, k) < 0$.

(iii) の場合

以下の場合に分けて考える．

$\qquad$ (a) $A \neq 0$, $\quad$ (b) $A = 0, C \neq 0$, $\quad$ (c) $A = 0, C = 0$.

(a) の場合

$(h_0, k_0) \in \{(h, k) \mid Ah + Bk = 0\}$（ただし，$(h_0, k_0) \neq (0, 0)$）と $(h_1, 0) \in$

$\{(h,k)\,|\,k=0\}$（ただし，$h_1 \neq 0$）に対して，(5.8) より $\Phi(h,k)$ は

$$\Phi(h_0,k_0) = \frac{1}{A}(-B^2+AC)\,k_0{}^2, \quad \Phi(h_1,0) = Ah_1{}^2$$

となる．仮定より，$-B^2+AC<0$ であるから，

$$A>0 \quad \text{であれば} \quad \Phi(h_0,k_0)<0<\Phi(h_1,0),$$
$$A<0 \quad \text{であれば} \quad \Phi(h_1,0)<0<\Phi(h_0,k_0).$$

よって，Φ の符号は定まらない．

(b) の場合

　$\Phi(h,k)$ は

$$\Phi(h,k) = 2Bhk + Ck^2 = \frac{1}{C}\{(Bh+Ck)^2 - B^2h^2\}.$$

となる．ここで，$(h_2,k_2) \in \{(h,k)\,|\,Bh+Ck=0\}$（ただし，$(h_2,k_2) \neq (0,0)$）と $(0,k_3) \in \{(h,k)\,|\,h=0\}$（ただし，$k_3 \neq 0$）に対して，

$$\Phi(h_2,k_2) = -\frac{B^2}{C}h_2{}^2, \quad \Phi(0,k_3) = Ck_3{}^2.$$

$AC-B^2<0$ と $A=0$ より $B \neq 0$ であるから，

$$C>0 \quad \text{であれば} \quad \Phi(h_2,k_2)<0<\Phi(0,k_3),$$
$$C<0 \quad \text{であれば} \quad \Phi(0,k_3)<0<\Phi(h_2,k_2).$$

よって，Φ の符号は定まらない．

(c) の場合

　$\Phi(h,k)$ は

$$\Phi(h,k) = 2Bhk.$$

となる．(b) の場合と同様にして $B \neq 0$．このとき，$\{(h,k)\,|\,h=k\}$ と $\{(h,k)\,|\,h=-k\}$ 上の点を考えれば，Φ の符号が定まらないことがわかる．

　以上より，求める結果を得る．

C^2 級関数 f に対して，行列

$$\begin{pmatrix} f_{xx}(x,y) & f_{xy}(x,y) \\ f_{yx}(x,y) & f_{yy}(x,y) \end{pmatrix}$$

を考える．関数 f は C^2 級であるから，定理 5.10 より $f_{xy} = f_{yx}$ であること に注意する．この行列を **Hesse (ヘッセ) 行列**といい，その行列式を

$$H(x,y) = \det \begin{pmatrix} f_{xx}(x,y) & f_{xy}(x,y) \\ f_{yx}(x,y) & f_{yy}(x,y) \end{pmatrix}$$

$$= f_{xx}(x,y)f_{yy}(x,y) - \{f_{xy}(x,y)\}^2 \tag{5.9}$$

とおき **Hesse 行列式 (ヘッシアン)** という．(5.6)，(5.9)，定理 5.13 より，次 の極値をとるための十分条件を得る．

定理 5.14 (極値をとるための十分条件) 関数 f は点 (a,b) の近傍で C^2 級 で，$f_x(a,b) = f_y(a,b) = 0$ とする．このとき，以下の (i)-(iii) が成り立つ．

(i)　$H(a,b) > 0$, $f_{xx}(a,b) > 0$ であれば，f は点 (a,b) で極小である．

(ii)　$H(a,b) > 0$, $f_{xx}(a,b) < 0$ であれば，f は点 (a,b) で極大である．

(iii)　$H(a,b) < 0$ であれば，f は点 (a,b) で極大でも極小でもない．

証明　(i) を示す．f は点 (a,b) の近傍で C^2 級関数であるから，$f_{xx}(x,y)$, $H(x,y)$ は点 (a,b) の近傍で連続である．このとき，ある十分小さな $\delta > 0$ が 存在して，$\sqrt{(x-a)^2 + (y-b)^2} < \delta$ であれば

$$|H(x,y) - H(a,b)| < \frac{H(a,b)}{2}, \tag{5.10}$$

$$|f_{xx}(x,y) - f_{xx}(a,b)| < \frac{f_{xx}(a,b)}{2} \tag{5.11}$$

とできる．よって，$\sqrt{(x-a)^2 + (y-b)^2} < \delta$ であれば

$$H(x,y) > \frac{H(a,b)}{2} > 0, \quad f_{xx}(x,y) > \frac{f_{xx}(a,b)}{2} > 0.$$

ここで，点 (a,b) の近傍で $n = 2$ として f に Taylor の定理を適用すると (5.6) が得られ，さらに $0 < \theta < 1$ に注意すれば $\sqrt{(x-a)^2 + (y-b)^2} < \delta$ のとき

$$\sqrt{(X(\theta)-a)^2 + (Y(\theta)-b)^2} = \theta\sqrt{(x-a)^2 + (y-b)^2} < \delta.$$

したがって，

$$H(X(\theta), Y(\theta)) > 0, \quad f_{xx}(X(\theta), Y(\theta)) > 0.$$

が成り立ち，定理 5.13 (i) より (5.6) の 2 次の項 (5.7) が正であることがわかる．よって，f は点 (a, b) で極小となる．

(ii), (iii) も同様にして示すことができる ((ii) に対しては (5.11) で $f_{xx}(a,b)/2$ の代わりに $-f_{xx}(a,b)/2$ とし定理 5.13 (ii) を利用，(iii) に対しては (5.10) で $H(a,b)/2$ の代わりに $-H(a,b)/2$ とし定理 5.13 (iii) を利用) ので，証明は省略する． ∎

注意 5.5　$H(a,b) = 0$ の場合，f は点 (a, b) で極値をとることもあればとらないこともある．一般に $H(a,b) = 0$ の場合に f が点 (a, b) で極値をとるかどうかを判定するのは容易ではない．

例題 5.15　関数
$$f(x, y) = x^3 + 3xy^2 - 3x^2 - 3y^2 - 1$$
の極値を求めよ．

解答　まず，f の臨界点を求める．

$$f_x(x, y) = 3x^2 + 3y^2 - 6x, \quad f_y(x, y) = 6xy - 6y = 6y(x - 1)$$

であるから，$f_x(x, y) = f_y(x, y) = 0$ を解いて f の臨界点を求めると，

$$(x, y) = (0, 0), (2, 0), (1, \pm 1).$$

よって，この 4 点が f が極値をとる点の候補となる．これらの点で f が極値をとるかどうか判定するために，f_{xx}, f_{xy}, f_{yy} を求めると，

$$f_{xx}(x, y) = 6x - 6, \quad f_{xy}(x, y) = 6y, \quad f_{yy}(x, y) = 6x - 6.$$

(i) 点 $(0,0)$ の場合

$f_{xx}(0,0) = -6,\ f_{yy}(0,0) = -6,\ f_{xy}(0,0) = 0$ であるから,

$$H(0,0) = \det \begin{pmatrix} -6 & 0 \\ 0 & -6 \end{pmatrix} = 36 > 0.$$

よって f は点 $(0,0)$ で極値をとる.$f_{xx}(0,0) = -6 < 0$ より $f(0,0)$ は極大値であり,その値は $f(0,0) = -1$.

(ii) 点 $(2,0)$ の場合

$f_{xx}(2,0) = 6,\ f_{yy}(2,0) = 6,\ f_{xy}(2,0) = 0$ であるから,

$$H(2,0) = \det \begin{pmatrix} 6 & 0 \\ 0 & 6 \end{pmatrix} = 36 > 0.$$

よって f は点 $(2,0)$ で極値をとる.$f_{xx}(2,0) = 6 > 0$ より $f(0,0)$ は極小値であり,その値は $f(2,0) = -5$.

(iii) 点 $(1, \pm 1)$ の場合

$f_{xx}(1,1) = 0,\ f_{yy}(1,1) = 0,\ f_{xy}(1,1) = \pm 6$ であるから,

$$H(1, \pm 1) = \det \begin{pmatrix} 0 & \pm 6 \\ \pm 6 & 0 \end{pmatrix} = -36 < 0.$$

よって f は点 $(1, \pm 1)$ で極値をとらない.

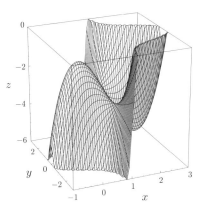

曲面 $z = x^3 + 3xy^2 - 3x^2 - 3y^2 - 1$

▌ 陰関数 ▌

x, y に関する関係式 $\varphi(x, y) = 0$ に対して, 関数 $y = \eta(x)$ が

$$\varphi(x, \eta(x)) = 0$$

を満たすとき, $y = \eta(x)$ を $\varphi(x, y) = 0$ の**陰関数**という.

定理 5.15 (陰関数定理) 関数 $\varphi(x, y)$ が点 (a, b) の近傍で C^1 級であり, $\varphi(a, b) = 0$, $\varphi_y(a, b) \neq 0$ であれば, $x = a$ を含む開区間上の C^1 級関数 $\eta(x)$ で, 次を満たすものがただ 1 つ存在する.

$$\varphi(x, \eta(x)) = 0, \quad \eta(a) = b, \quad \eta'(x) = -\frac{\varphi_x(x, \eta(x))}{\varphi_y(x, \eta(x))}.$$

証明は付録 C を参照せよ.

例題 5.16　関数 $\varphi(x, y)$ が点 (a, b) の近傍で C^2 級であり, $\varphi(a, b) = 0$, $\varphi_y(a, b) \neq 0$ を満たすとする. このとき, 点 a の近傍で定義される $\varphi(x, y) = 0$ の陰関数 $y = \eta(x)$ は C^2 級で

$$\eta''(x) = -\frac{\varphi_{xx}\varphi_y^2 - 2\varphi_{xy}\varphi_x\varphi_y + \varphi_{yy}\varphi_x^2}{\varphi_y^3}$$

と表されることを示せ.

解答　陰関数定理より, $y = \eta(x)$ は微分可能で,

$$\eta'(x) = -\frac{\varphi_x(x, \eta(x))}{\varphi_y(x, \eta(x))}$$

である. φ は C^2 級関数であるから, $\eta'(x)$ は x について微分可能であり,

$$\eta''(x) = -\frac{\dfrac{d}{dx}\varphi_x(x, \eta(x))}{\varphi_y(x, \eta(x))} + \frac{\varphi_x(x, \eta(x))\dfrac{d}{dx}\varphi_y(x, \eta(x))}{(\varphi_y(x, \eta(x)))^2}.$$

ここで,

$$\frac{d}{dx}\varphi_x(x, \eta(x)) = \varphi_{xx}(x, \eta(x)) + \varphi_{xy}(x, \eta(x))\eta'(x)$$

$$= \varphi_{xx}(x, \eta(x)) - \frac{\varphi_{xy}(x, \eta(x))\varphi_x(x, \eta(x))}{\varphi_y(x, \eta(x))},$$

$$\frac{d}{dx}\varphi_y(x, \eta(x)) = \varphi_{yx}(x, \eta(x)) + \varphi_{yy}(x, \eta(x))\eta'(x)$$

$$= \varphi_{yx}(x, \eta(x)) - \frac{\varphi_{yy}(x, \eta(x))\varphi_x(x, \eta(x))}{\varphi_y(x, \eta(x))}$$

であるから, これらを $\eta''(x)$ の式に代入し計算して整理すると, 求める結果を得る. また, φ が C^2 級なので η も C^2 級である. ∎

例題 5.17 関数 $\varphi(x, y)$ を
$$\varphi(x, y) = x^3 - 2xy^2 + y^3$$
と定める. このとき, 点 $(1,1)$ の近傍で $\varphi(x, y) = 0$ から定まる陰関数 $y = \eta(x)$ が存在することを示し, $\eta'(1)$ および $\eta''(1)$ を求めよ.

解答 まず, $\varphi(1,1) = 0$ である. また, $\varphi_y(x, y) = -4xy + 3y^2$ より, $\varphi_y(1,1) = -1 \neq 0$. よって陰関数定理より,

$$\varphi(x, \eta(x)) = 0, \quad \eta(1) = 1, \quad \eta'(x) = -\frac{\varphi_x(x, \eta(x))}{\varphi_y(x, \eta(x))}$$

を満たす $x = 1$ を含む開区間上の関数 $\eta(x)$ がただ 1 つ存在する. $\varphi_x(x, y) = 3x^2 - 2y^2$ より $\varphi_x(1,1) = 1$ であり, $\eta(1) = 1$ に注意すれば

$$\eta'(1) = -\frac{\varphi_x(1, \eta(1))}{\varphi_y(1, \eta(1))} = 1$$

を得る. さらに, φ の 2 次偏導関数を求めると

$$\varphi_{xx}(x, y) = 6x, \quad \varphi_{xy}(x, y) = -4y, \quad \varphi_{yy}(x, y) = -4x + 6y$$

であり, $\varphi_{xx}(1,1) = 6$, $\varphi_{xy}(1,1) = -4$, $\varphi_{yy}(1,1) = 2$ であるから, 例題 5.16 を利用すれば

$$\eta''(1) = -\frac{\varphi_{xx}\varphi_y^2 - 2\varphi_{xy}\varphi_x\varphi_y + \varphi_{yy}\varphi_x^2}{\varphi_y^3}\bigg|_{(x,y)=(1,\eta(1))} = 0$$

を得る. ∎

▌条件つき極値 ▌

$D = \{(x,y) \in \mathbb{R}^2 \,|\, \varphi(x,y) = 0\}$ とおき，$(a,b) \in D$ とする．関数 $f(x,y)$ に対して，ある $\delta > 0$ が存在し，

$$f(x,y) > f(a,b) \quad (\, (x,y) \in U_\delta((a,b)) \cap D, \; (x,y) \neq (a,b) \,)$$

が成り立つとき，条件 $\varphi(x,y) = 0$ のもと f は点 (a,b) で極小であるという．また，

$$f(x,y) < f(a,b) \quad (\, (x,y) \in U_\delta((a,b)) \cap D, \; (x,y) \neq (a,b) \,)$$

が成り立つとき，条件 $\varphi(x,y) = 0$ のもと f は点 (a,b) で極大であるという．$(a,b) \in D$ (つまり，点 (a,b) は $\varphi(a,b) = 0$ を満たす) において，さらに

$$\varphi_x(a,b) = \varphi_y(a,b) = 0$$

が成り立つとき，点 (a,b) を関係式 $\varphi(x,y) = 0$ の**特異点**という．

定理 5.16 (Lagrange (ラグランジュ) の未定乗数法) 関数 $\varphi(x,y)$ は点 (a,b) の近傍で C^1 級で，$\varphi(a,b) = 0$ であるとする．また，点 (a,b) は $\varphi(x,y) = 0$ の特異点でないとする．このとき，条件 $\varphi(x,y) = 0$ のもとで関数 $f(x,y)$ が点 (a,b) において極値をとり全微分可能であれば，ある定数 λ_0 が存在して，

$$f_x(a,b) + \lambda_0 \, \varphi_x(a,b) = 0, \quad f_y(a,b) + \lambda_0 \, \varphi_y(a,b) = 0.$$

証明 点 (a,b) は $\varphi(x,y) = 0$ の特異点でないので，$\varphi_x(a,b) \neq 0$ または $\varphi_y(a,b) \neq 0$ である．$\varphi_y(a,b) \neq 0$ と仮定する．定理 5.15 より $x = a$ を含む開区間上の C^1 級関数 $\eta(x)$ が存在して

$$\varphi(x, \eta(x)) = 0$$

を満たす．$f(x,y)$ は点 (a,b) で極値をとるので，1 変数関数 $f(x, \eta(x))$ も $x = a$ で極値をとる．よって，合成関数の偏微分法より

$$\frac{d}{dx} f(x, \eta(x)) = f_x(x, \eta(x)) + f_y(x, \eta(x)) \eta'(x)$$

$$= f_x(x, \eta(x)) - f_y(x, \eta(x)) \frac{\varphi_x(x, \eta(x))}{\varphi_y(x, \eta(x))} = 0$$

となるので,

$$f_x(a,b)\varphi_y(a,b) - f_y(a,b)\varphi_x(a,b) = 0.$$

したがって, $\lambda_0 = -\dfrac{f_y(a,b)}{\varphi_y(a,b)}$ とおくと, 条件を満たす.

$\varphi_x(a,b) \neq 0$ の場合も同様にして示される.

定理 5.16 の定数 λ_0 を **Lagrange の未定乗数**という.

注意 5.6　定理 5.16 は関数 f が点 (a,b) で条件つき極値をとるための必要条件である. したがって, f が定理 5.16 を満たす点 (a,b) で実際に極値をとるかどうかを何らかの方法で調べる必要がある. また, $\varphi(x,y) = 0$ の特異点が存在する場合は, その点で極値をとるかを別途調べる必要がある.

定理 5.16 より, 条件 $\varphi(x,y) = 0$ のもとで関数 $f(x,y)$ が極値をとる点の候補を求めるには,

$$f_x(x,y) + \lambda\varphi_x(x,y) = 0, \quad f_y(x,y) + \lambda\varphi_y(x,y) = 0, \quad \varphi(x,y) = 0$$

を解けばよい. つまり, $F(x,y,\lambda) = f(x,y) + \lambda\varphi(x,y)$ とおいたとき,

$$F_x = F_y = F_\lambda = 0$$

が成り立つのと同値である.

例題 5.18　条件 $x^3 + y^3 - 3xy = 0$ のもとで,

$$f(x,y) = x^2 + y^2$$

の極値を求めよ.

解答　$\varphi(x,y) = x^3 + y^3 - 3xy$ とする. まず, 関係式 $\varphi(x,y) = 0$ が特異点をもつかどうか調べる. φ_x, φ_y を求めると,

$$\varphi_x(x,y) = 3(x^2 - y), \quad \varphi_y(x,y) = 3(y^2 - x).$$

$\varphi_x = \varphi_y = 0$ を解くと, $(x,y) = (0,0), (1,1)$. ここで, $\varphi(0,0) = 0, \varphi(1,1) = -1 \neq 0$ より, 関係式 $\varphi(x,y) = 0$ は特異点 $(0,0)$ をもつ.

(i) 点 $(0,0)$ について

$f(x,y) = x^2 + y^2 > 0 = f(0,0)\ ((x,y) \neq (0,0))$ であるから，f は点 $(0,0)$ で極小であり，その値は $f(0,0) = 0$.

(ii) $(x,y) \neq (0,0)$ の場合

λ を Lagrange の未定乗数とし，

$$F(x,y,\lambda) = x^2 + y^2 + \lambda(x^3 + y^3 - 3xy)$$

とおく．$F_x,\ F_y,\ F_\lambda$ を求めると，

$$F_x(x,y,\lambda) = 2x + 3\lambda(x^2 - y), \quad F_y(x,y,\lambda) = 2y + 3\lambda(y^2 - x),$$

$$F_\lambda(x,y,\lambda) = x^3 + y^3 - 3xy.$$

$F_x = F_y = F_\lambda = 0$ を $(x,y) \neq (0,0)$ に対して解く．$F_x = 0$ において $x^2 - y = 0$ とすると，$(x,y) = (0,0)$ を得る．これは $(x,y) \neq (0,0)$ に反するので，$x^2 - y \neq 0$. 同様にして，$y^2 - x \neq 0$ であり，このとき，$F_x = F_y = 0$ から λ を消去し，計算して整理すると，

$$(x - y)(xy + x + y) = 0.$$

$x = y$ の場合，$F_\lambda = 0$ より，$x^2(2x - 3) = 0$. $x = 0$ とすると $(x,y) = (0,0)$ となり不適であるから，$x \neq 0$. よって，$x = \dfrac{3}{2}$ であり，$(x,y) = \left(\dfrac{3}{2}, \dfrac{3}{2}\right)$ を得る．一方，$xy + x + y = 0$ の場合は，$x + y = -xy$ として $F_\lambda = 0$ に代入すると，$xy\{(xy)^2 - 3xy + 3\} = 0$ となる．$(xy)^2 - 3xy + 3 > 0$ より，$xy = 0$. これと $xy + x + y = 0$ から $(x,y) = (0,0)$ となりこの場合は不適．以上から，条件 $\varphi(x,y) = 0\ ((x,y) \neq (0,0))$ のもとで f が極値をとる点の候補は

$$(x,y) = \left(\dfrac{3}{2}, \dfrac{3}{2}\right).$$

この点で f が極値をとるかどうか調べる．陰関数の定理より，この点の近傍において $\varphi(x, \eta(x)) = 0$ となる $\eta(x)$ が存在し，

$$\eta\left(\dfrac{3}{2}\right) = \dfrac{3}{2}, \quad \eta'\left(\dfrac{3}{2}\right) = -1.$$

$\varphi_{xx} = 6x,\ \varphi_{xy} = -3,\ \varphi_{yy} = 6y$ と例題 5.16 より，

$$\eta''\left(\dfrac{3}{2}\right) = -\dfrac{32}{3}.$$

ここで，$g(x) = f(x, \eta(x)) = x^2 + (\eta(x))^2$ とおくと，

$$g'(x) = 2(x + \eta(x)\eta'(x)), \quad g''(x) = 2\{1 + (\eta'(x))^2 + \eta(x)\eta''(x)\}$$

であるから，

$$g'\left(\frac{3}{2}\right) = 0, \quad g''\left(\frac{3}{2}\right) = -28 < 0.$$

したがって，$g(x)$ は $x = \dfrac{3}{2}$ で極大値をとる．このとき，f は $(x, y) = \left(\dfrac{3}{2}, \dfrac{3}{2}\right)$ で極大値をとり，その値は $f\left(\dfrac{3}{2}, \dfrac{3}{2}\right) = \dfrac{9}{2}$．

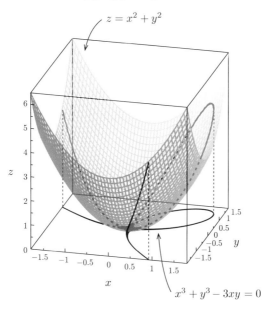

曲面上に太線で描かれた曲線が
条件 $x^3 + y^3 - 3xy = 0$ のもとでの
$z = x^2 + y^2$

練習問題 5-3

1. 次の関数 $f(x, y)$ の極値を求めよ.

(1) $f(x, y) = x^2 + y^2 + \dfrac{2}{x}$ (2) $f(x, y) = \sin x - \cos y \ (x, y \in (0, 2\pi))$

(3) $f(x, y) = (x^2 + 2xy)e^y$ (4) $f(x, y) = 8x^3 - y^3 - 6x + 3y$

(5) $f(x, y) = 2x^3 + 3x^2 + 3xy^2 - 12xy$

(6) $f(x, y) = x^4 + y^4 - (x - y)^2$

(7) $f(x, y) = x^4 + y^4 + 2x^2y^2 - 2y^2$

(8)† $f(x, y) = \sin(x + y) + \sin x + \sin y \ (x, y \in (0, 2\pi))$

2. 関数 $\varphi(x, y)$ を

$$\varphi(x, y) = \log(x^2 + y^2) - 2\operatorname{Tan}^{-1}\frac{y}{x}$$

と定める. このとき, 点 $(-1, 0)$ の近傍で $\varphi(x, y) = 0$ から定まる陰関数 $y = \eta(x)$ が存在することを示し, $\eta'(-1)$ および $\eta''(-1)$ を求めよ.

3. 与えられた条件のもとで, 次の関数の極値を求めよ.

(1) $f(x, y) = xy$, 条件:$x^2 + y^2 = 2$.

(2) $f(x, y) = x + 3y$, 条件:$x^2 + 3y^2 = 1$.

(3)† $f(x, y) = \cos x \cos y$, 条件:$\cos x + \cos y = 0$.

4. Lagrange の未定乗数法を利用して, 次の問に答えよ.

(1) 周囲の長さが一定の長方形のうち, 面積が最大となるものを求めよ.

(2) 点 (x_0, y_0) と直線 $ax + by + c = 0$ 上の点との距離の最小値を求めよ.

5.4　n 変数関数の偏微分 ———————————————— ✧

n 変数関数の極限

n 個の実数の組 $(x_1, \cdots, x_n)$ の全体を

$$\mathbb{R}^n = \{(x_1, \cdots, x_n) \,|\, x_i \in \mathbb{R} \,(i = 1, \cdots, n)\}$$

で表し，$\boldsymbol{x} = (x_1, \cdots, x_n)$ に対して，

$${}^t\boldsymbol{x} = {}^t(x_1, \cdots, x_n) = \begin{pmatrix} x_1 \\ \vdots \\ x_n \end{pmatrix}$$

とする．また，$\boldsymbol{x} = (x_1, \cdots, x_n)$, $\boldsymbol{y} = (y_1, \cdots, y_n)$ に対して，$\boldsymbol{x}$ と $\boldsymbol{y}$ の内積を

$$\boldsymbol{x} \cdot \boldsymbol{y} = x_1 y_1 + \cdots + x_n y_n = \sum_{i=1}^{n} x_i y_i$$

によって定める.

$D \subset \mathbb{R}^n$ に対して，関数

$$f : D \to \mathbb{R}, \ (x_1, \cdots, x_n) \mapsto f(x_1, \cdots, x_n)$$

を **n 変数関数**といい，$(x_1, \cdots, x_n) \in D$ に対応する $\mathbb{R}$ の元を $f(x_1, \cdots, x_n)$ で表す．n 変数関数でも 2 変数関数と同様のことが成り立つ．いま，$\mathbb{R}^n$ 内の 2 点 $\boldsymbol{x} = (x_1, \cdots, x_n)$, $\boldsymbol{a} = (a_1, \cdots, a_n)$ の距離を

$$\begin{aligned}
\|\boldsymbol{x} - \boldsymbol{a}\| &= \sqrt{(\boldsymbol{x} - \boldsymbol{a}) \cdot (\boldsymbol{x} - \boldsymbol{a})} \\
&= \sqrt{(x_1 - a_1)^2 + \cdots + (x_n - a_n)^2} \\
&= \sqrt{\sum_{i=1}^{n} (x_i - a_i)^2}
\end{aligned}$$

で定義する．このとき，この距離のもとで，2 変数の場合と同様にして，近傍，開集合，閉集合，集合の有界性が定義できる．さらに，$f(\boldsymbol{x})$ の点 $\boldsymbol{a}$ における極限が α であることが，

任意の $\varepsilon > 0$ に対して，ある $\delta > 0$ が存在し，

$0 \neq \|\boldsymbol{x} - \boldsymbol{a}\| < \delta$ を満たす任意の $\boldsymbol{x}$ について，

$$|f(\boldsymbol{x}) - \alpha| < \varepsilon$$

が成り立つこととして定義され，それを

$$\lim_{\boldsymbol{x} \to \boldsymbol{a}} f(\boldsymbol{x}) = \alpha \quad \text{または} \quad f(\boldsymbol{x}) \to \alpha \ (\boldsymbol{x} \to \boldsymbol{a})$$

で表す．この結果，n 変数関数 f が点 $\boldsymbol{a}$ で連続であることは

$$\lim_{\boldsymbol{x} \to \boldsymbol{a}} f(\boldsymbol{x}) = f(\boldsymbol{a})$$

が成り立つこととして定義される．次の定理が成り立つ．

定理 5.17 (最大最小の原理) $D \subset \mathbb{R}^n$ とし，D は有界閉集合とする．関数 $f(\boldsymbol{x})$ が D で連続ならば，$f(\boldsymbol{x})$ は D で最大値，最小値をとる．

---

n 変数関数の微分

$D \subset \mathbb{R}^n$ とし，$f : D \to \mathbb{R}$ とする．$\boldsymbol{a} \in D$ に対して，

$$\lim_{x_i \to a_i} \frac{f(a_1, \cdots, a_{i-1}, x_i, a_{i+1}, \cdots, a_n) - f(\boldsymbol{a})}{x_i - a_i}$$

が存在するとき，f は点 $\boldsymbol{a}$ で x_i について**偏微分可能**であるという．その極限値を $f_{x_i}(\boldsymbol{a})$ で表し，f の点 $\boldsymbol{a}$ での x_i に関する**偏微分係数**という．$h = x_i - a_i$ とおけば，f が点 $\boldsymbol{a}$ で x_i について偏微分可能であることは

$$\lim_{h \to 0} \frac{f(a_1, \cdots, a_{i-1}, a_i + h, a_{i+1}, \cdots, a_n) - f(\boldsymbol{a})}{h}$$

が存在することと同値である．$f_{x_i}(\boldsymbol{a}) \ (i = 1, \cdots, n)$ がすべて存在するとき，f は点 $\boldsymbol{a}$ で偏微分可能であるという．f が D の各点で偏微分可能であるとする．D の各点 $\boldsymbol{x}$ に偏微分係数 $f_{x_i}(\boldsymbol{x}) \ (i = 1, \cdots, n)$ を対応させる偏導関数 $f_{x_i} \ (i = 1, \cdots, n)$ がすべて D で連続であるとき，f は D で C^1 級関数であるという．一般に，f の m 次偏導関数 $f_{x_{i_1} \cdots x_{i_m}} \ (i_k = 1, \cdots, n)$ が存在し，$f_{x_{i_1} \cdots x_{i_m}}$ がすべて D で連続であるとき，f は D で C^m 級であるという．

次に $D \subset \mathbb{R}^n$ 上の関数 f の全微分を定義する．関数 f が点 $\boldsymbol{a} \in D$ で**全微分可能**であるとは，次が成り立つことをいう．

ある $\boldsymbol{\gamma} = (\gamma_1, \cdots, \gamma_n)$ が存在して

$$\lim_{\boldsymbol{x} \to \boldsymbol{a}} \frac{f(\boldsymbol{x}) - f(\boldsymbol{a}) - \boldsymbol{\gamma} \cdot (\boldsymbol{x} - \boldsymbol{a})}{\|\boldsymbol{x} - \boldsymbol{a}\|} = 0. \tag{5.12}$$

この条件を無限小の記号を用いて表すと以下のようになる.

ある $\boldsymbol{\gamma} = (\gamma_1, \cdots, \gamma_n)$ が存在して

$$f(\boldsymbol{x}) - f(\boldsymbol{a}) = \boldsymbol{\gamma} \cdot (\boldsymbol{x} - \boldsymbol{a}) + o(\|\boldsymbol{x} - \boldsymbol{a}\|) \quad (\boldsymbol{x} \to \boldsymbol{a}). \tag{5.13}$$

$h_i = x_i - a_i \, (i = 1, \cdots, n)$ とし, $\boldsymbol{h} = (h_1, \cdots, h_n)$, $\boldsymbol{0} = (0, \cdots, 0) \in \mathbb{R}^n$ とおくと, 上記の条件は

$$\lim_{\boldsymbol{h} \to \boldsymbol{0}} \frac{f(\boldsymbol{a} + \boldsymbol{h}) - f(\boldsymbol{a}) - \boldsymbol{\gamma} \cdot \boldsymbol{h}}{\|\boldsymbol{h}\|} = 0,$$

または

$$f(\boldsymbol{a} + \boldsymbol{h}) - f(\boldsymbol{a}) = \boldsymbol{\gamma} \cdot \boldsymbol{h} + o(\|\boldsymbol{h}\|) \quad (\boldsymbol{h} \to \boldsymbol{0})$$

となる $\boldsymbol{\gamma} = (\gamma_1, \cdots, \gamma_n)$ が存在することと同値である. D の各点 $\boldsymbol{x}$ において f が全微分可能であるとき, f は D で全微分可能であるという.

2 変数関数の場合と同様に, 次の定理が成り立つ. ここで, $D \subset \mathbb{R}^n$ とし, $f : D \to \mathbb{R}$ とする.

定理 5.18 関数 f が点 $\boldsymbol{a}$ で全微分可能であれば,

(i) 関数 f は点 $\boldsymbol{a}$ で連続である.

(ii) 関数 f は点 $\boldsymbol{a}$ で偏微分可能であり, (5.12)(または (5.13)) において,

$$\gamma_i = f_{x_i}(\boldsymbol{a}) \quad (i = 1, \cdots, n)$$

となる.

定理 5.19 関数 f が D で C^1 級であれば, f は D で全微分可能である.

定理 5.20 関数 f が D で C^2 級であれば, $f_{x_i x_j} = f_{x_j x_i} \, (i, j = 1, \cdots, n)$ である.

█ n 変数関数の合成関数の偏微分法 █

$D \subset \mathbb{R}^n$ とし，$f : D \to \mathbb{R}$ とする．このとき，以下の定理が成り立つ．

> **定理 5.21**　関数 $f(\boldsymbol{x})$ が D で全微分可能であり，関数 $\varphi_i(t)\,(i = 1, \cdots, n)$ が区間 I で微分可能かつ $\boldsymbol{\varphi}(t) = (\varphi_1(t), \cdots, \varphi_n(t)) \in D\,(t \in I)$ であれば，合成関数 $F(t) = f(\boldsymbol{\varphi}(t))$ は区間 I で微分可能で，
> $$F'(t) = f_{x_1}(\boldsymbol{\varphi}(t))\,\varphi_1'(t) + \cdots + f_{x_n}(\boldsymbol{\varphi}(t))\,\varphi_n'(t)$$
> $$= \sum_{i=1}^{n} f_{x_i}(\boldsymbol{\varphi}(t))\,\varphi_i'(t).$$

$y = f(\boldsymbol{x})$ と $\boldsymbol{x} = \boldsymbol{\varphi}(t)$ との合成とみて，次のようにも表す．

$$\frac{dy}{dt} = \sum_{i=1}^{n} \frac{\partial y}{\partial x_i} \frac{dx_i}{dt}.$$

> **定理 5.22**　関数 $f(\boldsymbol{y})$ が D で全微分可能であり，関数 $\varphi_i(\boldsymbol{x})\,(i = 1, \cdots, n)$ が $E \subset \mathbb{R}^n$ で偏微分可能かつ $\boldsymbol{\varphi}(\boldsymbol{x}) = (\varphi_1(\boldsymbol{x}), \cdots, \varphi_n(\boldsymbol{x})) \in D\,(\boldsymbol{x} \in E)$ であれば，合成関数 $F(\boldsymbol{x}) = f(\boldsymbol{\varphi}(\boldsymbol{x}))$ は E で偏微分可能で，
> $$F_{x_i}(\boldsymbol{x}) = f_{y_1}(\boldsymbol{\varphi}(\boldsymbol{x}))\frac{\partial \varphi_1}{\partial x_i} + \cdots + f_{y_n}(\boldsymbol{\varphi}(\boldsymbol{x}))\frac{\partial \varphi_n}{\partial x_i}$$
> $$= \sum_{k=1}^{n} f_{y_k}(\boldsymbol{\varphi}(\boldsymbol{x}))\frac{\partial \varphi_k}{\partial x_i}.$$

$z = f(\boldsymbol{y})$ と $\boldsymbol{y} = \boldsymbol{\varphi}(\boldsymbol{x})$ との合成とみて，次のようにも表す．

$$\frac{\partial z}{\partial x_i} = \sum_{k=1}^{n} \frac{\partial z}{\partial y_k} \frac{\partial y_k}{\partial x_i}.$$

█ n 変数関数の **Laplacian** (ラプラシアン) █

偏微分作用素

$$\Delta = \frac{\partial^2}{\partial x_1{}^2} + \cdots + \frac{\partial^2}{\partial x_n{}^2} = \sum_{i=1}^{n} \frac{\partial^2}{\partial x_i{}^2}$$

をラプラシアンという．関数 $f(\boldsymbol{x})$ に対して，

$$\Delta f = \sum_{i=1}^{n} \frac{\partial^2 f}{\partial x_i{}^2}$$

を f のラプラシアンという．

例題 5.19 $\mathbb{R}^3$ 上の C^2 級関数 $v(r, \theta, \zeta)$ と

$$r = \sqrt{x^2 + y^2 + z^2}, \quad \theta = \mathrm{Cos}^{-1}\frac{z}{\sqrt{x^2 + y^2 + z^2}}, \quad \zeta = \mathrm{Tan}^{-1}\frac{y}{x}$$

との合成関数を

$$u(x, y, z) = v\left(\sqrt{x^2 + y^2 + z^2}, \mathrm{Cos}^{-1}\frac{z}{\sqrt{x^2 + y^2 + z^2}}, \mathrm{Tan}^{-1}\frac{y}{x},\right)$$

とする．このとき，

$$\Delta u = v_{rr} + \frac{v_{\theta\theta}}{r^2} + \frac{v_{\zeta\zeta}}{r^2\sin^2\theta} + \frac{2v_r}{r} + \frac{v_\theta}{r^2\tan\theta}$$

が成り立つことを示せ．ただし，$\Delta u = u_{xx} + u_{yy} + u_{zz}$ である．

解答　合成関数の偏微分法より，

$$u_x = v_r r_x + v_\theta \theta_x + v_\zeta \zeta_x,$$

$$u_y = v_r r_y + v_\theta \theta_y + v_\zeta \zeta_y,$$

$$u_z = v_r r_z + v_\theta \theta_z + v_\zeta \zeta_z.$$

さらに，v は C^2 級関数で偏微分の順序交換が成り立つことに注意すれば，

$$u_{xx} = v_{rr} r_x{}^2 + v_{\theta\theta} \theta_x{}^2 + v_{\zeta\zeta} \zeta_x{}^2 + 2(v_{r\theta} r_x \theta_x + v_{\theta\zeta} \theta_x \zeta_x + v_{\zeta r} \zeta_x r_x)$$

$$+ v_r r_{xx} + v_\theta \theta_{xx} + v_\zeta \zeta_{xx},$$

$$u_{yy} = v_{rr} r_y{}^2 + v_{\theta\theta} \theta_y{}^2 + v_{\zeta\zeta} \zeta_y{}^2 + 2(v_{r\theta} r_y \theta_y + v_{\theta\zeta} \theta_y \zeta_y + v_{\zeta r} \zeta_y r_y)$$

$$+ v_r r_{yy} + v_\theta \theta_{yy} + v_\zeta \zeta_{yy},$$

$$u_{zz} = v_{rr} r_z{}^2 + v_{\theta\theta} \theta_z{}^2 + v_{\zeta\zeta} \zeta_z{}^2 + 2(v_{r\theta} r_z \theta_z + v_{\theta\zeta} \theta_z \zeta_z + v_{\zeta r} \zeta_z r_z)$$

$$+ v_r r_{zz} + v_\theta \theta_{zz} + v_\zeta \zeta_{zz}.$$

よって,

$$\Delta u = v_{rr}(r_x{}^2 + r_y{}^2 + r_z{}^2) + v_{\theta\theta}(\theta_x{}^2 + \theta_y{}^2 + \theta_z{}^2) + v_{\zeta\zeta}(\zeta_x{}^2 + \zeta_y{}^2 + \zeta_z{}^2)$$

$$+ 2v_{r\theta}(r_x\theta_x + r_y\theta_y + r_z\theta_z) + 2v_{\theta\zeta}(\theta_x\zeta_x + \theta_y\zeta_y + \theta_z\zeta_z)$$

$$+ 2v_{\zeta r}(\zeta_x r_x + \zeta_y r_y + \zeta_z r_z) + v_r\Delta r + v_\theta\Delta\theta + v_\zeta\Delta\zeta.$$

ここで,

$$r_x = \frac{x}{r}, \quad r_y = \frac{y}{r}, \quad r_z = \frac{z}{r},$$

$$\theta_x = \frac{zx}{r^2\sqrt{x^2 + y^2}}, \quad \theta_y = \frac{yz}{r^2\sqrt{x^2 + y^2}}, \quad \theta_z = -\frac{\sqrt{x^2 + y^2}}{r^2},$$

$$\zeta_x = -\frac{y}{x^2 + y^2}, \quad \zeta_y = \frac{x}{x^2 + y^2}, \quad \zeta_z = 0,$$

$$r_{xx} = \frac{y^2 + z^2}{r^3}, \quad r_{yy} = \frac{z^2 + x^2}{r^3}, \quad r_{zz} = \frac{x^2 + y^2}{r^3},$$

$$\theta_{xx} = z\left\{ \frac{y^2}{r^2(x^2 + y^2)^{3/2}} - \frac{2x^2}{r^4\sqrt{x^2 + y^2}} \right\},$$

$$\theta_{yy} = z\left\{ \frac{x^2}{r^2(x^2 + y^2)^{3/2}} - \frac{2y^2}{r^4\sqrt{x^2 + y^2}} \right\}, \quad \theta_{zz} = \frac{2z\sqrt{x^2 + y^2}}{r^4},$$

$$\zeta_{xx} = \frac{2xy}{(x^2 + y^2)^2}, \quad \zeta_{yy} = -\frac{2xy}{(x^2 + y^2)^2}, \quad \zeta_{zz} = 0$$

であるから,

$$r_x{}^2 + r_y{}^2 + r_z{}^2 = 1, \quad \theta_x{}^2 + \theta_y{}^2 + \theta_z{}^2 = \frac{1}{r^2},$$

$$\zeta_x{}^2 + \zeta_y{}^2 + \zeta_z{}^2 = \frac{1}{x^2 + y^2}, \quad r_x\theta_x + r_y\theta_y + r_z\theta_z = 0,$$

$$\theta_x\zeta_x + \theta_y\zeta_y + \theta_z\zeta_z = 0, \quad \zeta_x r_x + \zeta_y r_y + \zeta_z r_z = 0,$$

$$\Delta r = \frac{2}{r}, \quad \Delta\theta = \frac{z}{r^2\sqrt{x^2 + y^2}}, \quad \Delta\zeta = 0.$$

$\theta = \mathrm{Cos}^{-1}\dfrac{z}{r}$ より, $\cos\theta = \dfrac{z}{r},\ \sin\theta = \dfrac{\sqrt{x^2 + y^2}}{r}$ を得るので,

$$\frac{1}{x^2 + y^2} = \frac{1}{r^2\sin^2\theta}, \quad \frac{z}{r^2\sqrt{x^2 + y^2}} = \frac{1}{r^2\tan\theta}.$$

以上から，求める結果を得る.

注意 5.7　例題 5.19 の変換は，$\mathbb{R}^3$ の**極座標変換**

$$x = r \sin\theta \cos\zeta, \quad y = r \sin\theta \sin\zeta, \quad z = r \cos\theta$$

$$(r \geq 0,\, 0 \leq \theta \leq \pi,\, 0 \leq \zeta \leq 2\pi)$$

に対応する. 例題 5.19 で得られた式の右辺は，$\mathbb{R}^3$ の極座標に関するラプラシアンの表示式である.

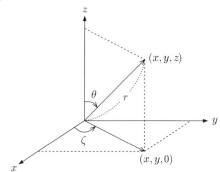

n 変数関数の Taylor の定理

偏微分作用素

$$\nabla = \left(\frac{\partial}{\partial x_1}, \cdots, \frac{\partial}{\partial x_n} \right)$$

を**ナブラ**という.

定理 5.23 (Taylor の定理)　関数 $f(\boldsymbol{x})$ は点 $\boldsymbol{a}$ の近傍で C^m 級とする. このとき，点 $\boldsymbol{a}$ の近傍内の任意の点 $\boldsymbol{x}$ に対して，

$$f(\boldsymbol{x}) = \sum_{k=0}^{m-1} \frac{1}{k!} \left\{ (\boldsymbol{x} - \boldsymbol{a}) \cdot \nabla \right\}^k f(\boldsymbol{a}) + R_m(\boldsymbol{x}),$$

$$R_m(\boldsymbol{x}) = \frac{1}{m!} \left\{ (\boldsymbol{x} - \boldsymbol{a}) \cdot \nabla \right\}^m f(\boldsymbol{\xi})$$

を満たす $\boldsymbol{\xi}$ が，点 $\boldsymbol{a}$ と点 $\boldsymbol{x}$ を結ぶ線分上に存在する.

$0 < \theta < 1$ に対して，$\boldsymbol{\xi} = \boldsymbol{a} + \theta(\boldsymbol{x} - \boldsymbol{a})$ と表記できることに注意する．$m = 2$ の場合を具体的に書き下すと以下のようになる．

$$f(\boldsymbol{x}) = f(\boldsymbol{a}) + \nabla f(\boldsymbol{a}) \cdot (\boldsymbol{x} - \boldsymbol{a}) + \frac{1}{2!} \{(\boldsymbol{x} - \boldsymbol{a}) \cdot \nabla\}^2 f(\boldsymbol{\xi})$$

$$= f(\boldsymbol{a}) + \sum_{i=1}^{n} f_{x_i}(\boldsymbol{a})(x_i - a_i)$$

$$+ \frac{1}{2} \sum_{i=1}^{n} \sum_{j=1}^{n} f_{x_i x_j}(\boldsymbol{\xi})(x_i - a_i)(x_j - a_j) \tag{5.14}$$

■ n 変数関数の極値 ■

n 変数関数に対しても，1 変数や 2 変数関数の場合と同様にして極値が定義される．極値に関して，以下の定理が成り立つ．

> **定理 5.24 (極値をとるための必要条件)** 関数 $f(\boldsymbol{x})$ が点 $\boldsymbol{a}$ で極値をとり偏微分可能であれば，
>
> $$f_{x_i}(\boldsymbol{a}) = 0 \quad (i = 1, \cdots, n).$$

$f_{x_i}(\boldsymbol{a}) = 0 \,(i = 1, \cdots, n)$ を満たす点 $\boldsymbol{a}$ を f の**臨界点 (停留点)** という．

f は C^2 級関数とする．点 $\boldsymbol{a}$ が臨界点であるとき，点 $\boldsymbol{a}$ の近傍において $m = 2$ として Taylor の定理を適用すると，(5.14) より

$$f(\boldsymbol{x}) = f(\boldsymbol{a}) + \frac{1}{2} \sum_{i=1}^{n} \sum_{j=1}^{n} f_{x_i x_j}(\boldsymbol{\xi})(x_i - a_i)(x_j - a_j). \tag{5.15}$$

よって，(5.15) の右辺の第 2 項の符号を判定することで $f(\boldsymbol{a})$ が極値であるかどうか判定できることがわかる．n 変数の場合は線形代数で学ぶ行列の対角化を利用すると見通しがよくなるので，行列の対角化に関する定理を紹介する．ここで，n 次正方行列 A に対して，

$$A\boldsymbol{p} = \lambda \boldsymbol{p}$$

を満たすスカラー λ を A の固有値，ベクトル $\boldsymbol{p} = {}^t(p_1, \cdots, p_n) \neq (0, \cdots, 0)$ を λ に対する固有ベクトルという．λ が A の固有値であることと，λ が方程式 $\det(\lambda E - A) = 0\,(E$ は単位行列$)$ の解であることは同値である．方程式

$\det(\lambda E - A) = 0$ を A の固有方程式という. また, 正方行列 $A = (a_{ij})$ が $a_{ij} \in \mathbb{R}$ かつ $a_{ij} = a_{ji}$ を満たすとき, A を実対称行列という.

定理 5.25 A を n 次実対称行列とし, $\lambda_i\,(i = 1, \cdots, n)$ を A の固有値 (重複していてもよい) とする. このとき,

(i) $\lambda_i\,(i = 1, \cdots, n)$ はすべて実数である.

(ii) ${}^tPP = P{}^tP = E$ を満たす n 次正方行列 P が存在して

$$P^{-1}AP = \begin{pmatrix} \lambda_1 & 0 & \cdots & 0 \\ 0 & \lambda_2 & \cdots & 0 \\ \vdots & \vdots & \ddots & \vdots \\ 0 & 0 & \cdots & \lambda_n \end{pmatrix}.$$

C^2 級関数 f に対して, 行列

$$A_f(\boldsymbol{x}) = \begin{pmatrix} f_{x_1 x_1}(\boldsymbol{x}) & f_{x_1 x_2}(\boldsymbol{x}) & \cdots & f_{x_1 x_n}(\boldsymbol{x}) \\ f_{x_2 x_1}(\boldsymbol{x}) & f_{x_2 x_2}(\boldsymbol{x}) & \cdots & f_{x_2 x_n}(\boldsymbol{x}) \\ \vdots & \vdots & \ddots & \vdots \\ f_{x_n x_1}(\boldsymbol{x}) & f_{x_n x_2}(\boldsymbol{x}) & \cdots & f_{x_n x_n}(\boldsymbol{x}) \end{pmatrix}$$

を **Hesse (ヘッセ) 行列**という. 定理 5.20 より, C^2 級関数 f に対して $f_{x_i x_j} = f_{x_j x_i}$ が成り立つので, $A_f(\boldsymbol{x})$ は実対称行列である. $h_i = x_i - a_i\,(i = 1, \cdots, n)$ とし, $\boldsymbol{h} = {}^t(h_1, \cdots, h_n) \neq (0, \cdots, 0)$ とすると, (5.15) は

$$f(\boldsymbol{x}) = f(\boldsymbol{a}) + \frac{1}{2}\,{}^t\boldsymbol{h} A_f(\boldsymbol{\xi}) \boldsymbol{h} \tag{5.16}$$

と表記できる. このとき, 次の極値をとるための十分条件を得る.

定理 5.26 (極値をとるための十分条件) 関数 f は点 $\boldsymbol{a}$ の近傍で C^2 級で, $f_{x_i}(\boldsymbol{a}) = 0\,(i = 1, \cdots, n)$ とする. このとき, 以下の (i)-(iii) が成り立つ.

(i) $A_f(\boldsymbol{a})$ の固有値がすべて正であれば, f は点 $\boldsymbol{a}$ で極小である.

(ii) $A_f(\boldsymbol{a})$ の固有値がすべて負であれば, f は点 $\boldsymbol{a}$ で極大である.

(iii) $A_f(\boldsymbol{a})$ の固有値に正と負の固有値が存在すれば, f は点 $\boldsymbol{a}$ で極大でも

極小でもない．

証明 $A_f(\boldsymbol{a})$ の固有値を $\lambda_i\,(i = 1, \cdots, n)$ とする．$A_f(\boldsymbol{a})$ は実対称行列であるから $\lambda_i\,(i = 1, \cdots, n)$ はすべて実数であり，${}^t\!PP = P\,{}^t\!P = E\,(E$ は単位行列$)$ を満たす n 次正方行列 P が存在して

$$P^{-1}A_f(\boldsymbol{a})P = \begin{pmatrix} \lambda_1 & 0 & \cdots & 0 \\ 0 & \lambda_2 & \cdots & 0 \\ \vdots & \vdots & \ddots & \vdots \\ 0 & 0 & \cdots & \lambda_n \end{pmatrix}$$

とできる．このとき，$\boldsymbol{y} = {}^t\!P\boldsymbol{h}$ とすると，${}^t\!PP = P\,{}^t\!P = E$ より $P^{-1} = {}^t\!P$ であるから，

$$ {}^t\!\boldsymbol{h}A_f(\boldsymbol{a})\boldsymbol{h} = {}^t({}^t\!P\boldsymbol{h})P^{-1}A_f(\boldsymbol{a})P\,({}^t\!P\boldsymbol{h}) $$

$$ = {}^t\!\boldsymbol{y}\begin{pmatrix} \lambda_1 & 0 & \cdots & 0 \\ 0 & \lambda_2 & \cdots & 0 \\ \vdots & \vdots & \ddots & \vdots \\ 0 & 0 & \cdots & \lambda_n \end{pmatrix}\boldsymbol{y} $$

$$ = \lambda_1 y_1{}^2 + \lambda_2 y_2{}^2 + \cdots + \lambda_n y_n{}^2. \tag{5.17} $$

ここで $P\,{}^t\!P = E$ より，$\|\boldsymbol{y}\|^2 = \|\boldsymbol{h}\|^2$ であることに注意する．

(i) の場合

$\lambda_{\min} = \min\{\lambda_1, \cdots, \lambda_n\}$ とする．(5.17) と $\lambda_{\min} > 0$ より，

$$ {}^t\!\boldsymbol{h}A_f(\boldsymbol{a})\boldsymbol{h} \geq \lambda_{\min}(y_1{}^2 + y_2{}^2 + \cdots + y_n{}^2) = \lambda_{\min}\|\boldsymbol{y}\|^2 = \lambda_{\min}\|\boldsymbol{h}\|^2 > 0. $$

ここで，(5.16) における $\boldsymbol{\xi}$ に関して $\|\boldsymbol{\xi} - \boldsymbol{a}\| \leq \|\boldsymbol{x} - \boldsymbol{a}\| = \|\boldsymbol{h}\|$ が成り立ち，さらに f は C^2 級関数であるから，十分小さな $\delta > 0$ に対して，

$$ |{}^t\!\boldsymbol{h}A_f(\boldsymbol{\xi})\boldsymbol{h} - {}^t\!\boldsymbol{h}A_f(\boldsymbol{a})\boldsymbol{h}| < \frac{\lambda_{\min}}{2}\|\boldsymbol{h}\|^2 \quad (0 < \|\boldsymbol{h}\| < \delta) $$

とできる．よって，$0 < \|\boldsymbol{h}\| < \delta$ に対して，

$$ {}^t\!\boldsymbol{h}A_f(\boldsymbol{\xi})\boldsymbol{h} > \frac{\lambda_{\min}}{2}\|\boldsymbol{h}\|^2 > 0. $$

このとき，(5.16) より，$0 < \|\bm{h}\| = \|\bm{x} - \bm{a}\| < \delta$ を満たす任意の $\bm{x}$ に対して

$$f(\bm{x}) > f(\bm{a}) + \frac{\lambda_{\min}}{2}\|\bm{h}\|^2 > f(\bm{a})$$

が成り立つので，f は点 $\bm{a}$ で極小となる．

(ii) の場合

　$g(\bm{x}) = -f(\bm{x})$ とおくと，$g_{x_i}(\bm{a}) = -f_{x_i}(\bm{a}) = 0\,(i = 1, \cdots, n)$．また，$A_g(\bm{a}) = -A_f(\bm{a})$ であるから，$A_g(\bm{a})$ の固有値は $-\lambda_i\,(i = 1, \cdots, n)$ である．$A_f(\bm{a})$ の固有値がすべて負のとき $A_g(\bm{a})$ の固有値はすべて正であるから，(i) より g は点 $\bm{a}$ で極小となる．この結果，f は点 $\bm{a}$ で極大となる．

(iii) の場合

　$A_f(\bm{a})$ の固有値で，負の固有値の 1 つを λ_-，正の固有値の 1 つを λ_+ とし，$\lambda_\pm$ に対する固有ベクトルを $\bm{p}_\pm$ とする．また，$\bm{x}_\pm = \bm{a} + t\,\bm{p}_\pm\,(t \in \mathbb{R})$ とし，

$$\bm{h}_\pm = \bm{x}_\pm - \bm{a} = t\,\bm{p}_\pm, \quad \bm{\xi}_\pm = \bm{a} + \theta\bm{h}_\pm \ \ (0 < \theta < 1)$$

とする．このとき，

$$^t\bm{h}_- A_f(\bm{a})\bm{h}_- = {}^t(t\,\bm{p}_-)A_f(\bm{a})(t\,\bm{p}_-) = \lambda_- t^2\|\bm{p}_-\|^2 < 0,$$

$$^t\bm{h}_+ A_f(\bm{a})\bm{h}_+ = {}^t(t\,\bm{p}_+)A_f(\bm{a})(t\,\bm{p}_+) = \lambda_+ t^2\|\bm{p}_+\|^2 > 0$$

であり，さらに (i) の場合と同様にして，十分小さな $|t| > 0$ に対して，

$$\left|{}^t\bm{h}_\pm A_f(\bm{\xi}_-)\bm{h}_\pm - {}^t\bm{h}_\pm A_f(\bm{a})\bm{h}_\pm\right| < \frac{\pm\lambda_\pm}{2}\,t^2\|\bm{p}_\pm\|^2$$

とできるので，$|t| > 0$ が十分小さいとき

$$^t\bm{h}_- A_f(\bm{\xi}_-)\bm{h}_- < \frac{\lambda_-}{2}\,t^2\|\bm{p}_-\|^2 < 0,$$

$$^t\bm{h}_+ A_f(\bm{\xi}_+)\bm{h}_+ > \frac{\lambda_+}{2}\,t^2\|\bm{p}_+\|^2 > 0.$$

よって，(5.16) より，点 $\bm{a}$ の近傍において

$$f(\bm{x}_-) < f(\bm{a}) < f(\bm{x}_+)$$

が成り立ち，f は点 $\bm{a}$ で極大でも極小でもない．

例題 5.20　関数
$$f(x,y,z) = \frac{x^4}{2} - x^2 y - 2y^2 - z^2 - 2yz + 3y$$
の極値を求めよ.

解答　まず, f の臨界点を求める.
$$f_x(x,y) = 2x^3 - 2xy, \quad f_y(x,y,z) = -x^2 - 4y - 2z + 3,$$

$$f_z(x,y,z) = -2z - 2y$$

であるから, $f_x(x,y,z) = f_y(x,y,z) = f_z(x,y,z) = 0$ を解いて f の臨界点を求めると,

$$(x,y,z) = \left(0, \frac{3}{2}, -\frac{3}{2}\right), (\pm 1, 1, -1).$$

よって, この3点が f が極値をとる点の候補となる. これらの点で f が極値をとるかどうか判定するために, f の2次偏導関数を求めると,

$$f_{xx}(x,y,z) = 6x^2 - 2y, \quad f_{xy}(x,y,z) = -2x, \quad f_{xz}(x,y,z) = 0,$$

$$f_{yx}(x,y,z) = -2x, \quad f_{yy}(x,y,z) = -4, \quad f_{yz}(x,y,z) = -2,$$

$$f_{zx}(x,y,z) = 0, \quad f_{zy}(x,y,z) = -2, \quad f_{zz}(x,y,z) = -2.$$

ここで, f の Hesse 行列を $A_f(x,y,z)$ とおく.

(i) 点 $\left(0, \frac{3}{2}, -\frac{3}{2}\right)$ の場合

$$A_f\left(0, \frac{3}{2}, -\frac{3}{2}\right) = \begin{pmatrix} -3 & 0 & 0 \\ 0 & -4 & -2 \\ 0 & -2 & -2 \end{pmatrix}.$$

$A_f\left(0, \frac{3}{2}, -\frac{3}{2}\right)$ の固有方程式は $(\lambda + 3)(\lambda^2 + 6\lambda + 4) = 0$ であり, 固有値は $\lambda = -3, -3 \pm \sqrt{5}$. よって, 固有値がすべて負であるので, f は点 $\left(0, \frac{3}{2}, -\frac{3}{2}\right)$ で極大であり, その値は $f\left(0, \frac{3}{2}, -\frac{3}{2}\right) = \frac{9}{4}$.

(ii) 点 $(\pm 1, 1, -1)$ の場合

$$A_f(\pm 1, 1, -1) = \begin{pmatrix} 4 & \mp 2 & 0 \\ \mp 2 & -4 & -2 \\ 0 & -2 & -2 \end{pmatrix} \quad (\text{複号同順}).$$

$A_f(\pm 1, 1, -1)$ の固有方程式は $\lambda^3 + 2\lambda^2 - 24\lambda - 24 = 0$ であり，この解を $\lambda_i \in \mathbb{R} (i = 1, 2, 3; \lambda_1 \le \lambda_2 \le \lambda_3)$ とすると，解と係数の関係から $\lambda_1 \lambda_2 \lambda_3 = 24$. したがって，$\lambda_1 \le \lambda_2 < 0 < \lambda_3$ または $0 < \lambda_1 \le \lambda_2 \le \lambda_3$ のどちらかである．$g(\lambda) = \lambda^3 + 2\lambda^2 - 24\lambda - 24$ とおくと，g は λ に関して連続で，さらに $g(-4) = 40 > 0$, $g(0) = -24 < 0$ であるから，中間値の定理より $g(\lambda) = 0$ となる $\lambda \in (-4, 0)$ が存在する．よって，負の解が存在するので $\lambda_1 \le \lambda_2 < 0 < \lambda_3$ であり，f は点 $(\pm 1, 1, -1)$ で極値をとらない．

n 変数関数の条件つき極値

定理 5.27 (Lagrange (ラグランジュ) の未定乗数法) $a \in \mathbb{R}^n$ とし，関数 $\varphi_j (j = 1, \cdots, m; m < n)$ は点 a の近傍で C^1 級で，$\varphi_j(a) = 0 (j = 1, \cdots, m)$ であるとする．また，$m \times n$ 行列

$$\begin{pmatrix} \dfrac{\partial \varphi_1}{\partial x_1}(a) & \dfrac{\partial \varphi_1}{\partial x_2}(a) & \cdots & \dfrac{\partial \varphi_1}{\partial x_n}(a) \\ \dfrac{\partial \varphi_2}{\partial x_1}(a) & \dfrac{\partial \varphi_2}{\partial x_2}(a) & \cdots & \dfrac{\partial \varphi_2}{\partial x_n}(a) \\ \vdots & \vdots & \vdots & \vdots \\ \dfrac{\partial \varphi_m}{\partial x_1}(a) & \dfrac{\partial \varphi_m}{\partial x_2}(a) & \cdots & \dfrac{\partial \varphi_m}{\partial x_n}(a) \end{pmatrix}$$

の階数 (行列の階数 (rank) については線形代数の本を参照) が m であるとする．このとき，条件

$$\varphi_j(x) = 0 \quad (j = 1, \cdots, m)$$

のもとで関数 $f(x)$ が点 a において極値をとり全微分可能であれば，ある定

数 $\lambda_j \, (j = 1, \cdots, m)$ が存在して,

$$\frac{\partial f}{\partial x_i}(\boldsymbol{a}) + \sum_{j=1}^{m} \lambda_j \frac{\partial \varphi_j}{\partial x_i}(\boldsymbol{a}) = 0 \quad (i = 1, \cdots, n).$$

定理 5.27 の定数 $\lambda_j \, (j = 1, \cdots, m)$ を **Lagrange の未定乗数**という.

例題 5.21　$\boldsymbol{x} = {}^t(x_1, \cdots, x_n)$ とし, $A = (a_{ij})$ を n 次実対称行列とする. このとき, 条件 $\|\boldsymbol{x}\| = 1$ のもとで, 関数

$$f(x_1, \cdots, x_n) = {}^t\boldsymbol{x} A \boldsymbol{x}$$

の最大値, 最小値を求めよ.

解答　λ を Lagrange の未定乗数とし,

$$F(x_1, \cdots, x_n, \lambda) = {}^t\boldsymbol{x} A \boldsymbol{x} - \lambda(\|\boldsymbol{x}\|^2 - 1)$$

$$= \sum_{j=1}^{n} \sum_{k=1}^{n} a_{jk} x_j x_k - \lambda \left(\sum_{j=1}^{n} x_j^2 - 1 \right)$$

とおく. このとき,

$$\frac{\partial F}{\partial x_i} = 2 \sum_{j=1}^{n} a_{ij} x_j - 2\lambda x_i \quad (i = 1, \cdots, n), \qquad \frac{\partial F}{\partial \lambda} = -(\|\boldsymbol{x}\|^2 - 1)$$

であるから,

$$\frac{\partial F}{\partial x_i} = 0 \quad (i = 1, \cdots, n), \qquad \frac{\partial F}{\partial \lambda} = 0 \tag{5.18}$$

とすると, (5.18) は

$$\sum_{j=1}^{n} a_{ij} x_j = \lambda x_i \quad (i = 1, \cdots, n), \qquad \|\boldsymbol{x}\| = 1 \tag{5.19}$$

と同値である. (5.19) の第 1 式は $A\boldsymbol{x} = \lambda\boldsymbol{x}$ を意味し, 第 2 式から $\boldsymbol{x} \neq \boldsymbol{0} \, (\in \mathbb{R}^n)$ を得るので, A の相異なる固有値 $\lambda_\ell \, (\ell = 1, \cdots, m \,;\, m \leq n)$ と, λ_ℓ に対する固有ベクトルで $\|\boldsymbol{x}_\ell\| = 1$ を満たす $\boldsymbol{x}_\ell = {}^t(x_{\ell,1}, \cdots, x_{\ell,n})$ の組が (5.18) の解である. したがって, 点 $(x_{\ell,1}, \cdots, x_{\ell,n}) \, (\ell = 1, \cdots, m)$ が条件 $\|\boldsymbol{x}\| = 1$ のもとで f が極

値をとる点の候補となる. 一方, f は有界閉集合 $S = \{(x_1, \cdots, x_n) \,|\, \|\boldsymbol{x}\| = 1\}$ で連続であるから, f は S で最大値, 最小値をとる (定理 5.17). 最大値, 最小値はそれぞれ極大値, 極小値でもあり, さらに

$$\varphi(x_1, \cdots, x_n) = \|\boldsymbol{x}\|^2 - 1 = \sum_{j=1}^{n} x_j^2 - 1$$

としたとき, 点 $(x_{\ell,1}, \cdots, x_{\ell,n})\,(\ell = 1, \cdots, m)$ において

$$\left(\frac{\partial \varphi}{\partial x_1}, \cdots, \frac{\partial \varphi}{\partial x_n} \right) = (2x_{\ell,1}, \cdots, 2x_{\ell,n}) \neq (0, \cdots, 0)$$

で, この $1 \times n$ 行列の階数は 1 であるから, Lagrange の未定乗数法 (定理 5.27) より最大値, 最小値をとる点は $\{(x_{\ell,1}, \cdots, x_{\ell,n}) \,|\, \ell = 1, \cdots, m\}$ の中にある.

$$f(x_{\ell,1}, \cdots, x_{\ell,n}) = {}^{t}\boldsymbol{x}_\ell A \boldsymbol{x}_\ell = \lambda_\ell \|\boldsymbol{x}_\ell\|^2 = \lambda_\ell$$

が成り立つので, 条件 $\|\boldsymbol{x}\| = 1$ のもとでの関数 f の最大値は A の最大固有値, 最小値は A の最小固有値となる. ∎

練習問題 5-4

1. $\boldsymbol{x} = (x_1, \cdots, x_n)$ とし, $r = \|\boldsymbol{x}\|$ とする. $n \geq 3$ のとき, 関数

$$f(x_1, \cdots, x_n) = r^{2-n}$$

に対して Δf を求めよ.

2. 次の関数 $f(x, y, z)$ の極値を求めよ.
(1) $f(x, y, z) = x^2 + 2y^2 + z^2 + 2xy^2$
(2) $f(x, y, z) = 3x^2 + y^2 + z^2 + 2x^3 + xyz$

3. 与えられた条件のもとで, 次の関数の最大値, 最小値を求めよ.
(1) $f(x, y, z) = xy + yz + zx$, 条件 : $x^2 + y^2 + z^2 = 1$
(2) $f(x, y, z) = x^2 + y^2 + z^2$, 条件 : $\dfrac{x^2}{a^2} + \dfrac{y^2}{b^2} + \dfrac{z^2}{c^2} = 1 \,(a > b > c > 0)$
(3) $f(x, y, z) = xyz$, 条件 : $x^2 + y^2 + z^2 = 1, \; x + y + z = 0$

6

重積分法

　2変数関数の積分を重積分または2重積分という．重積分も1変数関数の場合と同様，Riemann による定義で積分を定める．その際，1変数関数と違い2変数関数の定義域はさまざまな形状が考えられるため，面積確定集合という概念を導入する．重積分の幾何学的な意味は，定義域によって区切られた座標平面とその定義域上で関数が描く曲面によって囲まれた図形の (符号付き) 体積である．一般に，2変数関数の定義域の形状はさまざまであるため，積分値の導出には困難がともなう．この章では，単純な形状の定義域に対し，重積分を1変数関数の積分に帰着して計算する方法として累次積分や変数変換を学ぶ．また，重積分の拡張として，広義重積分について学ぶ．

6.1　重積分の定義と累次積分 ────────────────◆

Riemann 和

$$K = \{(x,y) \mid a \le x \le b,\ c \le y \le d\}$$

を閉長方形という．以後，閉長方形を $[a,b] \times [c,d]$ のように書く．ここで，

$$[a,b] \text{ の分割 } \Delta_1 : a = x_0 < x_1 < \cdots < x_{m-1} < x_m = b,$$
$$[c,d] \text{ の分割 } \Delta_2 : c = y_0 < y_1 < \cdots < y_{n-1} < y_n = d$$

をとり，

$$K_{ij} = [x_{i-1}, x_i] \times [y_{j-1}, y_j]$$

とおく．閉長方形 K を mn 個の小長方形 K_{ij} に分けることを K の分割といい，Δ で表す．分割 Δ に対して，

$$|\Delta| = \max\{|\Delta_1|, |\Delta_2|\}$$

を分割 Δ の幅という．ただし，

$$|\Delta_1| = \max\{x_i - x_{i-1} \mid i = 1, 2, \cdots, m\},$$
$$|\Delta_2| = \max\{y_j - y_{j-1} \mid j = 1, 2, \cdots, n\}.$$

$(p_{ij}, q_{ij}) \in K_{ij}$ をとって点列 $\{(p_{ij}, q_{ij})\}$ をつくり，分割と付随する点列との対 $(\Delta, \{(p_{ij}, q_{ij})\})$ を構成する．K_{ij} の面積を

$$\mu(K_{ij}) = (x_i - x_{i-1})(y_j - y_{j-1})$$

で表すとき，閉長方形 K で有界な関数 f に対して，

$$S(f; \Delta, \{(p_{ij}, q_{ij})\}) = \sum_{i=1}^{m} \sum_{j=1}^{n} f(p_{ij}, q_{ij}) \mu(K_{ij})$$

を対 $(\Delta, \{(p_{ij}, q_{ij})\})$ に関する f の **Riemann 和**という．

閉長方形上の重積分の定義

$K = [a,b] \times [c,d]$ とし，関数 $f : K \to \mathbb{R}$ は有界とする．また，Δ を K の分割とし，それに付随する点列 $\{(p_{ij}, q_{ij})\}$ との対 $(\Delta, \{(p_{ij}, q_{ij})\})$ に関する f の Riemann 和を $S(f; \Delta, \{(p_{ij}, q_{ij})\})$ とする．このとき，ある実数 α が存在して，

　　任意の $\varepsilon > 0$ に対して，ある $\delta > 0$ が存在し，$|\Delta| < \delta$ を満たす

　　任意の $(\Delta, \{(p_{ij}, q_{ij})\})$ について，$|S(f; \Delta, \{(p_{ij}, q_{ij})\}) - \alpha| < \varepsilon$

が成り立つとき，つまり，対 $(\Delta, \{(p_{ij}, q_{ij})\})$ のとり方によらないある実数 α が存在して，

$$\lim_{|\Delta| \to 0} S(f; \Delta, \{(p_{ij}, q_{ij})\}) = \alpha$$

であるとき，f は閉長方形 K で重積分可能であるという．α を

$$\iint_K f(x, y)\, dx dy$$

と表し，f の閉長方形 K での**重積分**または **Riemann 積分**という．

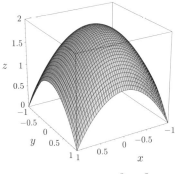

曲面 $z = 2 - x^2 - y^2$

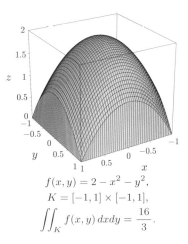

$f(x, y) = 2 - x^2 - y^2,$
$K = [-1, 1] \times [-1, 1],$
$$\iint_K f(x, y)\, dxdy = \frac{16}{3}.$$

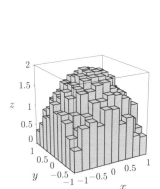

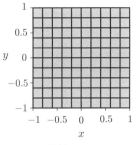

無作為リーマン和を用いた $\displaystyle\iint_K f(x, y)\, dxdy$ の近似
$\left(f(x, y) = 2 - x^2 - y^2,\ K = [-1, 1] \times [-1, 1]\right).$
積分の近似値は 5.3736. グリッド: 10×10

分割: 10×10

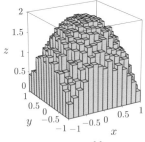

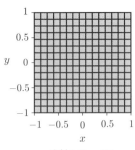

無作為リーマン和を用いた $\displaystyle\iint_K f(x, y)\, dxdy$ の近似
$\left(f(x, y) = 2 - x^2 - y^2,\ K = [-1, 1] \times [-1, 1]\right).$
積分の近似値は 5.3345. グリッド: 15×15

分割: 15×15

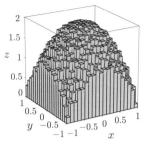

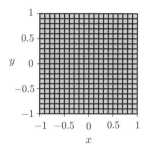

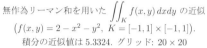

無作為リーマン和を用いた $\displaystyle\iint_K f(x,y)\,dxdy$ の近似
$(f(x,y) = 2 - x^2 - y^2,\ K = [-1,1] \times [-1,1])$.
積分の近似値は 5.3324. グリッド: 20×20

分割：20×20

閉長方形上での重積分可能性については付録 D を参照せよ.

閉長方形上の重積分の基本性質

閉長方形上の重積分の基本性質として，以下の定理が成り立つ．1 次元の場合と同様にして示せるので証明は省略する．

定理 6.1 閉長方形 K に対して関数 $f, g : K \to \mathbb{R}$ は有界とし，K で重積分可能とする．

(i) **（線形性）** 定数 λ, μ に対して，関数 $\lambda f + \mu g$ は K で重積分可能であり，

$$\iint_K \{\lambda f(x,y) + \mu g(x,y)\}\,dxdy$$
$$= \lambda \iint_K f(x,y)\,dxdy + \mu \iint_K g(x,y)\,dxdy.$$

(ii) **（単調性）** K で $f(x,y) \leq g(x,y)$ であれば，

$$\iint_K f(x,y)\,dxdy \leq \iint_K g(x,y)\,dxdy.$$

定理 6.2 (積分域についての加法性) 閉長方形 K に対して関数 $f : K \to \mathbb{R}$ は有界とする．閉長方形 K を 2 つの閉長方形 K_1, K_2 に分けるとき，関数 f が K で重積分可能ならば，f は K_1 と K_2 で重積分可能である．逆も成り

立つ．さらに，このとき，

$$\iint_K f(x,y)\,dxdy = \iint_{K_1} f(x,y)\,dxdy + \iint_{K_2} f(x,y)\,dxdy.$$

面積確定集合

$D \subset \mathbb{R}^2$ とする．

$$\chi_D(x,y) = \begin{cases} 1 & ((x,y) \in D) \\ 0 & ((x,y) \notin D) \end{cases}$$

を D の**特性関数**という．有界な集合 D に対し，$D \subset K$ となる閉長方形 K をとる．特性関数 χ_D が K で重積分可能であるとき，D は**面積確定**であるといい，その重積分の値

$$\mu(D) = \iint_K \chi_D(x,y)\,dxdy$$

を D の**面積**という．

> **定理 6.3**　有界集合 D が面積確定であるための必要十分条件は，$\mu(\partial D) = 0$ となることである．ただし，∂D は D の境界を表す．

この定理の証明は付録 D を参照せよ．面積確定集合の例として，次のような集合がある．

> **定理 6.4**　区間 $[a,b]$ で連続な関数 $g_1(x)$, $g_2(x)$ に対して，集合
>
> $$\{(x,y)\,|\,a \le x \le b,\, g_1(x) \le y \le g_2(x)\}$$
>
> は面積確定である．区間 $[c,d]$ で連続な関数 $h_1(y)$, $h_2(y)$ に対して，集合
>
> $$\{(x,y)\,|\,c \le y \le d,\, h_1(y) \le x \le h_2(y)\}$$
>
> は面積確定である．

この定理の証明は付録 D を参照せよ．

■ **面積確定集合上での重積分の定義**

面積確定集合 D で有界な関数 f に対して,

$$(\chi_D f)(x, y) = \begin{cases} f(x, y) & ((x, y) \in D) \\ 0 & ((x, y) \notin D) \end{cases}$$

とする. $D \subset K$ となる閉長方形 K で $\chi_D f$ が重積分可能であるとき, f は D で重積分可能であるという. $\displaystyle\iint_K (\chi_D f)(x, y)\, dxdy$ を

$$\iint_D f(x, y)\, dxdy$$

で表し, f の D での**重積分**という.

面積確定集合上の重積分の基本性質として, 以下の定理が成り立つ.

定理 6.5 有界集合 D の面積が 0 ならば, 有界関数 $f : D \to \mathbb{R}$ は D で重積分可能であり,

$$\iint_D f(x, y)\, dxdy = 0.$$

証明 f は有界であるから, ある定数 $C > 0$ が存在し $(x, y) \in D$ に対して $|f(x, y)| \leq C$ が成り立つ. $D \subset K$ となる閉長方形 K の任意の分割 Δ と, 分割 Δ に付随する点列 $\{(p_{ij}, q_{ij})\}$ に対して,

$$
\begin{aligned}
|S(\chi_D f; \Delta, \{(p_{ij}, q_{ij})\})| &= \left| \sum_{i=1}^{m} \sum_{j=1}^{n} (\chi_D f)(p_{ij}, q_{ij}) \mu(K_{ij}) \right| \\
&\leq C \sum_{i=1}^{m} \sum_{j=1}^{n} \chi_D(p_{ij}, q_{ij}) \mu(K_{ij}) \\
&= C \cdot S(\chi_D; \Delta, \{(p_{ij}, q_{ij})\}) \\
&\to C \iint_K \chi_D(x, y)\, dxdy \quad (|\Delta| \to 0) \\
&= C\mu(D) = 0.
\end{aligned}
$$

よって, $\chi_D f$ は K で積分可能, つまり f は D で積分可能であり,

$$\iint_D f(x,y)\,dxdy = \iint_K (\chi_D f)(x,y)\,dxdy$$

$$= \lim_{|\Delta|\to 0} S(\chi_D f; \Delta, \{(p_{ij}, q_{ij})\}) = 0$$

を得る.

定理 6.1 から以下の定理が容易に導かれる. 証明は省略する.

定理 6.6　面積確定集合 D に対して関数 $f, g : D \to \mathbb{R}$ は有界とし, D で重積分可能とする.

(i)　(**線形性**)　定数 λ, μ に対して, 関数 $\lambda f + \mu g$ は重積分可能であり,

$$\iint_D \{\lambda f(x,y) + \mu g(x,y)\}\,dxdy$$

$$= \lambda \iint_D f(x,y)\,dxdy + \mu \iint_D g(x,y)\,dxdy.$$

(ii)　(**単調性**)　D で $f(x,y) \le g(x,y)$ であれば,

$$\iint_D f(x,y)\,dxdy \le \iint_D g(x,y)\,dxdy.$$

定理 6.7 (積分域についての加法性)　D_1, D_2 は面積確定集合とし, 関数 $f : D_1 \cup D_2 \to \mathbb{R}$ は有界とする. 関数 f が $D_1 \cup D_2$ で重積分可能であるための必要十分条件は, f が D_1 と D_2 で重積分可能なことである. さらに, このとき,

$$\iint_{D_1 \cup D_2} f(x,y)\,dxdy = \iint_{D_1} f(x,y)\,dxdy + \iint_{D_2} f(x,y)\,dxdy$$

$$- \iint_{D_1 \cap D_2} f(x,y)\,dxdy.$$

証明　$D_1 \cup D_2 \subset K$ となる閉長方形 K をとる. f が $D_1 \cup D_2$ で重積分可能であるとすると, $\chi_{D_1 \cup D_2} f$ は K で重積分可能である. また D_1 は面積確定であ

るから，χ_{D_1} も K で重積分可能である．したがって，$\chi_{D_1}(\chi_{D_1 \cup D_2} f) = \chi_{D_1} f$ も K で重積分可能であり，f は D_1 で重積分可能である．同様にして，f は D_2 でも重積分可能である．

逆に，f が D_1, D_2 で重積分可能であるとする．上記と同様の議論から f は $D_1 \cap D_2$ で重積分可能である．このとき，$\chi_{D_1} f$，$\chi_{D_2} f$，$\chi_{D_1 \cap D_2} f$ は $D_1 \cup D_2 \subset K$ となる閉長方形 K で重積分可能であり，

$$\chi_{D_1 \cup D_2} f = \chi_{D_1} f + \chi_{D_2} f - \chi_{D_1 \cap D_2} f \tag{6.1}$$

が成り立つことから，$\chi_{D_1 \cup D_2} f$ は K で重積分可能である．つまり，f は $D_1 \cup D_2$ で重積分可能である．

最後に (6.1) の K での重積分と線形性から，求める式を得る．

面積確定集合上での重積分可能性については以下の定理がある．

定理 6.8　D を面積確定集合とし，関数 $f : D \to \mathbb{R}$ は有界とする．

$$D_0 = \{(x, y) \in D \,|\, f \text{ は点 } (x, y) \text{ で不連続}\}$$

とするとき，D_0 の面積が 0 ならば，f は D で重積分可能である．

この定理の証明は付録 D を参照せよ．

累次積分

重積分の値を求めるために，1変数関数の積分を繰り返し行う方法がある．

定理 6.9 (累次積分公式)

(i)　関数 g_1, g_2 は区間 $[a, b]$ で連続であり，$g_1(x) \leq g_2(x) \, (x \in [a, b])$ を満たすとする．このとき，関数 f が

$$D = \{(x, y) \,|\, a \leq x \leq b, \, g_1(x) \leq y \leq g_2(x)\}$$

で連続であれば，

$$\iint_D f(x, y)\, dxdy = \int_a^b \left(\int_{g_1(x)}^{g_2(x)} f(x, y)\, dy \right) dx.$$

(ii)　関数 h_1, h_2 は区間 $[c, d]$ で連続であり，$h_1(y) \leq h_2(y)$ $(y \in [c, d])$ を満たすとする．このとき，関数 f が

$$D = \{(x, y) \,|\, c \leq y \leq d, \, h_1(y) \leq x \leq h_2(y)\}$$

で連続であれば，

$$\iint_D f(x, y)\,dxdy = \int_c^d \left(\int_{h_1(y)}^{h_2(y)} f(x, y)\,dx \right) dy.$$

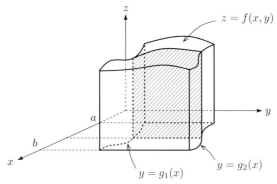

累次積分 (i) のイメージ．斜線部分の断面の面積が $\displaystyle\int_{g_1(x)}^{g_2(x)} f(x, y)\,dy$

証明　(i) のみ示す．いま，$x \in [a, b]$ を固定し，1 変数関数 $y \mapsto f(x, y)$ を考えると，この関数は $y \in [g_1(x), g_2(x)]$ に対して連続であるから y について積分可能である．このとき

$$F(x) = \int_{g_1(x)}^{g_2(x)} f(x, y)\,dy$$

とすると，F は区間 $[a, b]$ で連続であるから F は区間 $[a, b]$ で積分可能である．ここで，$D \subset K = [a, b] \times [c, d]$ となるように c, d を選び，各区間の分割

$$\Delta_1 : a = x_0 < x_1 < \cdots < x_{m-1} < x_m = b,$$

$$\Delta_2 : c = y_0 < y_1 < \cdots < y_{n-1} < y_n = d$$

から小長方形 $K_{ij} = [x_{i-1}, x_i] \times [y_{j-1}, y_j]$ をつくる．さらに，

$$\ell_{ij} = \min \{(\chi_D f)(x, y) \,|\, (x, y) \in K_{ij}\},$$

$$L_{ij} = \max \{(\chi_D f)(x, y) \,|\, (x, y) \in K_{ij}\}$$

とおくと，$p_i \in [x_{i-1}, x_i]$ に対して

$$\ell_{ij}(y_j - y_{j-1}) \leq \int_{y_{j-1}}^{y_j} (\chi_D f)(p_i, y) \, dy \leq L_{ij}(y_j - y_{j-1})$$

を得るので，

$$\sum_{j=1}^{n} \ell_{ij}(y_j - y_{j-1}) \leq \int_{c}^{d} (\chi_D f)(p_i, y) \, dy \leq \sum_{j=1}^{n} L_{ij}(y_j - y_{j-1}).$$

ここで，$F(p_i) = \int_{c}^{d} (\chi_D f)(p_i, y) \, dy$ に注意すると，

$$\sum_{i=1}^{m} \sum_{j=1}^{n} \ell_{ij} \mu(K_{ij}) \leq \sum_{i=1}^{m} F(p_i)(x_i - x_{i-1}) \leq \sum_{i=1}^{m} \sum_{j=1}^{n} L_{ij} \mu(K_{ij}).$$

このとき各辺で $|\Delta| \to 0$ とすると，f が D で積分可能であり，F が区間 $[a, b]$ で積分可能であることから，

$$\iint_D f(x, y) \, dxdy \leq \int_a^b F(x) \, dx \leq \iint_D f(x, y) \, dxdy.$$

つまり，求める結果を得る.

例題 6.1　次の重積分の値を求めよ.
$$\iint_D x^2 \, dxdy, \quad D = \{(x, y) \mid x^2 + y^2 \leq a^2\}.$$
ただし，$a \, (> 0)$ は定数である.

解答　集合 D は

$$D = \{(x, y) \mid -a \leq x \leq a, \, -\sqrt{a^2 - x^2} \leq y \leq \sqrt{a^2 - x^2}\}$$

とも表せる.

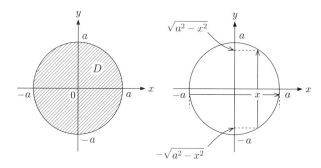

累次積分公式より，

$$\iint_D x^2 \, dxdy = \int_{-a}^{a} \left(\int_{-\sqrt{a^2-x^2}}^{\sqrt{a^2-x^2}} x^2 \, dy \right) dx = \int_{-a}^{a} x^2 \left[y \right]_{y=-\sqrt{a^2-x^2}}^{y=\sqrt{a^2-x^2}} dx$$

$$= 2 \int_{-a}^{a} x^2 \sqrt{a^2 - x^2} \, dx = 4 \int_{0}^{a} x^2 \sqrt{a^2 - x^2} \, dx.$$

ここで，$x = a \sin\theta$ と置換すると，

$$\int_{0}^{a} x^2 \sqrt{a^2 - x^2} \, dx \underset{(x=a\sin\theta)}{=} \int_{0}^{\frac{\pi}{2}} a^2 \sin^2\theta \sqrt{a^2 - a^2 \sin^2\theta} \cdot a \cos\theta \, d\theta$$

$$= a^4 \int_{0}^{\frac{\pi}{2}} \sin^2\theta \cos^2\theta \, d\theta = a^4 \int_{0}^{\frac{\pi}{2}} \frac{\sin^2 2\theta}{4} \, d\theta$$

$$= \frac{a^4}{4} \int_{0}^{\frac{\pi}{2}} \frac{1 - \cos 4\theta}{2} \, d\theta$$

$$= \frac{a^4}{8} \left[\theta - \frac{\sin 4\theta}{4} \right]_{\theta=0}^{\theta=\frac{\pi}{2}} = \frac{\pi a^4}{16}.$$

よって，

$$\iint_D x^2 \, dxdy = \frac{\pi a^4}{4}.$$

例題 6.2　次の重積分の値を求めよ．

$$\iint_D xy \, dxdy, \quad D = \{(x, y) \mid x \leq \sqrt{y}, \ y \leq 3x, \ x + y \leq 2\}$$

解答 まず，D を次の 2 つの集合に分ける．

$$D_1 = \left\{ (x, y) \,\middle|\, 0 \le x \le \frac{1}{2},\ x^2 \le y \le 3x \right\},$$

$$D_2 = \left\{ (x, y) \,\middle|\, \frac{1}{2} \le x \le 1,\ x^2 \le y \le 2 - x \right\}.$$

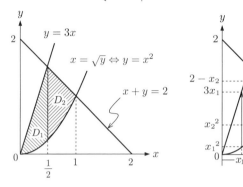 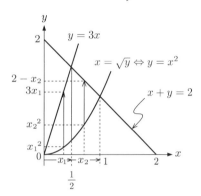

積分の加法性より，

$$\iint_D xy\,dxdy = \iint_{D_1} xy\,dxdy + \iint_{D_2} xy\,dxdy.$$

ここで累次積分公式より，第 1 項は

$$\iint_{D_1} xy\,dxdy = \int_0^{\frac{1}{2}} \left(\int_{x^2}^{3x} xy\,dy \right) dx = \int_0^{\frac{1}{2}} x \left[\frac{1}{2} y^2 \right]_{y=x^2}^{y=3x} dx$$

$$= \frac{1}{2} \int_0^{\frac{1}{2}} x(9x^2 - x^4)\,dx = \frac{1}{2} \left[\frac{9}{4} x^4 - \frac{1}{6} x^6 \right]_{x=0}^{x=\frac{1}{2}}$$

$$= \frac{53}{768}.$$

第 2 項は

$$\iint_{D_2} xy\,dxdy = \int_{\frac{1}{2}}^1 \left(\int_{x^2}^{2-x} xy\,dy \right) dx = \int_{\frac{1}{2}}^1 x \left[\frac{1}{2} y^2 \right]_{y=x^2}^{y=2-x} dx$$

$$= \frac{1}{2} \int_{\frac{1}{2}}^1 x(4 - 4x + x^2 - x^4)\,dx$$

$$= \frac{1}{2} \left[2x^2 - \frac{4}{3} x^3 + \frac{1}{4} x^4 - \frac{1}{6} x^6 \right]_{x=\frac{1}{2}}^{x=1}$$

$$= \frac{155}{768}.$$

よって，求める重積分の値は

$$\iint_D xy\,dxdy = \frac{53}{768} + \frac{155}{768} = \frac{13}{48}.$$

例題 **6.3**　次の累次積分の値を求めよ．

$$\int_0^1 \left(\int_{\sqrt{y}}^1 e^{x^3}\,dx \right) dy$$

解答

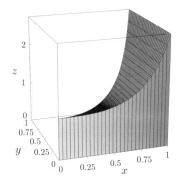

曲面 $z = e^{x^3}$ $((x,y) \in D)$ と平面 $z = 0$ が囲む図形

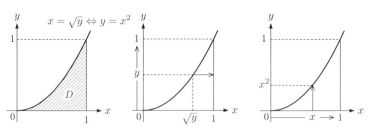

集合 $D = \{(x,y) \,|\, 0 \leq y \leq 1,\ \sqrt{y} \leq x \leq 1\} = \{(x,y) \,|\, 0 \leq x \leq 1,\ 0 \leq y \leq x^2\}$

累次積分公式を利用して積分の順序交換を行う．

$$D = \{(x,y) \,|\, 0 \leq y \leq 1,\ \sqrt{y} \leq x \leq 1\}$$

とおくと，累次積分公式より，

$$\int_0^1 \left(\int_{\sqrt{y}}^1 e^{x^3}\, dx \right) dy = \iint_D e^{x^3}\, dxdy.$$

一方，集合 D は

$$D = \{(x,y)\,|\, 0 \le x \le 1,\ 0 \le y \le x^2\}$$

とも表せるので，累次積分公式より，

$$\iint_D e^{x^3}\, dxdy = \int_0^1 \left(\int_0^{x^2} e^{x^3}\, dy \right) dx.$$

よって，

$$\int_0^1 \left(\int_{\sqrt{y}}^1 e^{x^3}\, dx \right) dy = \int_0^1 \left(\int_0^{x^2} e^{x^3}\, dy \right) dx.$$

ここで，

$$\int_0^1 \left(\int_0^{x^2} e^{x^3}\, dy \right) dx = \int_0^1 x^2 e^{x^3}\, dx = \left[\frac{1}{3} e^{x^3} \right]_{x=0}^{x=1} = \frac{1}{3}(e-1).$$

であるから，

$$\int_0^1 \left(\int_{\sqrt{y}}^1 e^{x^3}\, dx \right) dy = \frac{1}{3}(e-1).$$

練習問題 6-1

1. 次の重積分の値を求めよ．ただし，(2), (3) において，$a\,(>0)$ は定数である．

(1) $\displaystyle\iint_D \frac{y+1}{x}\, dxdy, \quad D = \{(x,y)\,|\, 1 \le x \le 2,\ 0 \le y \le x^2\}.$

(2) $\displaystyle\iint_D x^2\, dxdy, \quad D = \{(x,y)\,|\, x \ge 0,\ y \ge 0,\ 2x+y \le a\}.$

(3) $\displaystyle\iint_D y\, dxdy, \quad D = \{(x,y)\,|\, x \ge 0,\ y \ge 0,\ x^2+y^2 \le a^2\}.$

(4) $\displaystyle\iint_D (x+y)\, dxdy, \quad D = \left\{(x,y)\,\middle|\, \frac{1}{2}x \le y \le 2x,\ x+y \le 3\right\}.$

2. 次の積分の値を求めよ.

(1) $\displaystyle\int_0^1 \left(\int_y^1 \frac{y}{\sqrt{x^3+1}}\, dx \right) dy$ (2) $\displaystyle\int_0^1 \left(\int_{\sqrt{x}}^1 \sqrt{1+y^3}\, dy \right) dx$

3. 次の積分の順序を交換せよ.

(1) $\displaystyle\int_0^1 \left(\int_{x^2}^{2-x} f(x,y)\, dy \right) dx$ (2) $\displaystyle\int_0^4 \left(\int_{y-2}^{\sqrt{y}} f(x,y)\, dx \right) dy$

Coffee Break ◇◇

構造力学 (材料力学) では，以下のような重積分がよく利用されている.

$$G_1 = \iint_D x\, dxdy, \quad G_2 = \iint_D y\, dxdy.$$

ある物質の断面を D としたとき，G_1, G_2 は断面1次モーメントと呼ばれ，断面の図心 (重心) $(\bar{x}, \bar{y})$ を求めるのに利用される. ただし，

$$\bar{x} = \frac{G_1}{A} = \frac{1}{A} \iint_D x\, dxdy, \quad \bar{y} = \frac{G_2}{A} = \frac{1}{A} \iint_D y\, dxdy$$

であり，A は D の面積である. 一般に，関数 $f : D \to \mathbb{R}$, $(x,y) \mapsto f(x,y)$ に対して，

$$\frac{1}{A} \iint_D f(x,y)\, dxdy \quad \left(\text{ただし，} A = \iint_D dxdy \right)$$

は関数 f の D における平均値と呼ばれ，上記の $\bar{x}, \bar{y}$ を求める計算は，各座標関数 x, y の平均値を求めることに相当する.

また，構造力学では，以下の重積分もよく利用されている.

$$I_1 = \iint_D x^2\, dxdy, \quad I_2 = \iint_D y^2\, dxdy.$$

I_1 は y 軸に関する断面2次モーメント (慣性モーメント)，I_2 は x 軸に関する断面2次モーメントと呼ばれ，部材の強度，剛性の解析などさまざまな場面で用いられる.

例題 6.1 や練習問題 6-1 の 1 の (2), (3) は上記に関連する問題であるので，計算してみよう.

◇◇

6.2 変数変換公式 ———————————————————— ❖

変数変換

1 変数関数の積分の置換積分法は, $x = \varphi(t)$ に対して

$$\int_a^b f(x)\, dx = \int_\alpha^\beta f(\varphi(t))\, \varphi'(t)\, dt \quad (a = \varphi(\alpha),\ b = \varphi(\beta))$$

と表される. $a < b$ とするとき, $I = [\alpha, \beta]$ ($\varphi' > 0$ の場合) または $[\beta, \alpha]$ ($\varphi' < 0$ の場合) とおけば, $[a, b] = \varphi(I)$ であり

$$\int_{\varphi(I)} f(x)\, dx = \int_I f(\varphi(t))\, |\varphi'(t)|\, dt$$

と表記できる. φ を C^1 級関数とし, t を含む微小閉区間 $\gamma = [t_0, t_1]$ をとると, 平均値の定理より, 閉区間 $\varphi(\gamma)$ の長さは,

$$|\varphi(t_1) - \varphi(t_0)| = |\varphi'(t_\theta)|(t_1 - t_0)$$

$$(t_\theta = t_0 + \theta(t_1 - t_0),\, 0 < \theta < 1)$$

となる. γ が 1 点 t に縮むとき, $t_\theta \to t$ より

$$\frac{|\varphi(t_1) - \varphi(t_0)|}{t_1 - t_0} = |\varphi'(t_\theta)| \to |\varphi'(t)|.$$

よって, $|\varphi'(t)|$ は t を含む微小区間 γ とその像 $\varphi(\gamma)$ との長さの拡大率と考えられる. 重積分に関しても同様に考え, 変数変換の公式を導く.

Ω を (s, t)-平面上の集合とし,

$$x = \varphi(s, t), \quad y = \psi(s, t)$$

は Ω 上の C^1 級関数で, これらによって定まる写像 $\Phi : \Omega \to D$, $(s, t) \mapsto (x, y)$ は全単射であると仮定する. 点 (s, t) を含む微小な閉長方形 K をとりその像 $\Phi(K)$ を考えると, 下図の点線のような平行四辺形で近似できると考えられる.

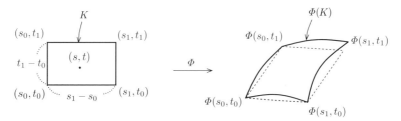

平均値の定理より,

$$\Phi(s_1, t_0) - \Phi(s_0, t_0) = (\varphi(s_1, t_0) - \varphi(s_0, t_0), \psi(s_1, t_0) - \psi(s_0, t_0))$$

$$= (\varphi_s(s_{\theta_1}, t_0)(s_1 - s_0), \psi_s(s_{\theta_1}, t_0)(s_1 - s_0))$$

$$(s_{\theta_1} = s_0 + \theta_1(s_1 - s_0),\, 0 < \theta_1 < 1),$$

$$\Phi(s_0, t_1) - \Phi(s_0, t_0) = (\varphi(s_0, t_1) - \varphi(s_0, t_0), \psi(s_0, t_1) - \psi(s_0, t_0))$$

$$= (\varphi_t(s_0, t_{\theta_2})(t_1 - t_0), \psi_t(s_0, t_{\theta_2})(t_1 - t_0))$$

$$(t_{\theta_2} = t_0 + \theta_2(t_1 - t_0),\, 0 < \theta_2 < 1)$$

となるから, 平行四辺形の面積 ΔS は

$$\Delta S = \left| \det \begin{pmatrix} \varphi_s(s_{\theta_1}, t_0)(s_1 - s_0) & \psi_s(s_{\theta_1}, t_0)(s_1 - s_0) \\ \varphi_t(s_0, t_{\theta_2})(t_1 - t_0) & \psi_t(s_0, t_{\theta_2})(t_1 - t_0) \end{pmatrix} \right|$$

$$= \left| \det \begin{pmatrix} \varphi_s(s_{\theta_1}, t_0) & \varphi_t(s_0, t_{\theta_2}) \\ \psi_s(s_{\theta_1}, t_0) & \psi_t(s_0, t_{\theta_2}) \end{pmatrix} \right| (s_1 - s_0)(t_1 - t_0).$$

閉長方形 K を 1 点 (s, t) に縮めると, 微小な閉長方形 K とその像 $\Phi(K)$ との面積の拡大率として

$$\frac{\Delta S}{(s_1 - s_0)(t_1 - t_0)} \to \left| \det \begin{pmatrix} \varphi_s(s, t) & \varphi_t(s, t) \\ \psi_s(s, t) & \psi_t(s, t) \end{pmatrix} \right|$$

を得る.

　一般に, $x = \varphi(s, t)$, $y = \psi(s, t)$ に対して

$$\frac{\partial(x, y)}{\partial(s, t)} = \det \begin{pmatrix} \dfrac{\partial x}{\partial s} & \dfrac{\partial x}{\partial t} \\ \dfrac{\partial y}{\partial s} & \dfrac{\partial y}{\partial t} \end{pmatrix}$$

を **Jacobi**(ヤコビ)**行列式**または **Jacobian**(ヤコビアン) という. 重積分に関する変数変換公式は以下のようになる.

定理 6.10 (変数変換公式) Ω, D を面積確定な閉集合とし, $\Omega_0 \subset \Omega$ となる集合 Ω_0 の面積は 0 とする. さらに, Ω 上の C^1 級関数 φ, ψ に対して, $x = \varphi(s,t),\ y = \psi(s,t)$ により定まる写像 $\Phi : \Omega \to D,\ (s,t) \mapsto (x,y)$ は次の (i), (ii), (iii) を満たすと仮定する:

(i)　$D = \Phi(\Omega)$.

(ii)　$(s,t) \in \Omega \setminus \Omega_0$ に対して, $\dfrac{\partial(x,y)}{\partial(s,t)} \neq 0$.

(iii)　Φ は $\Omega \setminus \Omega_0$ で単射である.

このとき, D で連続な関数 f に対して,

$$\iint_D f(x,y)\,dxdy = \iint_\Omega f(\varphi(s,t), \psi(s,t)) \left| \frac{\partial(x,y)}{\partial(s,t)} \right| dsdt.$$

この定理の証明は省略する. たとえば関連図書の [3] または [5] を参照せよ.

例題 6.4　次の重積分の値を求めよ.

$$\iint_D \frac{xy}{(x+y)^2}\,dxdy, \quad D = \{(x,y)\,|\,x \geq 0,\ y \geq 0,\ 1 \leq x+y \leq 2\}.$$

解答　$x + y = s,\ y = t$ とおく. このとき, $x = s - t$ であり, D に対応する (s,t) の集合は

$$\Omega = \{(s,t)\,|\,1 \leq s \leq 2,\ 0 \leq t \leq s\}.$$

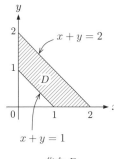

集合 D

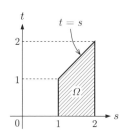

集合 Ω

また，Jacobian は

$$\frac{\partial(x, y)}{\partial(s, t)} = \det \begin{pmatrix} 1 & -1 \\ 0 & 1 \end{pmatrix} = 1.$$

よって，変数変換の公式より，

$$\iint_D \frac{xy}{(x+y)^2} \, dxdy = \iint_\Omega \frac{(s-t)t}{s^2} \, dsdt$$

累次積分公式より，

$$\iint_D \frac{(s-t)t}{s^2} \, dsdt = \int_1^2 \left\{ \int_0^s \frac{(s-t)t}{s^2} \, dt \right\} ds$$

$$= \int_1^2 \frac{1}{s^2} \left[\frac{s}{2}t^2 - \frac{1}{3}t^3 \right]_{t=0}^{t=s} ds$$

$$= \frac{1}{6} \int_1^2 s \, ds = \frac{1}{4}.$$

したがって，求める重積分の値は

$$\iint_D \frac{xy}{(x+y)^2} \, dxdy = \frac{1}{4}.$$

● 極座標変換

直交座標 (x, y) に対して，極座標変換

$$x = r\cos\theta, \quad y = r\sin\theta \quad (r \geq 0,\ 0 \leq \theta < 2\pi)$$

により写像 $\Phi:(r,\theta)\mapsto(x,y)$ を定める (p.153 の図参照). 写像 Φ は集合 $\{(r,\theta)\,|\,r>0,\ 0\le\theta<2\pi\}$ 上で単射であり,Jacobian は

$$\frac{\partial(x,y)}{\partial(r,\theta)}=\det\begin{pmatrix}\cos\theta & -r\sin\theta \\ \sin\theta & r\cos\theta\end{pmatrix}=r>0$$

となる.

例題 6.5 次の重積分の値を,極座標変換を利用して求めよ.
$$\iint_D y^2\,dxdy,\quad D=\{(x,y)\,|\,x^2+y^2\le a^2\}.$$
ただし,$a\,(>0)$ は定数である.

解答 $x=r\cos\theta,\ y=r\sin\theta$ とおくと,D に対応する (r,θ) の集合 Ω は

$$\Omega=\{(r,\theta)\,|\,0\le r\le a,\ 0\le\theta\le 2\pi\}.$$

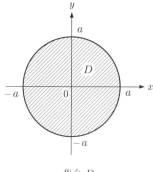

集合 D

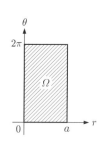

集合 Ω

また,Jacobian は $\dfrac{\partial(x,y)}{\partial(r,\theta)}=r$ である.よって,変数変換の公式より,

$$\iint_D y^2\,dxdy=\iint_\Omega r^3\sin^2\theta\,drd\theta.$$

さらに,累次積分公式より,

$$\iint_\Omega r^3\sin^2\theta\,drd\theta=\int_0^{2\pi}\left(\int_0^a r^3\sin^2\theta\,dr\right)d\theta$$
$$=\left(\int_0^a r^3\,dr\right)\left(\int_0^{2\pi}\sin^2\theta\,d\theta\right)$$

ここで,
$$\int_0^a r^3 \, dr = \left[\frac{r^4}{4}\right]_{r=0}^{r=a} = \frac{a^4}{4},$$

$$\int_0^{2\pi} \sin^2 \theta \, d\theta = \int_0^{2\pi} \frac{1 - \cos 2\theta}{2} \, d\theta = \frac{1}{2}\left[\theta - \frac{\sin 2\theta}{2}\right]_{\theta=0}^{\theta=2\pi} = \pi$$

であるから,
$$\iint_\Omega r^3 \sin^2 \theta \, drd\theta = \frac{\pi a^4}{4}.$$

したがって, 求める重積分の値は
$$\iint_D y^2 \, dxdy = \frac{\pi a^4}{4}.$$

例題 6.6　次の重積分の値を求めよ.
$$\iint_D \log\left(1 + x^2 + y^2\right) dxdy, \quad D = \{(x,y) \,|\, y \geq 0, \ 1 \leq x^2 + y^2 \leq 3\}.$$

解答　$x = r\cos\theta$, $y = r\sin\theta$ とおくと, D に対応する (r,θ) の集合 Ω は
$$\Omega = \{(r,\theta) \,|\, 1 \leq r \leq \sqrt{3}, \ 0 \leq \theta \leq \pi\}.$$

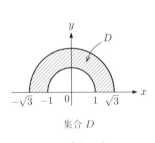

集合 D

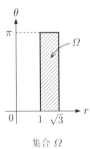

集合 Ω

また, Jacobian は $\dfrac{\partial(x,y)}{\partial(r,\theta)} = r$ である. よって, 変数変換の公式より,

$$\iint_D \log\left(1 + x^2 + y^2\right) dxdy = \iint_\Omega r\log\left(1 + r^2\right) drd\theta.$$

累次積分公式より,

$$\iint_\Omega r \log\left(1+r^2\right) dr d\theta = \int_0^\pi \left\{ \int_1^{\sqrt{3}} r \log\left(1+r^2\right) dr \right\} d\theta.$$

ここで,

$$\int_1^{\sqrt{3}} r \log\left(1+r^2\right) dr \underset{(t=1+r^2)}{=} \frac{1}{2} \int_2^4 \log t\, dt = 3\log 2 - 1$$

であるから,

$$\iint_\Omega r \log\left(1+r^2\right) dr d\theta = (3\log 2 - 1) \int_0^\pi d\theta = \pi(3\log 2 - 1).$$

したがって, 求める重積分の値は

$$\iint_D \log\left(1+x^2+y^2\right) dxdy = \pi(3\log 2 - 1).$$

例題 6.7 次の重積分の値を求めよ.

$$\iint_D \sqrt{a^2 - x^2 - y^2}\, dxdy, \quad D = \{(x,y)\,|\, y \ge 0,\ x^2 + y^2 \le ax\}.$$

ただし, $a\,(>0)$ は定数である.

解答

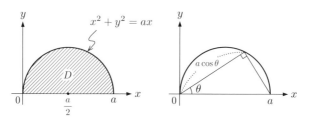

$x = r\cos\theta,\, y = r\sin\theta$ とおくと, D に対応する (r,θ) の集合 Ω は

$$\Omega = \left\{ (r,\theta) \,\middle|\, 0 \le \theta \le \frac{\pi}{2},\ 0 \le r \le a\cos\theta \right\}.$$

また, Jacobian は $\dfrac{\partial(x,y)}{\partial(r,\theta)} = r$ であるから, 変数変換の公式より,

$$\iint_D \sqrt{a^2 - x^2 - y^2}\, dxdy = \iint_\Omega r\sqrt{a^2 - r^2}\, dr d\theta$$

累次積分公式より,

$$\iint_{\Omega} r\sqrt{a^2 - r^2}\, drd\theta = \int_0^{\frac{\pi}{2}} \left(\int_0^{a\cos\theta} r\sqrt{a^2 - r^2}\, dr \right) d\theta.$$

ここで,

$$\int_0^{a\cos\theta} r\sqrt{a^2 - r^2}\, dr = \left[-\frac{1}{3}(a^2 - r^2)^{\frac{3}{2}} \right]_{r=0}^{r=a\cos\theta} = \frac{a^3}{3}(1 - \sin^3\theta)$$

であるから,

$$\int_0^{\frac{\pi}{2}} \left(\int_0^{a\cos\theta} r\sqrt{a^2 - r^2}\, dr \right) d\theta = \frac{a^3}{3} \int_0^{\frac{\pi}{2}} (1 - \sin^3\theta)\, d\theta.$$

このとき, $\sin^3\theta = (1 - \cos^2\theta)\sin\theta = \sin\theta - \cos^2\theta\sin\theta$ と表せるので,

$$\int_0^{\frac{\pi}{2}} (1 - \sin^3\theta)\, d\theta = \left[\theta - \left(-\cos\theta + \frac{1}{3}\cos^3\theta \right) \right]_{\theta=0}^{\theta=\frac{\pi}{2}}$$

$$= \frac{\pi}{2} - \frac{2}{3}.$$

したがって, 求める重積分の値は

$$\iint_D \sqrt{a^2 - x^2 - y^2}\, dxdy = \frac{a^3}{3}\left(\frac{\pi}{2} - \frac{2}{3} \right).$$

練習問題 6-2

1. 次の重積分の値を求めよ.

(1) $\displaystyle\iint_D (x+y)^2(x-y)^5\, dxdy, \quad D = \{(x,y)\,|\,0 \le x+y \le 1,\ 0 \le x-y \le 1\}.$

(2) $\displaystyle\iint_D (x^2 - y^2)\, dxdy, \quad D = \{(x,y)\,|\,1 \le x+y \le 3,\ -1 \le x-y \le 2\}.$

(3) $\displaystyle\iint_D (x+y)^2 e^{x^2-y^2}\, dxdy, \quad D = \{(x,y)\,|\,0 \le x+y \le 1,\ 1 \le x-y \le 2\}.$

(4) $\displaystyle\iint_D e^{\frac{x}{x+y}}\, dxdy, \quad D = \{(x,y)\,|\,x \ge 0,\ y \ge 0,\ x+y \le 1\}.$

(5) $\displaystyle\iint_D xy\sin(x+y)\, dxdy, \quad D = \{(x,y)\,|\,x \ge 0,\ y \ge 0,\ x+y \le \pi\}.$

(6) $\displaystyle\iint_D x\log(1+x+y)\,dxdy, \quad D=\{(x,y)\,|\,x\geq 0,\,y\geq 0,\,x+y\leq 1\}.$

2. 次の重積分の値を求めよ.

(1) $\displaystyle\iint_D (x^2+y^2)\,dxdy, \quad D=\{(x,y)\,|\,x^2+y^2\leq 1\}.$

(2) $\displaystyle\iint_D \sqrt{x^2+y^2}\,dxdy, \quad D=\{(x,y)\,|\,4\leq x^2+y^2\leq 9\}.$

(3) $\displaystyle\iint_D \frac{1}{x^2+y^2}\,dxdy, \quad D=\{(x,y)\,|\,1\leq x^2+y^2\leq 4\}.$

(4) $\displaystyle\iint_D \cos(x^2+y^2)\,dxdy, \quad D=\left\{(x,y)\,\middle|\,x\geq 0,\,x^2+y^2\leq \frac{\pi}{2}\right\}.$

(5) $\displaystyle\iint_D x^2 y\,dxdy, \quad D=\{(x,y)\,|\,0\leq y\leq x,\,x^2+y^2\leq 1\}.$

(6) $\displaystyle\iint_D \sqrt{x}\,dxdy, \quad D=\{(x,y)\,|\,x^2+y^2\leq x\}.$

3. a,b は定数で, $a\neq 0,\,b\neq 0$ とするとき, 次の重積分の値を求めよ.

$$\iint_D \sqrt{1-\frac{x^2}{a^2}-\frac{y^2}{b^2}}\,dxdy, \quad D=\left\{(x,y)\,\middle|\,\frac{x^2}{a^2}+\frac{y^2}{b^2}\leq 1\right\}.$$

6.3　広義重積分 ────────────────◈

近似増加列

$D \subset \mathbb{R}^2$ とし，任意の面積確定な閉集合 E に対して，$D \cap E$ は面積確定とする．各 $n \in \mathbb{N}$ について $D_n \subset \mathbb{R}^2$ が与えられたとき，次の (i), (ii) を満たす集合列 $\{D_n\}$ を D の**近似増加列**という：

(i)　任意の $n \in \mathbb{N}$ に対して，D_n は面積確定な閉集合であり，

$$D_n \subset D_{n+1} \subset D.$$

(ii)　任意の面積確定な閉集合 $E \subset D$ に対して，$E \subset D_{n_0}$ となる $n_0 \in \mathbb{N}$ が存在する．

例 6.1

集合 $D = \{(x, y) \mid x \geq 0, y \geq 0\}$ に対して，以下の集合は D の近似増加列である．

$$D_n = \{(x, y) \mid 0 \leq x \leq n, 0 \leq y \leq n\},$$

$$E_n = \{(x, y) \mid x \geq 0, y \geq 0, x + y \leq n\},$$

$$F_n = \{(x, y) \mid x \geq 0, y \geq 0, x^2 + y^2 \leq n^2\}.$$

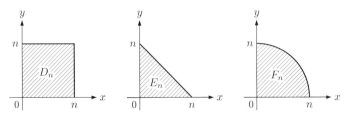

集合 $D = \{(x, y) \mid x \geq 0, y \geq 0\}$ の近似増加列

広義重積分の定義

関数 $f : D \to \mathbb{R}$ が D で**広義重積分可能**であるとは，次が成り立つことをいう．

D の任意の近似増加列 $\{D_n\}$ に対して，f は各 D_n で重積分可能

であり，$\displaystyle\lim_{n\to\infty}\iint_{D_n} f(x,y)\,dxdy$ は $\{D_n\}$ によらない一定の値 α に収束する．

このとき α を f の D での**広義重積分**といい，

$$\iint_D f(x,y)\,dxdy$$

で表す．f が D で広義重積分可能であることを広義重積分 $\displaystyle\iint_D f(x,y)\,dxdy$ は収束するといい，そうでないことを発散するという．

定理 6.11 関数 $f:D\to\mathbb{R}$ は連続とし，D で定符号である (つまり，D で $f(x,y)\geq 0$ または $f(x,y)\leq 0$) と仮定する．このとき，D のある近似増加列 $\{D_n\}$ に対して

$$\lim_{n\to\infty}\iint_{D_n} f(x,y)\,dxdy = \alpha$$

であれば，f は D で広義重積分可能であり，

$$\iint_D f(x,y)\,dxdy = \alpha.$$

証明 $(x,y)\in D$ に対して $f(x,y)\geq 0$ の場合のみ示す ($f(x,y)\leq 0$ の場合も同様にして示すことができる)．D のある近似増加列 $\{D_n\}$ に対して

$$I_n = \iint_{D_n} f(x,y)\,dxdy$$

とおくと，$f(x,y)\geq 0$ と $D_n\subset D_{n+1}$ より，$I_n\leq I_{n+1}$．また，仮定より $\displaystyle\lim_{n\to\infty} I_n = \alpha$ であるから，$I_n\leq\alpha$．一方，D の任意の近似増加列 $\{E_k\}$ に対して，

$$J_k = \iint_{E_k} f(x,y)\,dxdy$$

とおくと，I_n の場合と同様にして，$J_k\leq J_{k+1}$．ここで，E_k は D に含まれる面積確定な閉集合であり，さらに $\{D_n\}$ が近似増加列であるから，$E_k\subset D_{n_k}$

となる $n_k \in \mathbb{N}$ が存在する．$f(x, y) \geq 0$ なので，

$$J_k \leq I_{n_k} \leq \alpha.$$

よって，$\{J_k\}$ は上に有界な単調増加列であるから，ある β が存在して，

$$\lim_{k \to \infty} J_k = \beta.$$

次に $\beta = \alpha$ であることを示す．$J_k \leq \alpha$ と $\lim_{k \to \infty} J_k = \beta$ より $\beta \leq \alpha$．また $\{J_k\}$ は単調増加列であるから，$J_k \leq \beta$．このとき，上記と同様の議論を行えば，$D_n \subset E_{k_n}$ となる $k_n \in \mathbb{N}$ が存在するので，

$$I_n \leq J_{k_n} \leq \beta.$$

$n \to \infty$ とすれば $\alpha \leq \beta$．したがって，$\beta = \alpha$ を得る．この結果，J_k は近似増加列 $\{E_k\}$ の選び方によらない値 α に収束するので f は D で広義重積分可能であり，さらに D の任意の近似増加列 $\{E_k\}$ に対して，

$$\lim_{k \to \infty} \iint_{E_k} f(x, y)\, dxdy = \alpha.$$

つまり，

$$\iint_D f(x, y)\, dxdy = \alpha$$

を得る．

例題 6.8 次の広義重積分の値を求めよ．
$$\iint_D e^{-x^2 - y^2}\, dxdy, \quad D = \{(x, y) \mid x \geq 0,\, y \geq 0\}$$

解答 $f(x, y) = e^{-x^2 - y^2}$ とおくと，$(x, y) \in D$ に対して，$f(x, y) > 0$．ここで，

$$D_n = \{(x, y) \mid x \geq 0,\, y \geq 0,\, x^2 + y^2 \leq n^2\}$$

とおくと，$\{D_n\}$ は D の近似増加列である．このとき，$x = r\cos\theta$，$y = r\sin\theta$ とおくと，D_n に対応する (r, θ) の集合 Ω_n は

$$\Omega_n = \left\{(r, \theta) \,\middle|\, 0 \leq r \leq n,\, 0 \leq \theta \leq \frac{\pi}{2}\right\}.$$

また, Jacobian は $\dfrac{\partial(x,y)}{\partial(r,\theta)} = r$ であるから, 変数変換公式と累次積分公式より,

$$\iint_{D_n} f(x,y)\,dxdy = \iint_{\Omega_n} re^{-r^2}\,drd\theta = \int_0^{\pi/2}\left(\int_0^n re^{-r^2}\,dr\right)d\theta.$$

ここで,

$$\int_0^n re^{-r^2}\,dr = \left[-\frac{1}{2}e^{-r^2}\right]_{r=0}^{r=n} = \frac{1}{2}(-e^{-n^2}+1)$$

であるから,

$$\int_0^{\pi/2}\left(\int_0^n re^{-r^2}\,dr\right)d\theta = \frac{\pi}{4}(-e^{-n^2}+1).$$

したがって,

$$\lim_{n\to\infty}\iint_{D_n} f(x,y)\,dxdy = \lim_{n\to\infty}\frac{\pi}{4}(-e^{-n^2}+1) = \frac{\pi}{4}$$

となるので広義重積分 $\displaystyle\iint_D f(x,y)\,dxdy$ は収束し,

$$\iint_D f(x,y)\,dxdy = \frac{\pi}{4}.$$

例題 6.9 $\displaystyle\int_0^\infty e^{-t^2}\,dt = \dfrac{\sqrt{\pi}}{2}$ であることを, 例題 6.8 の結果を利用して示せ.

解答 まず, 例題 6.8 より, $D = \{(x,y)\,|\,x \geq 0,\,y \geq 0\}$ に対して,

$$\iint_D e^{-x^2-y^2}\,dxdy = \frac{\pi}{4}.$$

一方, D の近似増加列 $\{D_n\}$ として

$$D_n = \{(x,y)\,|\,0 \leq x \leq n,\,0 \leq y \leq n\}$$

をとると,

$$\iint_{D_n} e^{-x^2-y^2}\,dxdy = \int_0^n\left(\int_0^n e^{-x^2-y^2}\,dx\right)dy$$

$$- \left(\int_0^n e^{-x^2} \, dx \right) \left(\int_0^n e^{-y^2} \, dy \right)$$

$$= \left(\int_0^n e^{-t^2} \, dt \right)^2.$$

このとき $n \to \infty$ とすると, $e^{-x^2-y^2} > 0$ であるから,

$$\iint_D e^{-x^2-y^2} \, dxdy = \lim_{n \to \infty} \iint_{D_n} e^{-x^2-y^2} \, dxdy = \left(\int_0^\infty e^{-t^2} \, dt \right)^2.$$

したがって $\left(\int_0^\infty e^{-t^2} \, dt \right)^2 = \dfrac{\pi}{4}$ となり, $\int_0^\infty e^{-t^2} \, dt = \dfrac{\sqrt{\pi}}{2}$ を得る. ∎

例題 6.10　広義重積分

$$\iint_D \frac{x^2 - y^2}{(x^2 + y^2)^2} \, dxdy, \quad D = \{(x, y) \,|\, 0 < x \leq 1, \, 0 < y \leq 1\}.$$

が発散することを示せ.

解答　関数 f, g を

$$f(x, y) = \frac{x^2 - y^2}{(x^2 + y^2)^2}, \quad g(x, y) = \mathrm{Tan}^{-1} \frac{x}{y}$$

と定めると,

$$g_{yx}(x, y) = f(x, y).$$

ここで,

$$D_n = \left\{ (x, y) \,\middle|\, \frac{1}{n} \leq x \leq 1, \, \frac{1}{n} \leq y \leq 1 \right\}$$

とすると, $\{D_n\}$ は D の近似増加列である.

$$I_n = \iint_{D_n} f(x, y) \, dxdy$$

とおくと, 累次積分公式より,

$$I_n = \int_{\frac{1}{n}}^1 \left(\int_{\frac{1}{n}}^1 g_{yx}(x, y) \, dx \right) dy$$

$$= \int_{\frac{1}{n}}^{1} \left\{ g_y(1, y) - g_y\left(\frac{1}{n}, y\right) \right\} dy$$

$$= g(1, 1) - g\left(1, \frac{1}{n}\right) - \left\{ g\left(\frac{1}{n}, 1\right) - g\left(\frac{1}{n}, \frac{1}{n}\right) \right\}$$

$$= \frac{\pi}{2} - \mathrm{Tan}^{-1} n - \mathrm{Tan}^{-1} \frac{1}{n}.$$

$\mathrm{Tan}^{-1} n + \mathrm{Tan}^{-1} \dfrac{1}{n} = \dfrac{\pi}{2}$ であるから, 任意の $n \in \mathbb{N}$ について $I_n = 0$. よって,

$$\lim_{n \to \infty} I_n = 0.$$

一方,

$$E_n = \left\{ (x, y) \,\middle|\, \frac{1}{n^2} \leq x \leq 1, \ \frac{1}{n} \leq y \leq 1 \right\}$$

とすると, $\{E_n\}$ も D の近似増加列である.

$$J_n = \iint_{E_n} f(x, y)\, dxdy$$

とおくと, 同様の計算により,

$$J_n = g(1, 1) - g\left(1, \frac{1}{n}\right) - \left\{ g\left(\frac{1}{n^2}, 1\right) - g\left(\frac{1}{n^2}, \frac{1}{n}\right) \right\}$$

$$= \frac{\pi}{4} - \mathrm{Tan}^{-1} n - \mathrm{Tan}^{-1} \frac{1}{n^2} + \mathrm{Tan}^{-1} \frac{1}{n}.$$

よって,

$$\lim_{n \to \infty} J_n = \lim_{n \to \infty} \left(\frac{\pi}{4} - \mathrm{Tan}^{-1} n - \mathrm{Tan}^{-1} \frac{1}{n^2} + \mathrm{Tan}^{-1} \frac{1}{n} \right) = -\frac{\pi}{4}.$$

したがって,

$$\lim_{n \to \infty} I_n \neq \lim_{n \to \infty} J_n$$

であるから, f は D で広義重積分可能ではない. すなわち, 広義重積分 $\iint_D f(x, y)\, dxdy$ は発散する. ▌

注意 6.1 上記の例題の被積分関数 f は D 上で定符号ではない. よって, D のある近似増加列 $\{D_n\}$ に対して $\displaystyle\lim_{n \to \infty} \iint_{D_n} f(x, y)\, dxdy$ が収束しても, f が D で広義重積分可能とは限らない. 実際, f は D で広義重積分可能ではない.

練習問題 6-3

1. 次の広義重積分の収束，発散を調べ，収束する場合はその値を求めよ．

(1) $\displaystyle\iint_D \frac{xy}{(x^2+y^2)^3}\,dxdy, \quad D = \{(x,y)\,|\,x \geq 1,\ y \geq 1\}.$

(2) $\displaystyle\iint_D \frac{1}{1+x+y}\,dxdy, \quad D = \{(x,y)\,|\,x \geq 0,\ y \geq 0\}.$

(3) $\displaystyle\iint_D \frac{1}{\sqrt{x^2+y^2}}\,dxdy, \quad D = \{(x,y)\,|\,0 < x^2+y^2 \leq 1,\ 0 \leq x \leq y\}.$

(4) $\displaystyle\iint_D \log{(x^2+y^2)}\,dxdy, \quad D = \{(x,y)\,|\,0 < x^2+y^2 \leq 1\}.$

(5) $\displaystyle\iint_D \frac{1}{\sqrt{1-x^2-y^2}}\,dxdy, \quad D = \{(x,y)\,|\,x^2+y^2 < 1,\ y \geq 0\}.$

(6) $\displaystyle\iint_D \frac{1}{\sqrt{x-y}}\,dxdy, \quad D = \{(x,y)\,|\,0 \leq y < x \leq 1\}.$

2. $\alpha > 0$ とする．次の広義積分が収束するための α の条件を求めよ．また，広義積分が収束するとき，その値を求めよ．

$$\iint_D \frac{1}{(x-y)^\alpha}\,dxdy, \quad D = \{(x,y)\,|\,0 \leq y < x \leq 1\}.$$

3. $p > 0, q > 0$ とする．

$$\Gamma(p) = \int_0^\infty x^{p-1}e^{-x}\,dx \quad \text{(Gamma 関数)},$$

$$B(p,q) = \int_0^1 x^{p-1}(1-x)^{q-1}\,dx \quad \text{(Beta 関数)}$$

について，

$$\Gamma(p)\Gamma(q) = \Gamma(p+q)B(p,q)$$

が成り立つことを示せ．

6.4　n 重積分 ────────────────────── ✧

n 重積分の定義

ここでは，n 変数関数に対する積分を定義する．

$$K = \{(x_1, \cdots, x_n) \mid a_i \leq x_i \leq b_i \, (i = 1, \cdots, n)\}$$

を n 重区間といい，以後，n 重区間を $[a_1, b_1] \times \cdots \times [a_n, b_n]$ のように書く．$i = 1, \cdots, n$ に対して

$$[a_i, b_i] \text{ の分割 } \Delta_i : a_i = x_{i,0} < x_{i,1} < \cdots < x_{i,m_i-1} < x_{i,m_i} = b_i$$

をとり，

$$K_{j_1 \cdots j_n} = [x_{1, j_1-1}, x_{1, j_1}] \times \cdots \times [x_{n, j_n-1}, x_{n, j_n}] \quad (j_i = 1, \cdots, m_i)$$

とおく．n 重区間 K を $K_{j_1 \cdots j_n}$ に分けることを K の分割といい，Δ で表す．分割 Δ に対して，

$$|\Delta| = \max\{|\Delta_1|, \cdots, |\Delta_n|\}$$

を分割 Δ の幅という．ただし，

$$|\Delta_i| = \max\{x_{i, j_i} - x_{i, j_i-1} \mid j_i = 1, 2, \cdots, m_i\}.$$

$\boldsymbol{p}_{j_1 \cdots j_n} \in K_{j_1 \cdots j_n}$ をとって点列 $\{\boldsymbol{p}_{j_1 \cdots j_n}\}$ をつくり，分割と付随する点列との対 $(\Delta, \{\boldsymbol{p}_{j_1 \cdots j_n}\})$ を構成する．関数 $f : K \to \mathbb{R}$ は有界であるとし，$K_{j_1 \cdots j_n}$ の体積を

$$\mu(K_{j_1 \cdots j_n}) = (x_{1, j_1} - x_{1, j_1-1}) \cdots (x_{n, j_n} - x_{n, j_n-1})$$

で表すとき，

$$S(f; \Delta, \{\boldsymbol{p}_{j_1 \cdots j_n}\}) = \sum_{j_1=1}^{m_1} \cdots \sum_{j_n=1}^{m_n} f(\boldsymbol{p}_{j_1 \cdots j_n}) \mu(K_{j_1 \cdots j_n})$$

を対 $(\Delta, \{\boldsymbol{p}_{j_1 \cdots j_n}\})$ に関する f の **Riemann 和**という．

$K = [a_1, b_1] \times \cdots \times [a_n, b_n]$ とし，関数 $f : K \to \mathbb{R}$ は有界とする．また，Δ を K の分割とし，Δ とそれに付随する点列 $\{\boldsymbol{p}_{j_1 \cdots j_n}\}$ との対 $(\Delta, \{\boldsymbol{p}_{j_1 \cdots j_n}\})$ に関する f の Riemann 和を $S(f; \Delta, \{\boldsymbol{p}_{j_1 \cdots j_n}\})$ とする．このとき，ある実数 α が存在して，

任意の $\varepsilon > 0$ に対して，ある $\delta > 0$ が存在し，$|\Delta| < \delta$ を満たす

任意の $(\Delta, \{\boldsymbol{p}_{j_1 \cdots j_n}\})$ について，$|S(f; \Delta, \{\boldsymbol{p}_{j_1 \cdots j_n}\}) - \alpha| < \varepsilon$

が成り立つとき，つまり，対 $(\Delta, \{\boldsymbol{p}_{j_1 \cdots j_n}\})$ のとり方によらないある実数 α が存在して，

$$\lim_{|\Delta| \to 0} S(f; \Delta, \{\boldsymbol{p}_{j_1 \cdots j_n}\}) = \alpha$$

であるとき，f は n 重区間 K で重積分可能であるという．α を

$$\int \cdots \int_K f(x_1, \cdots, x_n) \, dx_1 \cdots dx_n$$

または

$$\int_K f(x_1, \cdots, x_n) \, dx_1 \cdots dx_n$$

と表し，f の n 重区間 K での **n 重積分**または **Riemann 積分**という．

$D \subset \mathbb{R}^n$ とし，χ_D を D の特性関数とする．有界な集合 D に対し，$D \subset K$ となる n 重区間 K をとる．特性関数 χ_D が K で重積分可能であるとき，D は **(n 次元) 体積確定**であるといい，その重積分の値

$$\mu(D) = \int_K \chi_D(x_1, \cdots, x_n) \, dx_1 \cdots dx_n$$

を D の **(n 次元) 体積**という．

$D \subset \mathbb{R}^n$ を体積確定集合とする．また，$f : D \to \mathbb{R}$ は有界であるとし，

$$(\chi_D f)(x_1, \cdots, x_n) = \begin{cases} f(x_1, \cdots, x_n) & ((x_1, \cdots, x_n) \in D) \\ 0 & ((x_1, \cdots, x_n) \notin D) \end{cases}$$

とする．$D \subset K$ となる n 重区間 K で $\chi_D f$ が重積分可能であるとき，f は D で重積分可能であるという．$\displaystyle\int_K (\chi_D f)(x_1, \cdots, x_n) \, dx_1 \cdots dx_n$ を

$$\int_D f(x_1, \cdots, x_n) \, dx_1 \cdots dx_n$$

で表し，f の D での **n 重積分**という．

n 重積分に対しても，重積分の場合と同様に，線形性，単調性，積分域についての加法性などの基本性質が成り立つ．以下，n 重積分に対する累次積分や変数変換公式を証明なしで紹介する．

n 重積分の累次積分

定理 6.12　$D \subset \mathbb{R}^n$ は n 次元体積確定な有界集合とし，各 $x_i \in [a,b]$ に対して $(n-1)$ 次元体積確定集合 D_{x_i} が存在して

$$D = \{(x_1, \cdots, x_n) \,|\, a \leq x_i \leq b,\, (x_1, \cdots, x_{i-1}, x_{i+1}, \cdots, x_n) \in D_{x_i}\}$$

であるとする．このとき，関数 f が D で連続であれば，

$$\int_D f(x_1, \cdots, x_n)\, dx_1 \cdots dx_n$$
$$= \int_a^b \left\{ \int_{D_{x_i}} f(x_1, \cdots, x_n)\, dx_1 \cdots dx_{i-1} dx_{i+1} \cdots dx_{n-1} \right\} dx_i.$$

例題 6.11　次の 3 重積分の値を求めよ．

$$\iiint_D xyz\, dxdydz,$$

$$D = \{(x, y, z) \,|\, x \geq 0,\, y \geq 0,\, z \geq 0,\, x + y + z \leq 1\}.$$

解答　$x \in [0,1]$ に対して $D_x = \{(y,z) \,|\, y \geq 0,\, z \geq 0,\, y + z \leq 1 - x\}$ とおくと，集合 D は

$$D = \{(x, y, z) \,|\, 0 \leq x \leq 1,\, (y, z) \in D_x\}$$

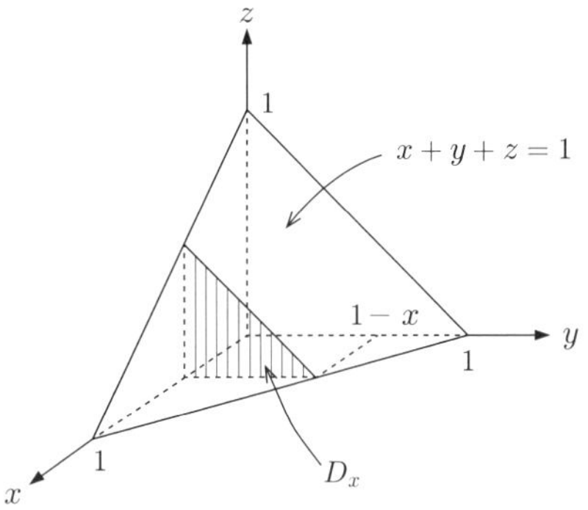

と表せるので，

$$\iiint_D xyz\,dxdydz = \int_0^1 \left(\iint_{D_x} xyz\,dydz \right) dx.$$

さらに，集合 D_x は

$$D_x = \{(y,z) \,|\, 0 \leq y \leq 1-x,\ 0 \leq z \leq 1-x-y\}$$

と表せるので，

$$\begin{aligned}\iint_{D_x} xyz\,dydz &= \int_0^{1-x} \left(\int_0^{1-x-y} xyz\,dz \right) dy \\ &= \frac{1}{2} x \int_0^{1-x} y(1-x-y)^2\,dy \\ &= \frac{1}{24} x(1-x)^4.\end{aligned}$$

よって，

$$\iiint_D xyz\,dxdydz = \frac{1}{24} \int_0^1 x(1-x)^4\,dx = \frac{1}{720}.$$

■

定理 6.13　$E \subset \mathbb{R}^{n-1}$ は体積確定な有界集合とし，関数 g_1, g_2 は E で連続であり，$g_1(\widehat{\boldsymbol{x}}) \leq g_2(\widehat{\boldsymbol{x}})\ (\widehat{\boldsymbol{x}} \in E)$ を満たすとする．このとき，関数 f が

$$D = \{(x_1, \cdots, x_n) \,|\, \widehat{\boldsymbol{x}} = (x_1, \cdots, x_{i-1}, x_{i+1}, \cdots, x_n) \in E,$$
$$g_1(\widehat{\boldsymbol{x}}) \leq x_i \leq g_2(\widehat{\boldsymbol{x}})\}$$

で連続であれば，

$$\begin{aligned}&\int_D f(x_1, \cdots, x_n)\,dx_1 \cdots dx_n \\ &= \int_E \left\{ \int_{g_1(\widehat{\boldsymbol{x}})}^{g_2(\widehat{\boldsymbol{x}})} f(x_1, \cdots, x_n)\,dx_i \right\} dx_1 \cdots dx_{i-1} dx_{i+1} \cdots dx_{n-1}.\end{aligned}$$

例題 6.12　次の図形の体積を求めよ．

$$D = \{(x,y,z) \,|\, x^2 + y^2 + z^2 \leq a^2,\ x^2 + y^2 \leq ax,\ z \geq 0\}.$$

ただし，$a\,(>0)$ は定数である．

解答　$E = \{(x,y)\,|\,x^2 + y^2 \leq ax\}$ とおくと，

$$D = \{(x,y,z)\,|\,(x,y) \in E,\, 0 \leq z \leq \sqrt{a^2 - x^2 - y^2}\}$$

と表せるので，

$$\iiint_D dxdydz = \iint_E \left(\int_0^{\sqrt{a^2 - x^2 - y^2}} dz \right) dxdy$$

$$= \iint_E \sqrt{a^2 - x^2 - y^2}\, dxdy.$$

例題 6.7 の結果を利用すると，

$$\iint_E \sqrt{a^2 - x^2 - y^2}\, dxdy = \frac{2a^3}{3} \left(\frac{\pi}{2} - \frac{2}{3} \right) = \frac{a^3(3\pi - 4)}{9}.$$

よって，求める D の体積は

$$\iiint_D dxdydz = \frac{a^3(3\pi - 4)}{9}$$

変数変換

$\boldsymbol{x} = (x_1, \cdots, x_n),\ \boldsymbol{t} = (t_1, \cdots, t_n)$ とし，$\boldsymbol{x} = \boldsymbol{\varphi}(\boldsymbol{t}) = (\varphi_1(\boldsymbol{t}), \cdots, \varphi_n(\boldsymbol{t}))$ に対して，

$$J_\varphi(\boldsymbol{t}) = \frac{\partial(x_1, \cdots, x_n)}{\partial(t_1, \cdots, t_n)} = \det \begin{pmatrix} \dfrac{\partial x_1}{\partial t_1} & \dfrac{\partial x_1}{\partial t_2} & \cdots & \dfrac{\partial x_1}{\partial t_n} \\ \dfrac{\partial x_2}{\partial t_1} & \dfrac{\partial x_2}{\partial t_2} & \cdots & \dfrac{\partial x_2}{\partial t_n} \\ \vdots & \vdots & \ddots & \vdots \\ \dfrac{\partial x_n}{\partial t_1} & \dfrac{\partial x_n}{\partial t_2} & \cdots & \dfrac{\partial x_n}{\partial t_n} \end{pmatrix}$$

を Jacobi（ヤコビ）行列式 または Jacobian（ヤコビアン）という．*n* 重積分に関する変数変換公式は以下のようになる．

定理 6.14（変数変換公式） $\Omega, D \subset \mathbb{R}^n$ を *n* 次元体積確定な閉集合とし，$\Omega_0 \subset \Omega$ となる集合 Ω_0 の *n* 次元体積は 0 とする．さらに，Ω 上の C^1

級関数 φ に対して，$\boldsymbol{x} = \boldsymbol{\varphi}(\boldsymbol{t}) = (\varphi_1(\boldsymbol{t}), \cdots, \varphi_n(\boldsymbol{t}))$ により定まる写像 $\Phi : \Omega \to D$, $\boldsymbol{t} \mapsto \boldsymbol{x}$ は次の (i), (ii), (iii) を満たすと仮定する:

(i)　$D = \Phi(\Omega)$.

(ii)　$\boldsymbol{t} \in \Omega \setminus \Omega_0$ に対して，$J_\varphi(\boldsymbol{t}) \neq 0$.

(iii)　Φ は $\Omega \setminus \Omega_0$ で単射である．

このとき，D で連続な関数 f に対して，

$$\int_D f(\boldsymbol{x}) \, dx_1 \cdots dx_n = \int_\Omega f(\boldsymbol{\varphi}(\boldsymbol{t})) \, |J_\varphi(\boldsymbol{t})| \, dt_1 \cdots dt_n.$$

例題 6.13　次の3重積分の値を求めよ．

$$\iiint_D z\sqrt{x^2 + y^2 + z^2} \, dxdydz,$$

$$D = \{(x, y, z) \mid x \geq 0, \, y \geq 0, \, z \geq 0, \, x^2 + y^2 + z^2 \leq 1\}.$$

解答　$\mathbb{R}^3$ の極座標変換 (p.175 の図参照)

$$x = r\sin\theta\cos\zeta, \quad y = r\sin\theta\sin\zeta, \quad z = r\cos\theta$$

を行うと，D に対応する (r, θ, ζ) の集合 Ω は

$$\Omega = \left\{ (r, \theta, \zeta) \,\middle|\, 0 \leq r \leq 1, \, 0 \leq \theta \leq \frac{\pi}{2}, \, 0 \leq \zeta \leq \frac{\pi}{2} \right\}.$$

また，$\mathbb{R}^3$ の極座標変換に対する Jacobian は

$$\frac{\partial(x, y, z)}{\partial(r, \theta, \zeta)} = \det \begin{pmatrix} \sin\theta\cos\zeta & r\cos\theta\cos\zeta & -r\sin\theta\sin\zeta \\ \sin\theta\sin\zeta & r\cos\theta\sin\zeta & r\sin\theta\cos\zeta \\ \cos\theta & -r\sin\theta & 0 \end{pmatrix}$$

$$= r^2 \sin\theta.$$

よって，変数変換公式より，

$$\iiint_D z\sqrt{x^2 + y^2 + z^2} \, dxdydz$$

$$= \iiint_\Omega r^4 \cos\theta\sin\theta \, drd\theta d\zeta$$

$$= \int_0^{\frac{\pi}{2}} \left\{ \int_0^{\frac{\pi}{2}} \left(\int_0^1 r^4 \cos\theta \sin\theta \, dr \right) d\theta \right\} d\zeta$$

$$= \left(\int_0^1 r^4 \, dr \right) \left(\int_0^{\frac{\pi}{2}} \cos\theta \sin\theta \, d\theta \right) \left(\int_0^{\frac{\pi}{2}} d\zeta \right)$$

$$= \frac{\pi}{20}.$$

練習問題 6‑4

1. 次の 3 重積分の値を求めよ.

(1) $\displaystyle\iiint_D y \, dx dy dz,$

$D = \{(x, y, z) \mid x \geq 0, \, y \geq 0, \, z \geq 0, \, ax + by + cz \leq 1\} \ (a, b, c > 0)$

(2) $\displaystyle\iiint_D z^2 \, dx dy dz, \quad D = \{(x, y, z) \mid |x| + |y| + |z| \leq 1\}$

(3) $\displaystyle\iiint_D x \, dx dy dz, \quad D = \{(x, y, z) \mid x \geq 0, \, x^2 + y^2 + z^2 \leq 1\}$

(4) $\displaystyle\iiint_D \frac{1}{1 + x^2 + y^2 + z^2} \, dx dy dz,$

$D = \{(x, y, z) \mid y \geq 0, \, z \geq 0, \, x^2 + y^2 + z^2 \leq 1\}$

2. 次の図形の体積を求めよ.

(1) $D = \{(x, y, z) \mid x^2 + y^2 \leq a^2, \, x^2 + z^2 \leq a^2\} \ (a > 0)$

(2) $D = \{(x, y, z) \mid x^2 + y^2 \leq x, \, x^2 + y^2 \leq 1 - z, \, z \geq 0\}$

(3) $D = \left\{ (x, y, z) \left| \frac{x^2}{a^2} + \frac{y^2}{b^2} + \frac{z^2}{c^2} \leq 1 \right. \right\} \ (a, b, c > 0)$

A

数列の極限と級数

A.1 数列の極限

実数

実数の全体 $\mathbb{R}$ は，以下の基本性質をもつ．

- (I) 四則演算が定義されている．
- (II) 大小関係が定まる．
- (III) 連続性が成り立つ．

有理数の全体 $\mathbb{Q}$ も，(I) と (II) の性質をもつ．$\mathbb{R}$ を特徴づける性質が (III) である ($\mathbb{Q}$ は (III) の性質をもたない)．(III) の性質を述べるために，準備として以下の用語を定義する．

集合に対する上界，下界，最大値，最小値の定義は第 1 章を参照せよ．$X \subset \mathbb{R}$ とする．X の上界の最小値を X の上限といい $\sup X$ で表す．また，X の下界の最大値を X の下限といい $\inf X$ で表す．X が最大値をとれば，それは X の上限である．逆に X が上限をとっても，それが X の最大値とは限らない．最小値と下限についても同様のことが成り立つ．

以下の公理は，極限の議論を展開する上で基本的な役割を果たす．

実数の連続性公理

上に有界な空でない実数の集合には必ず上限が存在する．

(下に有界な空でない実数の集合には必ず下限が存在する．)

この公理は (III) の性質を保証するものであるが，それを述べるには実数の厳密な定義が必要となる．本書ではそれに触れず，この公理を出発点として議論を展開する．なお，この点について興味のある読者は，たとえば関連図書の [2]

や [3] を参照するとよいだろう.

実数の連続性公理から以下の定理を得る.

> **定理 A.1 (Archimedes 性)** 任意の正の実数 a, b に対し, $na > b$ となる $n \in \mathbb{N}$ が存在する.

証明 背理法で示す. 任意の $n \in \mathbb{N}$ に対し $na \leq b$ と仮定する. このとき, b は集合 $E = \{na \mid n \in \mathbb{N}\}$ の上界であるから E は上に有界である. よって実数の連続性公理より, E は上限をもつ. その上限を b_0 とおく. 上限の定義から b_0 は E の上界の最小値で, $a > 0$ より, $b_0 - a < ma$ となる $m \in \mathbb{N}$ が存在する. つまり, $b_0 < (m+1)a$. ここで, $m+1 \in \mathbb{N}$ であるから, $(m+1)a \in E$. これは, b_0 が E の上限であることに矛盾する. 以上から, 任意の正の実数 a, b に対して, $na > b$ となる $n \in \mathbb{N}$ が存在する. ∎

> **定理 A.2 (有理数の稠密性)** 任意の $a, b \in \mathbb{R}\,(a < b)$ に対して, $a < p < b$ を満たす有理数 p が存在する.

証明 $b - a > 0$ であるから, Archimedes 性より, $m(b-a) > 1$ となる $m \in \mathbb{N}$ が存在する. また, n を ma を超えない最大整数とすると, $n \leq ma < n+1$. このとき,

$$ma < n+1 \leq ma + 1 < mb$$

であるから, 辺々を $m\,(\neq 0)$ で割れば

$$a < \frac{n+1}{m} < b$$

となり, 求める結果を得る. ∎

例題 A.1 (n 乗根の存在) $n \in \mathbb{N}$ とする. 任意の正の実数 a に対して, $b^n = a$ を満たす正の実数 b がただ 1 つ存在することを示せ (この b を a の **n 乗根**といい, $\sqrt[n]{a}$ または $a^{\frac{1}{n}}$ で表す).

解答 まず, 存在性を示す. $A = \{x \in \mathbb{R} \mid x \geq 0,\ x^n \leq a\}$ とする. $a \leq 1$ なら

ば $a \in A$, $a > 1$ ならば $1 \in A$ であるから，$A \neq \emptyset$ である．また，A は上に有界である．実際，$a \leq 1$ ならば 1 が A の上界，$a > 1$ ならば a が A の上界となる．このとき，実数の連続性公理より，A は上限をもつ．その上限を b とおく．A は正の数を含むので，$b > 0$．ここで，$b^n = a$ を示す．背理法による．$b^n < a$ とすると，$\varepsilon_1 = \min\left\{b, \dfrac{a - b^n}{(n+1)!\, b^{n-1}}\right\}$ とおけば，$\varepsilon_1 > 0$ であり，

$$(b + \varepsilon_1)^n = \sum_{k=0}^{n} \binom{n}{k} b^{n-k} \varepsilon_1{}^k \leq b^n + (n+1)!\, b^{n-1} \varepsilon_1 \leq a.$$

よって，$b + \varepsilon_1 \in A$ となり，b が A の上限であることに矛盾する．次に，$b^n > a$ とすると，$\varepsilon_2 = \min\left\{b, \dfrac{b^n - a}{(n+1)!\, b^{n-1}}\right\}$ とおけば，$\varepsilon_2 > 0$, $b - \varepsilon_2 \geq 0$ であり，

$$(b - \varepsilon_2)^n = \sum_{k=0}^{n} \binom{n}{k} b^{n-k} (-\varepsilon_2)^k \geq b^n - (n+1)!\, b^{n-1} \varepsilon_2 \geq a.$$

一方，$b - \varepsilon_2$ は A の上界ではないので，$b - \varepsilon_2 < x$ となる $x \in A$ が存在し，$(b - \varepsilon_2)^n < x^n \leq a$．これは上記の不等式と矛盾する．以上から，$b^n = a$．次に，一意性を示す．${b_1}^n = a$, ${b_2}^n = a$ を満たす $b_1, b_2 > 0$ が存在するとすると，

$$0 = {b_1}^n - {b_2}^n = (b_1 - b_2)({b_1}^{n-1} + {b_1}^{n-2} b_2 + \cdots + b_1 {b_2}^{n-2} + {b_2}^{n-1}).$$

$b_1, b_2 > 0$ より，${b_1}^{n-1} + {b_1}^{n-2} b_2 + \cdots + b_1 {b_2}^{n-2} + {b_2}^{n-1} > 0$ であるから，$b_1 - b_2 = 0$．つまり，$b_1 = b_2$ を得る．よって，$b^n = a$ となる $b > 0$ はただ 1 つである． ∎

数列の極限

集合 $\{x_n \mid n \in \mathbb{N}\}$ の上界を数列 $\{x_n\}$ の上界という．数列 $\{x_n\}$ の下界，上限，下限についても同様に定める．集合 $\{x_n \mid n \in \mathbb{N}\}$ が上に有界であるとき，数列 $\{x_n\}$ は上に有界であるという．数列 $\{x_n\}$ が下に有界，有界であることも同様に定める．また，$\displaystyle\lim_{n \to \infty} x_n = a$ であるとは，次が成り立つことであったことを思い出しておこう (p.18 を参照)．

任意の $\varepsilon > 0$ に対して，ある $n_0 \in \mathbb{N}$ が存在し，$n \geq n_0$ を満たす

任意の $n \in \mathbb{N}$ について，$|x_n - a| < \varepsilon$.

このとき，以下の定理が成り立つ.

定理 A.3　収束列は有界である.

証明　$\{x_n\}$ は収束列とし，$\lim_{n \to \infty} x_n = a$ とする．このとき，ある $n_0 \in \mathbb{N}$ が存在し，$n \geq n_0$ ならば

$$|x_n - a| < 1$$

とできる．よって，$n \geq n_0$ に対して，

$$|x_n| = |(x_n - a) + a| \leq |x_n - a| + |a| < 1 + |a|.$$

一方，$L = \max\{|x_1|, |x_2|, \cdots, |x_{n_0-1}|\}$ とおくと，$1 \leq n \leq n_0 - 1$ に対し，$|x_n| \leq L$．したがって，$M = \max\{L, 1 + |a|\}$ とすれば，

$$|x_n| \leq M \quad (n \in \mathbb{N}).$$

つまり，$\{x_n\}$ は有界である.

　数列の極限に関して，以下の性質が成り立つ.

定理 A.4　$a, b \in \mathbb{R}$ とする．$\lim_{n \to \infty} x_n = a,\ \lim_{n \to \infty} y_n = b$ であれば，

(i)　定数 λ, μ について，$\lim_{n \to \infty} (\lambda x_n + \mu y_n) = \lambda a + \mu b$.

(ii)　$\lim_{n \to \infty} x_n y_n = ab$.

(iii)　$\lim_{n \to \infty} \dfrac{x_n}{y_n} = \dfrac{a}{b} \ (b \neq 0)$.

証明　(i) を示す．三角不等式より，

$$|(\lambda x_n + \mu y_n) - (\lambda a + \mu b)| = |\lambda(x_n - a) + \mu(y_n - b)|$$

$$\leq |\lambda||x_n - a| + |\mu||y_n - b|.$$

ここで，任意の $\varepsilon > 0$ をとり，$\varepsilon_* = \dfrac{\varepsilon}{|\lambda| + |\mu| + 1} > 0$ とおく．$\lim_{n \to \infty} x_n = a$

であるから，$\varepsilon_* > 0$ に対して，ある $n_1 \in \mathbb{N}$ が存在し，$n \geq n_1$ ならば

$$|x_n - a| < \varepsilon_*.$$

また，$\lim_{n \to \infty} y_n = b$ であるから，$\varepsilon_* > 0$ に対して，ある $n_2 \in \mathbb{N}$ が存在し，$n \geq n_2$ ならば

$$|y_n - b| < \varepsilon_*.$$

このとき，$n_0 = \max\{n_1, n_2\}$ とおくと，$n \geq n_0$ ならば

$$|(\lambda x_n + \mu y_n) - (\lambda a + \mu b)| < (|\lambda| + |\mu|)\varepsilon_* < \varepsilon.$$

つまり，$\lim_{n \to \infty} (\lambda x_n + \mu y_n) = \lambda a + \mu b$ が成り立つ．

　次に (ii) を示す．$\{y_n\}$ は収束列であるから，定理 A.3 より，ある $M > 0$ が存在して $|y_n| \leq M \, (n \subset \mathbb{N})$．このとき，

$$|x_n y_n - ab| = |y_n(x_n - a) + a(y_n - b)|$$

$$\leq |y_n||x_n - a| + |a||y_n - b|$$

$$\leq M|x_n - a| + |a||y_n - b|.$$

以下 (i) の証明と同様にすれば，$\lim_{n \to \infty} x_n y_n = ab$ が示される．

　最後に (iii) を示す．(ii) を利用することを考えれば $\lim_{n \to \infty} \dfrac{1}{y_n} = \dfrac{1}{b}$ を示せばよい．$\lim_{n \to \infty} y_n = b$ であるから，ある $n_1 \in \mathbb{N}$ が存在し，$n \geq n_1$ ならば

$$|y_n - b| < \frac{|b|}{2}$$

とできる．$||y_n| - |b|| \leq |y_n - b|$ であることに注意すれば，

$$|y_n| > |b| - \frac{|b|}{2} = \frac{|b|}{2} > 0.$$

このとき，$n \geq n_1$ を満たす任意の $n \in \mathbb{N}$ に対して，

$$\left|\frac{1}{y_n} - \frac{1}{b}\right| = \frac{|y_n - b|}{|y_n||b|} < \frac{2}{|b|^2}|y_n - b|.$$

ここで，任意の $\varepsilon > 0$ をとり，$\varepsilon_* = \dfrac{|b|^2}{2}\varepsilon > 0$ とおく．再び $\lim_{n \to \infty} y_n = b$ よ

り，$\varepsilon_* > 0$ に対して，ある $n_2 \in \mathbb{N}$ が存在し，$n \geq n_2$ ならば

$$|y_n - b| < \varepsilon_*.$$

このとき，$n_0 = \max\{n_1, n_2\}$ とおくと，$n \geq n_0$ ならば

$$\left| \frac{1}{y_n} - \frac{1}{b} \right| < \frac{2}{|b|^2} \varepsilon_* = \varepsilon.$$

つまり，$\displaystyle \lim_{n \to \infty} \frac{1}{y_n} = \frac{1}{b}$ が成り立つ。∎

定理 A.5 数列 $\{x_n\}$, $\{y_n\}$ が $\displaystyle \lim_{n \to \infty} x_n = a$, $\displaystyle \lim_{n \to \infty} y_n = b$ を満たすとき，$x_n \leq y_n \, (n \in \mathbb{N})$ であれば，$a \leq b$.

証明 背理法によって示す。いま，$a > b$ と仮定する。$\varepsilon_* = \dfrac{a - b}{2} > 0$ とおくと，$\displaystyle \lim_{n \to \infty} x_n = a$, $\displaystyle \lim_{n \to \infty} y_n = b$ であるから，$\varepsilon_* > 0$ に対して，ある $n_1, n_2 \in \mathbb{N}$ が存在し，

$$n \geq n_1 \text{ ならば } |x_n - a| < \varepsilon_*, \quad n \geq n_2 \text{ ならば } |y_n - b| < \varepsilon_*$$

が成り立つ。特に，$a - \varepsilon_* < x_n$, $y_n < b + \varepsilon_*$. ここで，$n_0 = \max\{n_1, n_2\}$ とおくと，$n \geq n_0$ ならば

$$y_n < b + \varepsilon_* = \frac{a + b}{2} = a - \varepsilon_* < x_n.$$

これは，任意の $n \in \mathbb{N}$ に対して $x_n \leq y_n$ であることに矛盾する。よって，$a \leq b$. ∎

定理 A.6 数列 $\{x_n\}$, $\{y_n\}$, $\{z_n\}$ に対して，$x_n \leq z_n \leq y_n \, (n \in \mathbb{N})$ かつ $\displaystyle \lim_{n \to \infty} x_n = \lim_{n \to \infty} y_n = a$ であれば，$\displaystyle \lim_{n \to \infty} z_n = a$.

証明 $\displaystyle \lim_{n \to \infty} x_n = \lim_{n \to \infty} y_n = a$ であるから，任意の $\varepsilon > 0$ に対して，ある $n_1, n_2 \in \mathbb{N}$ が存在し，

$$n \geq n_1 \text{ ならば } |x_n - a| < \varepsilon, \quad n \geq n_2 \text{ ならば } |y_n - a| < \varepsilon$$

が成り立つ。特に，$a - \varepsilon < x_n$, $y_n < a + \varepsilon$. ここで，$n_0 = \max\{n_1, n_2\}$ と

おく. 仮定より, $x_n \leq z_n \leq y_n\,(n \in \mathbb{N})$ であるから, $n \geq n_0$ ならば

$$a - \varepsilon < x_n \leq z_n \leq y_n < a + \varepsilon.$$

つまり, $\displaystyle\lim_{n\to\infty} z_n = a$ が成り立つ.

例題 A.2　$a > 0$ とする. $\displaystyle\lim_{n\to\infty} \sqrt[n]{a} = 1$ を示せ.

解答　$a \geq 1$ と $0 < a < 1$ の場合に分けて考える.

まず, $a \geq 1$ の場合を示す. $h_n = \sqrt[n]{a} - 1\,(n \in \mathbb{N})$ とおく. $a \geq 1$ より $h_n \geq 0$. また, $a = (1 + h_n)^n$. ここで, $1 + nh_n \leq (1 + h_n)^n = a\,(n \in \mathbb{N})$ が成り立つので,

$$0 \leq h_n \leq \frac{a-1}{n}.$$

よって, $\displaystyle\lim_{n\to\infty} \frac{a-1}{n} = 0$ とはさみうち法より, $\displaystyle\lim_{n\to\infty} h_n = 0$ であるから,

$$\lim_{n\to\infty} \sqrt[n]{a} = \lim_{n\to\infty} (1 + h_n) = 1.$$

次に, $0 < a < 1$ の場合を示す. $b = \dfrac{1}{a}$ とおく. $b > 1$ と (i) より $\displaystyle\lim_{n\to\infty} \sqrt[n]{b} = 1$ であるから,

$$\lim_{n\to\infty} \sqrt[n]{a} = \lim_{n\to\infty} \frac{1}{\sqrt[n]{b}} = 1.$$

以上から, $\displaystyle\lim_{n\to\infty} \sqrt[n]{a} = 1$.

数列 $\{x_n\}$ が任意の $n \in \mathbb{N}$ について

$$x_n \leq x_{n+1}$$

を満たすとき, 数列 $\{x_n\}$ を**単調増加列**という. 特に, $x_n < x_{n+1}$ が成り立つとき, 数列 $\{x_n\}$ を**狭義単調増加列**という. また, 数列 $\{x_n\}$ が任意の $n \in \mathbb{N}$ について

$$x_n \geq x_{n+1}$$

を満たすとき，数列 $\{x_n\}$ を**単調減少列**という．特に，$x_n > x_{n+1}$ が成り立つとき，数列 $\{x_n\}$ を**狭義単調減少列**という．

定理 A.7

(i) 上に有界な単調増加列は収束する．

(ii) 下に有界な単調減少列は収束する．

証明 (i) のみ示す．数列 $\{x_n\}$ を上に有界な単調増加列とすると，集合 $X = \{x_n \mid n \in \mathbb{N}\}$ は上に有界な集合である．このとき，実数の連続性公理より，$\sup X \, (= a \, とおく)$ が存在する．上限の定義から，すべての $n \in \mathbb{N}$ に対して $x_n \leq a$ であり，さらに，任意の $\varepsilon > 0$ に対し $a - \varepsilon < x_{n_0}$ となる $n_0 \in \mathbb{N}$ が存在する．一方，$\{x_n\}$ は単調増加列であるから，$n \geq n_0$ となる任意の $n \in \mathbb{N}$ に対して，

$$a - \varepsilon < x_{n_0} \leq x_n \leq a.$$

よって，$\displaystyle \lim_{n \to \infty} x_n = a$.　∎

注意 A.1 この証明から上に有界な単調増加列はその上限に収束することがわかる．

例題 A.3 $x_n = \left(1 + \dfrac{1}{n}\right)^n$ とするとき，数列 $\{x_n\}$ が収束することを示せ（この $\{x_n\}$ の極限値を e で表し，**Napier (ネピア) 数**という．e の近似値の小数第 5 位までの値は 2.71828 である．近似値の求め方については例題 3.11 を参照せよ）．

解答 二項展開を利用すると，

$$x_n = \sum_{k=0}^{n} \binom{n}{k} \left(\frac{1}{n}\right)^k = 1 + \sum_{k=1}^{n} \frac{n(n-1)\cdots(n-k+1)}{k!} \left(\frac{1}{n}\right)^k$$

$$= 1 + \sum_{k=1}^{n} \frac{1}{k!} \left(1 - \frac{1}{n}\right) \cdots \left(1 - \frac{k-1}{n}\right)$$

$$\leq 1 + \sum_{k=1}^{n} \frac{1}{k!} \left(1 - \frac{1}{n+1}\right) \cdots \left(1 - \frac{k-1}{n+1}\right)$$

$$+ \frac{1}{(n+1)!} \left(1 - \frac{1}{n+1}\right) \cdots \left(1 - \frac{n}{n+1}\right)$$

$$= 1 + \sum_{k=1}^{n+1} \frac{1}{k!} \left(1 - \frac{1}{n+1}\right) \cdots \left(1 - \frac{k-1}{n+1}\right)$$

$$= x_{n+1}.$$

よって,$\{x_n\}$ は単調増加列である.また,

$$x_n = 1 + \sum_{k=1}^{n} \frac{1}{k!} \left(1 - \frac{1}{n}\right) \cdots \left(1 - \frac{k-1}{n}\right) \leq 1 + \sum_{k=1}^{n} \frac{1}{k!}.$$

$k! \geq 2^{k-1}$ であるから,

$$1 + \sum_{k=1}^{n} \frac{1}{k!} \leq 1 + \sum_{k=1}^{n} \frac{1}{2^{k-1}} = 1 + 2 \left\{1 - \left(\frac{1}{2}\right)^n\right\} < 3.$$

よって,3 は $\{x_n\}$ の上界である.以上から,$\{x_n\}$ は上に有界な単調増加列であるので,定理 A.7 より $\{x_n\}$ は収束する. ∎

数列 $\{x_n\}$ に対して,$n_1 < n_2 < \cdots < n_k < \cdots$ であるような自然数の列 $\{n_k\}$ と $\{x_n\}$ の合成 $\{x_{n_k}\}$ を,$\{x_n\}$ の**部分列**という.

> **定理 A.8 (Bolzano-Weierstrass の定理)** 有界列は収束する部分列を含む.

証明 有界列を $\{x_n\}$ とし,$X_1 = \{x_n \,|\, n \in \mathbb{N}\}$ とする.このとき,X_1 は上に有界であるから,実数の連続性公理より X_1 の上限が存在する.それを $d_1 = \sup X_1$ とおく.d_1 は X_1 の上限であるから,$d_1 - 1 < x_{n_1}$ を満たす $x_{n_1} \in X_1$ が存在し,$d_1 - 1 < x_{n_1} \leq d_1$.次に,$X_2 = \{x_n \,|\, n > n_1\}$ とする.X_2 も上に有界な集合であるから,X_2 の上限が存在し,それを $d_2 = \sup X_2$ とおく.このとき,$d_2 \leq d_1$ である.また,d_2 は X_2 の上限であるから,$d_2 - \frac{1}{2} < x_{n_2}$ を満たす $x_{n_2} \in X_2$ が存在し,$d_2 - \frac{1}{2} < x_{n_2} \leq d_2$.$n_2 > n_1$

に注意すると，以下同様の操作を繰り返すことにより，

$$d_1 \geq d_2 \geq d_3 \geq \cdots, \quad d_k - \frac{1}{k} < x_{n_k} \leq d_k, \quad n_1 < n_2 < n_3 < \cdots$$

を満たす数列 $\{d_k\}$ と数列 $\{x_n\}$ の部分列 $\{x_{n_k}\}$ を得る．ここで，

$$d_k \geq x_{n_k} \geq \inf X_1 \,(\text{有限値})$$

であるから，$\{d_k\}$ は下に有界．よって，$\{d_k\}$ は下に有界な単調減少列であるから収束する．このとき，$\lim_{k \to \infty} d_k = d$ とすると，はさみうち法より，

$$\lim_{k \to \infty} x_{n_k} = d.$$

つまり，有界列 $\{x_n\}$ は収束する部分列 $\{x_{n_k}\}$ を含む． ∎

　数列 $\{x_n\}$ が **Cauchy 列**であるとは，次が成り立つことをいう．

> 任意の $\varepsilon > 0$ に対して，ある $n_0 \in \mathbb{N}$ が存在し，$m, n \geq n_0$ を満たす任意の $m, n \in \mathbb{N}$ について，$|x_m - x_n| < \varepsilon$.
> ($\forall \varepsilon > 0$, $\exists n_0 \in \mathbb{N}$　s.t.　$\forall m, n \in \mathbb{N}$, $m, n \geq n_0$ ならば $|x_m - x_n| < \varepsilon$.)

収束列は Cauchy 列である．実際，$\lim_{n \to \infty} x_n = a$ とすると，任意の $\varepsilon > 0$ に対して，ある $n_0 \in \mathbb{N}$ が存在し，$n \geq n_0$ ならば

$$|x_n - a| < \frac{\varepsilon}{2}.$$

よって，$m, n \geq n_0$ ならば，

$$|x_m - x_n| \leq |x_m - a| + |a - x_n| < \frac{\varepsilon}{2} + \frac{\varepsilon}{2} = \varepsilon.$$

逆に関しては，以下の定理が成り立つ．

定理 A.9 (実数の完備性)　Cauchy 列は収束列である．

証明　$\{x_n\}$ を Cauchy 列とする．このとき，Cauchy 列の定義より，任意の $\varepsilon > 0$ に対して，ある $n_* \in \mathbb{N}$ が存在し，$n, m \geq n_*$ ならば

$$|x_n - x_m| < \varepsilon \tag{A.1}$$

まず，$\{x_n\}$ が有界列であることを示す．(A.1) において $m = n_*$ とすると，$n \geq n_*$ ならば

$$|x_n - x_{n_*}| < \varepsilon.$$

よって，$n \geq n_*$ を満たす任意の $n \in \mathbb{N}$ に対して，

$$|x_n| \leq |x_n - x_{n_*}| + |x_{n_*}| < \varepsilon + |x_{n_*}|$$

であるから，$M = \max\{|x_1|, |x_2|, \cdots, |x_{n_*-1}|, \varepsilon + |x_{n_*}|\}$ とおけば，

$$|x_n| \leq M \quad (n \in \mathbb{N}).$$

つまり，$\{x_n\}$ は有界列．$\{x_n\}$ が有界列であるので，定理 A.8 より，$\{x_n\}$ は収束する部分列 $\{x_{n_k}\}$ を含む．ここで，$\displaystyle\lim_{k \to \infty} x_{n_k} = a$ とする．$n_k \geq k \, (k \in \mathbb{N})$ に注意すると，(A.1) より，$n, k \geq n_*$ ならば

$$|x_n - x_{n_k}| < \varepsilon. \tag{A.2}$$

(A.2) において n を固定して $k \to \infty$ とすると，$n \geq n_*$ ならば

$$|x_n - a| < \varepsilon.$$

つまり，Cauchy 列は収束列である． ∎

A.2 級数

級数

数列 $\{x_n\}_{n=1}^{\infty}$ に対して，

$$x_1 + x_2 + \cdots + x_n + \cdots$$

を $\{x_n\}_{n=1}^{\infty}$ の**級数**という．$\displaystyle\sum_{n=1}^{\infty} x_n$ または $\displaystyle\sum x_n$ で表す．級数 $\displaystyle\sum_{n=1}^{\infty} x_n$ に対して，最初の m 項の和

$$S_m = \sum_{n=1}^{m} x_n = x_1 + x_2 + \cdots + x_m$$

を第 m 部分和という. 第 m 部分和の列 $\{S_m\}$ が収束するとき, 級数 $\displaystyle\sum_{n=1}^{\infty} x_n$ は収束するといい, 極限値 $\displaystyle\lim_{m\to\infty} S_m$ を級数の和という.

定理 A.10 級数 $\displaystyle\sum x_n$ が収束すれば, $\displaystyle\lim_{n\to\infty} x_n = 0$.

証明 $S = \displaystyle\sum x_n$ とおく. ここで, S_m を第 m 部分和とすると, $\displaystyle\lim_{m\to\infty} S_m = S$. さらに, $x_m = S_m - S_{m-1}$ であるから,

$$\lim_{m\to\infty} x_m = \lim_{m\to\infty}(S_m - S_{m-1}) = S - S = 0$$

を得る.

　この逆は必ずしも成り立たない. 次のような反例がある.

例題 A.4 級数 $\displaystyle\sum_{n=1}^{\infty} \frac{1}{n}$ が発散することを示せ.

解答

$$\sum_{n=2^k+1}^{2^{k+1}} \frac{1}{n} = \frac{1}{2^k+1} + \frac{1}{2^k+2} + \cdots + \frac{1}{2^k+2^k} > \frac{2^k}{2^{k+1}} = \frac{1}{2}.$$

に注意すれば,

$$\sum_{n=1}^{2^m} \frac{1}{n} = 1 + \frac{1}{2} + \sum_{k=1}^{m-1}\sum_{n=2^k+1}^{2^{k+1}} \frac{1}{n} > 1 + \frac{1}{2} + \sum_{k=1}^{m-1} \frac{1}{2} = 1 + \frac{m}{2}.$$

$\displaystyle\lim_{m\to\infty}\left(1 + \frac{m}{2}\right) = \infty$ であるから, 級数 $\displaystyle\sum_{n=1}^{\infty} \frac{1}{n}$ は発散する.

　級数 $\displaystyle\sum x_n$ に対して, $\displaystyle\sum |x_n|$ が収束するとき, $\displaystyle\sum x_n$ は**絶対収束**するとい

う．また，級数 $\sum x_n$ に対して，

$$|x_n| \leq M_n \quad (n \in \mathbb{N})$$

となる数列 $\{M_n\}$ からできる級数 $\sum M_n$ を**優級数**という．

> **定理 A.11**　級数 $\sum x_n$ は優級数が収束すれば収束する．特に，絶対収束すれば収束する．

証明　$\sum M_n$ を $\sum x_n$ の優級数とし，S_m を $\sum x_n$ の第 m 部分和，K_m を $\sum M_n$ の第 m 部分和とする．このとき，$\{K_m\}$ は収束列であるから Cauchy 列であり，さらに，$m > \ell$ に対して，

$$|S_m - S_\ell| = \left| \sum_{n=\ell+1}^{m} x_n \right| \leq \sum_{n=\ell+1}^{m} |x_n| \leq \sum_{n=\ell+1}^{m} M_n = K_m - K_\ell$$

が成り立つので，$\{S_m\}$ も Cauchy 列である．よって，$\mathbb{R}$ の完備性 (定理 A.9) から $\{S_m\}$ は収束する．つまり，$\sum x_n$ は収束する．

> **定理 A.12 (d'Alembert の判定法)**　級数 $\sum x_n$ について，$\displaystyle \lim_{n \to \infty} \left| \frac{x_{n+1}}{x_n} \right| = \alpha$ とする．
>
> (i)　$0 \leq \alpha < 1$ であれば，$\sum x_n$ は絶対収束する．
>
> (ii)　$\alpha > 1$ であれば，$\sum x_n$ は発散する．

証明　まず，(i) を示す．$\displaystyle \lim_{n \to \infty} \left| \frac{x_{n+1}}{x_n} \right| = \alpha < 1$ より，$\varepsilon_0 = \dfrac{1 - \alpha}{2} > 0$ に対して，ある $n_0 \in \mathbb{N}$ が存在し，$n \geq n_0$ ならば

$$\alpha - \varepsilon_0 < \left| \frac{x_{n+1}}{x_n} \right| < \alpha + \varepsilon_0$$

が成り立つ．ここで $r_0 = \alpha + \varepsilon_0$ とおくと，$r_0 = \dfrac{1 + \alpha}{2} < 1$ であり，

$$|x_{n+1}| \leq r_0 |x_n| \leq r_0^2 |x_{n-1}| \leq \cdots \leq r_0^{n-n_0+1} |x_{n_0}| \quad (n \geq n_0).$$

このとき,

$$
M_n = \begin{cases} |x_n| & (1 \le n \le n_0), \\ r_0^{\,n-n_0}|x_{n_0}| & (n \ge n_0 + 1) \end{cases}
$$

とすると, $\sum M_n$ は $\sum |x_n|$ の優級数であり, $0 < r_0 < 1$ より収束する. よって, 定理 A.11 より $\sum |x_n|$ は収束するので, $\sum x_n$ は絶対収束する.

次に, (ii) を示す. $\displaystyle\lim_{n\to\infty}\left|\dfrac{x_{n+1}}{x_n}\right| = \alpha > 1$ より, $\varepsilon_1 = \dfrac{\alpha - 1}{2} > 0$ に対して, ある $n_1 \in \mathbb{N}$ が存在し, $n \ge n_1$ ならば

$$
\alpha - \varepsilon_1 < \left|\dfrac{x_{n+1}}{x_n}\right| < \alpha + \varepsilon_1
$$

が成り立つ. ここで $r_1 = \alpha - \varepsilon_1$ とおくと, $r_1 = \dfrac{\alpha + 1}{2} > 1$ であり,

$$
|x_{n+1}| > r_1|x_n| > |x_n| \quad (n \ge n_1).
$$

よって, $|x_n| > |x_{n_1}| \ (n > n_1)$ となり, これは $\displaystyle\lim_{n\to\infty} x_n \ne 0$ を意味する. したがって, $\sum x_n$ は発散する. ∎

定理 A.13 (Cauchy の判定法) 級数 $\sum x_n$ について, $\displaystyle\lim_{n\to\infty}\sqrt[n]{|x_n|} = \alpha$ とする.

(i) $0 \le \alpha < 1$ であれば, $\sum x_n$ は絶対収束する.

(ii) $\alpha > 1$ であれば, $\sum x_n$ は発散する.

証明　まず, (i) を示す. $\displaystyle\lim_{n\to\infty}\sqrt[n]{|x_n|} = \alpha < 1$ より, $\varepsilon_0 = \dfrac{1 - \alpha}{2} > 0$ に対して, ある $n_0 \in \mathbb{N}$ が存在し, $n \ge n_0$ ならば

$$
\alpha - \varepsilon_0 < \sqrt[n]{|x_n|} < \alpha + \varepsilon_0.
$$

ここで, $r_0 = \alpha + \varepsilon_0$ とおくと, $r_0 = \dfrac{1 + \alpha}{2} < 1$ であり,

$$
|x_n| < r_0^{\,n} \quad (n \ge n_0).
$$

このとき,

$$M_n = \begin{cases} |x_n| & (1 \leq n \leq n_0 - 1), \\ r_0{}^n & (n \geq n_0) \end{cases}$$

とすると, $\sum M_n$ は $\sum |x_n|$ の優級数であり, $0 < r_0 < 1$ より収束する. よって, 定理 A.11 より $\sum |x_n|$ は収束するので, $\sum x_n$ は絶対収束する.

次に, (ii) を示す. $\displaystyle\lim_{n \to \infty} \sqrt[n]{|x_n|} = \alpha > 1$ より, $\varepsilon_1 = \dfrac{\alpha - 1}{2} > 0$ に対して, ある $n_1 \in \mathbb{N}$ が存在し, $n \geq n_1$ ならば

$$\alpha - \varepsilon_1 < \sqrt[n]{|x_n|} < \alpha + \varepsilon_1.$$

ここで, $r_1 = \alpha - \varepsilon_1$ とおくと, $r_1 = \dfrac{\alpha + 1}{2} > 1$ であり,

$$|x_n| > r_1{}^n > 1 \quad (n \geq n_0).$$

これは, $\displaystyle\lim_{n \to \infty} x_n \neq 0$ を意味するので, $\sum x_n$ は発散する.

B

発展：関数

B.1　関数の極限に関する定理の証明 ────────────◇

▍第 2 章の定理の証明

第 2 章で紹介した関数の極限に関する定理を示そう．

> **定理 B.1 (定理 2.1 (p.12))** $\alpha, \beta \in \mathbb{R}$ とする．$\lim\limits_{x \to a} f(x) = \alpha$, $\lim\limits_{x \to a} g(x) = \beta$ であれば，
>
> (i) **(線形性)** 定数 λ, μ について，$\lim\limits_{x \to a}\{\lambda f(x) + \mu g(x)\} = \lambda\alpha + \mu\beta$.
>
> (ii) $\lim\limits_{x \to a} f(x)g(x) = \alpha\beta$.
>
> (iii) $\lim\limits_{x \to a} \dfrac{f(x)}{g(x)} = \dfrac{\alpha}{\beta}$ $(\beta \neq 0)$.

証明　本質的に定理 A.4 (p.225) の証明と同じであるから，(ii) のみ示す．まず $\lim\limits_{x \to a} g(x) = \beta$ であるから，ある $\delta_1 > 0$ が存在して，$0 \neq |x - a| < \delta_1$ ならば

$$|g(x) - \beta| < 1$$

とできる．よって，$0 \neq |x - a| < \delta_1$ ならば

$$|g(x)| \leq |g(x) - \beta| + |\beta| < 1 + |\beta|.$$

このとき，

$$|f(x)g(x) - \alpha\beta| = |g(x)\{f(x) - \alpha\} + \alpha\{g(x) - \beta\}|$$

$$\leq |g(x)||f(x) - \alpha| + |\alpha||g(x) - \beta|$$

$$\leq (1 + |\beta|)|f(x) - \alpha| + |\alpha||g(x) - \beta|.$$

ここで，任意の $\varepsilon > 0$ をとり，$\varepsilon_* = \dfrac{\varepsilon}{|\alpha| + |\beta| + 2} > 0$ とおく．$\lim\limits_{x \to a} f(x) = \alpha$

であるから, $\varepsilon_* > 0$ に対して, ある $\delta_2 > 0$ が存在し, $0 \neq |x - a| < \delta_2$ ならば

$$|f(x) - \alpha| < \varepsilon_*.$$

さらに $\displaystyle\lim_{x \to a} g(x) = \beta$ であるから, $\varepsilon_* > 0$ に対して, ある $\delta_3 > 0$ が存在し, $0 \neq |x - a| < \delta_3$ ならば

$$|g(x) - \beta| < \varepsilon_*.$$

このとき, $\delta = \min\{\delta_1, \delta_2, \delta_3\}$ とおくと, $0 \neq |x - a| < \delta$ ならば

$$|f(x)g(x) - \alpha\beta| < (1 + |\beta| + |\alpha|)\varepsilon_* < \varepsilon.$$

つまり, $\displaystyle\lim_{x \to a} f(x)g(x) = \alpha\beta$ が成り立つ. ∎

注意 B.1 2 変数関数の極限に対する同様の性質 (定理 5.1 (p.131)) の証明も本質的には上記と同じであるので, 定理 5.1 の証明は省略する.

定理 B.2 (定理 2.2 (p.12)) $\alpha, \beta \in \mathbb{R}$ とする. 関数 $f(x)$, $g(x)$ に対して, $f(x) \leq g(x)$ $(x \in U_{\delta_0}(a) \setminus \{a\}, \delta_0 > 0)$ かつ $\displaystyle\lim_{x \to a} f(x) = \alpha$, $\displaystyle\lim_{x \to a} g(x) = \beta$ であれば, $\alpha \leq \beta$.

証明 定理 A.5 (p.227) の証明と同様であるので読者の演習とする. δ のとり方については前述の定理 2.1 の証明を参照せよ. ∎

定理 B.3 (定理 2.3 (p.12)) 関数 $f(x)$, $g(x)$, $h(x)$ に対して, $f(x) \leq h(x) \leq g(x)$ $(x \in U_{\delta_0}(a) \setminus \{a\}, \delta_0 > 0)$ かつ $\displaystyle\lim_{x \to a} f(x) = \lim_{x \to a} g(x) = \alpha$ であれば, $\displaystyle\lim_{x \to a} h(x) = \alpha$.

証明 定理 A.6 (p.227) の証明と同様であるので読者の演習とする. δ のとり方については前述の定理 2.1 の証明を参照せよ. ∎

定理 B.4 (定理 2.4 (p.15)) $\displaystyle\lim_{x \to a} f(x) = \alpha$ であるための必要十分条件は, $\displaystyle\lim_{x \to a+0} f(x) = \alpha$ かつ $\displaystyle\lim_{x \to a-0} f(x) = \alpha$ となることである.

証明 必要性は明らかなので十分性のみ示す。まず $\lim\limits_{x \to a+0} f(x) = \alpha$ より，任意の $\varepsilon > 0$ に対して，ある $\delta_1 > 0$ が存在し，$a < x < a+\delta_1$ ならば $|f(x) - \alpha| < \varepsilon$. さらに $\lim\limits_{x \to a-0} f(x) = \alpha$ より，上記の $\varepsilon > 0$ に対して，ある $\delta_2 > 0$ が存在し，$a - \delta_2 < x < a$ ならば $|f(x) - \alpha| < \varepsilon$. よって，$\delta = \min\{\delta_1, \delta_2\}$ とすれば，$0 \neq |x - a| < \delta$ ならば $|f(x) - \alpha| < \varepsilon$ となる。つまり，$\lim\limits_{x \to a} f(x) = \alpha$ が成り立つ。

定理 B.5 (定理 2.5 (p.18)) $\lim\limits_{x \to a} f(x) = \alpha$ であるための必要十分条件は，$\lim\limits_{n \to \infty} x_n = a$，$x_n \neq a\,(n \in \mathbb{N})$ を満たす任意の数列 $\{x_n\}$ について，$\lim\limits_{n \to \infty} f(x_n) = \alpha$ となることである。

証明 まず必要性を示す。$\lim\limits_{x \to a} f(x) = \alpha$ より，任意の $\varepsilon > 0$ に対して，ある $\delta > 0$ が存在し，$0 \neq |x - a| < \delta$ ならば $|f(x) - \alpha| < \varepsilon$. 一方，$\lim\limits_{n \to \infty} x_n = a$，$x_n \neq a$ を満たす任意の数列 $\{x_n\}$ については，上記の $\delta > 0$ に対して，ある $n_0 \in \mathbb{N}$ が存在し，$n \geq n_0$ ならば $|x_n - a| < \delta$ とできる。よって，$n \geq n_0$ ならば $|f(x_n) - \alpha| < \varepsilon$ が成り立つ。つまり，$\lim\limits_{n \to \infty} f(x_n) = \alpha$.

次に十分性を示す。背理法によって証明する。いま，f は点 a で α に収束しないと仮定すると，ある $\varepsilon_0 > 0$ が存在し，どんな $\delta > 0$ をとっても，

$$0 \neq |x_\delta - a| < \delta \quad \text{かつ} \quad |f(x_\delta) - \alpha| \geq \varepsilon_0$$

となる x_δ が存在する。ここで，$\delta = \dfrac{1}{n}$ とし，$y_n = x_{\frac{1}{n}}$ とすると，

$$0 \neq |y_n - a| < \frac{1}{n} \quad \text{かつ} \quad |f(y_n) - \alpha| \geq \varepsilon_0$$

が成り立つ。数列 $\{y_n\}$ は $\lim\limits_{n \to \infty} y_n = a$，$y_n \neq a$ を満たすので，$\lim\limits_{n \to \infty} f(y_n) = \alpha$. このとき，上記の $\varepsilon_0 > 0$ に対して，ある $n_0 \in \mathbb{N}$ が存在し，$n \geq n_0$ ならば $|f(y_n) - \alpha| < \varepsilon_0$ とできる。これは，任意の $n \in \mathbb{N}$ について $|f(y_n) - \alpha| \geq \varepsilon_0$ であることに矛盾する。よって，十分性が示された。

定理 B.6 (定理 2.7 (p.23)) I を区間とする．関数

$$f : I \to \mathbb{R},\ x \mapsto y = f(x),\quad g : J \to \mathbb{R},\ y \mapsto z = g(y)$$

はそれぞれ連続で，$f(I) \subset J$ とする．このとき，合成関数

$$g \circ f : I \to \mathbb{R},\ x \mapsto z = (g \circ f)(x)(= g(f(x)))$$

は I で連続である．

証明 任意の点 $a \in I$ に対し連続であることを示せばよい（I が端点をもち点 a が端点である場合は右連続または左連続であることを示すことになるが，それは読者の演習とする）．

$g(y)\,(y \in J)$ は点 $f(a) \in J$ で連続であるから，任意の $\varepsilon > 0$ に対して，ある $\delta_0 > 0$ が存在し，$|y - f(a)| < \delta_0$ ならば

$$|g(y) - g(f(a))| < \varepsilon.$$

さらに $f(x)$ は点 $a \in I$ で連続であるから，$\delta_0 > 0$ に対して，ある $\delta > 0$ が存在し，$|x - a| < \delta$ ならば

$$|f(x) - f(a)| < \delta_0.$$

よって，$|x - a| < \delta$ ならば

$$|g(f(x)) - g(f(a))| < \varepsilon.$$

したがって，$g \circ f$ は点 $a \in I$ で連続である．

注意 B.2 2 変数関数の合成関数に関する連続性（定理 5.3 (p.134)）の証明も本質的には上記と同じであるので，定理 5.3 の証明は省略する．

定理 B.7 (定理 2.8 (p.24)) 関数 $f(x)$ は有界閉区間 $[a, b]$ で連続とする．$f(a) \neq f(b)$ であれば，$f(a) < \mu < f(b)$ または $f(a) > \mu > f(b)$ となる任意の μ に対して，$a < c < b$ を満たす点 c が存在し $f(c) = \mu$ となる．

証明 $f(a) < f(b)$ とする．$f(a) < \mu < f(b)$ に対して，

$$X = \{x \in [a, b] \mid f(x) < \mu\}$$

とおく. f は点 a で右連続であるから, ある $\delta_1 > 0$ が存在し, $a \le x < a + \delta_1$ ならば $f(x) < \mu$. 一方, f は点 b で左連続であるから, ある $\delta_2 > 0$ が存在し, $b - \delta_2 < x \le b$ ならば $f(x) > \mu$. したがって, $c = \sup X$ とおくと, $c \in [a + \delta_1, b - \delta_2] \subset (a, b)$ である. $f(c) = \mu$ となることを示す. 背理法による. いま, $f(c) < \mu$ と仮定する. f は点 c で連続, 特に右連続であるから,

$$\varepsilon_0 = \frac{\mu - f(c)}{2} > 0$$ に対して, ある $\delta > 0$ が存在し, $c \le x < c + \delta$ ならば $|f(x) - f(c)| < \varepsilon_0$. このとき,

$$f(x) < f(c) + \varepsilon_0 = \frac{\mu + f(c)}{2} < \mu.$$

これは, c が X の上限であることに矛盾する. よって, $f(c) \ge \mu$. 次に, $f(c) > \mu$ と仮定する. f は点 c で連続, 特に左連続であるから, $\varepsilon_1 = \dfrac{f(c) - \mu}{2} > 0$ に対して, ある $\delta > 0$ が存在し, $c - \delta < x \le c$ ならば $|f(x) - f(c)| < \varepsilon_1$. このとき,

$$f(x) > f(c) - \varepsilon_1 = \frac{f(c) + \mu}{2} > \mu.$$

これも, c が X の上限であることに矛盾する. 以上から, $f(c) = \mu$.

定理 B.8 (定理 2.9 (p.25)) 関数 f が有界閉区間 $[a, b]$ で連続であれば, f は $[a, b]$ で最大値, 最小値をとる.

証明 まず, f が有界であることを示す. 背理法による. f が有界でないと仮定すると, 各 $n \in \mathbb{N}$ について, $|f(x_n)| > n$ となる $x_n \in [a, b]$ が存在する. $\{x_n\}$ は有界列であるから, Bolzano-Weierstrass の定理 (定理 A.8 (p.230)) より収束する部分列 $\{x_{n_k}\}$ がとれるので, $x_{n_k} \to x_0 \in [a, b]\,(k \to \infty)$ とする. f は $[a, b]$ で連続であるから,

$$\lim_{k \to \infty} f(x_{n_k}) = f(x_0).$$

一方, $n_k \ge k$ に注意すれば, $|f(x_{n_k})| > k$ が成り立つので,

$$\lim_{k \to \infty} |f(x_{n_k})| = \infty.$$

これは矛盾．したがって，f は有界である．

次に，f は $[a,b]$ で最大値，最小値をとることを示す．集合 $Y = \{f(x) \mid x \in [a,b]\}$ は有界であるから，上限定理より上限と下限が存在する．$M = \sup Y$，$m = \inf Y$ とおく．$M = \max Y$，$m = \min Y$ であることを示す．上限の定義より，各 $n \in \mathbb{N}$ について，

$$M - \frac{1}{n} < f(x_n) \le M$$

となる $x_n \in [a,b]$ が存在する．$\{x_n\}$ は有界列であるから，Bolzano-Weierstrass の定理より収束する部分列 $\{x_{n_k}\}$ がとれるので，$x_{n_k} \to x_0 \in [a,b]\,(k \to \infty)$ とする．このとき，$n_k \ge k$ に注意し，

$$a \le x_{n_k} \le b, \quad M - \frac{1}{k} < f(x_{n_k}) \le M$$

において $k \to \infty$ とすれば，$x_0 \in [a,b]$ かつ $M = f(x_0)$．つまり，$M = \max Y$ である．$m = \min Y$ も同様にして示される．　∎

定理 B.9（定理 2.10（p.29））　関数 $f : [a,b] \to \mathbb{R}$ が狭義単調増加かつ連続であれば，逆関数 $f^{-1} : [f(a),f(b)] \to [a,b]$ が存在し，f^{-1} は狭義単調増加かつ連続である．狭義単調減少の場合も同様のことが成り立つ．

証明　狭義単調増加の場合のみ示す．f は狭義単調増加であるから，$x_1 \ne x_2$ ならば $f(x_1) \ne f(x_2)$．よって，f は単射である．したがって，$f : [a,b] \to [f(a),f(b)]$ は全単射であり，逆関数 $f^{-1} : [f(a),f(b)] \to [a,b]$ が存在する．ここで，$x_1,x_2 \in I$ を任意にとり，$y_1 = f(x_1)$，$y_2 = f(x_2)$ とおく．f は狭義単調増加であるから，$x_1 < x_2$ ならば $y_1 < y_2$．この対偶をとれば，$y_1 \ge y_2$ ならば $f^{-1}(y_1) = x_1 \ge x_2 = f^{-1}(y_2)$．特に f^{-1} は単射であるから，$y_1 \ne y_2$ ならば $x_1 \ne x_2$．よって，$y_1 > y_2$ ならば $f^{-1}(y_1) > f^{-1}(y_2)$ が成り立つので，f^{-1} は狭義単調増加である．

次に，f^{-1} が連続であることを示す．$\eta \in (f(a),f(b))$ を任意にとり，点 η で f^{-1} が連続であることを示す．$\xi = f^{-1}(\eta)$ とおく．ここで，$(\xi-\varepsilon,\xi+\varepsilon) \subset (a,b)$ を満たす任意の $\varepsilon > 0$ に対して，$\eta_+ = f(\xi + \varepsilon)$，$\eta_- = f(\xi - \varepsilon)$ とする．このとき，$\eta = f(\xi)$ と f が狭義単調増加であることから，$\eta_- < \eta < \eta_+$ を得る．

よって, $\delta = \min\{\eta_+ - \eta, \eta - \eta_-\}$ とおけば $\delta > 0$ であり, $|y - \eta| < \delta$ ならば

$$\eta_- \leq \eta - \delta < y < \eta + \delta \leq \eta_+.$$

f^{-1} は狭義単調増加であるから, $|y - \eta| < \delta$ ならば

$$\xi - \varepsilon = f^{-1}(\eta_-) < f^{-1}(y) < f^{-1}(\eta_+) = \xi + \varepsilon.$$

$\xi = f^{-1}(\eta)$ より, $f^{-1}(\eta) - \varepsilon < f^{-1}(y) < f^{-1}(\eta) + \varepsilon$. したがって, 任意の $\varepsilon > 0$ に対して, ある $\delta > 0$ が存在し, $|y - \eta| < \delta$ ならば $|f^{-1}(y) - f^{-1}(\eta)| < \varepsilon$ が成り立つので, f^{-1} は点 η で連続である. $\eta = f(a)$ あるいは $\eta = f(b)$ の場合も同様にして示される. ▮

一様連続

$X \subset \mathbb{R}$ とする. 関数 $f : X \to \mathbb{R}$ が X で**一様連続**であるとは, 次が成り立つことをいう.

> 任意の $\varepsilon > 0$ に対して, ある $\delta > 0$ が存在し, $0 \neq |x - y| < \delta$ を
> 満たす任意の $x, y \in X$ について, $|f(x) - f(y)| < \varepsilon$

以下の定理が成り立つ.

定理 B.10 有界閉区間 I で連続な関数は, I で一様連続である.

証明 f を有界閉区間 I 上の連続関数とする. 背理法により示す. もし f が I で一様連続でないとすると, ある $\varepsilon_0 > 0$ と数列 $\{x_n\}, \{y_n\} \subset I$ が存在して,

$$|x_n - y_n| < \frac{1}{n} \quad \text{かつ} \quad |f(x_n) - f(y_n)| \geq \varepsilon_0.$$

一方, I は有界閉集合であるから, $\{x_n\}$ は収束する部分列 $\{x_{n_k}\}$ を含む. このとき $\{y_{n_k}\}$ も収束し, $\lim_{k \to \infty} x_{n_k} = \lim_{k \to \infty} y_{n_k}$. この極限を α とおくと $\alpha \in I$ であり, f の連続性から $\lim_{k \to \infty} f(x_{n_k}) = \lim_{k \to \infty} f(y_{n_k}) = f(\alpha)$ が成り立つから,

$$\lim_{k \to \infty} |f(x_{n_k}) - f(y_{n_k})| = 0.$$

これは $|f(x_{n_k}) - f(y_{n_k})| \geq \varepsilon_0 > 0$ に矛盾する. したがって, f は I で一様連続である. ▮

B.2　三角関数と指数関数に関する補足 ————————————————◇

▌三角関数に関する補足▐

例題 2.4 (p.16) において利用した次の不等式が成り立つことを示す：

$0 < x \leq \dfrac{\pi}{2}$ に対して

$$\sin x < x \leq 2\tan \frac{x}{2}.$$

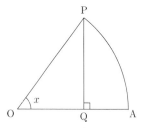 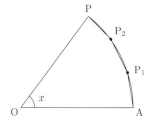

いま，図のように扇形 OAP を描き，線分 OA の長さを 1 とする．このとき，線分 PQ の長さは $\sin x$，弧 AP の長さは x である．ここで，弧 AP 上に分点 $\{P_k\}_{k=0}^{n}$（ただし，$P_0 = A, P_n = P$）をとって分割 Δ を考え，それらの分点を結んでできる折れ線の長さを $L(\Delta)$ とすると，弧 AP の長さ x は，

$$x = \sup_{\Delta} L(\Delta)$$

で与えられる．この結果，

（線分 PQ の長さ）<（線分 AP の長さ）≦（弧 AP の長さ）

が成り立つので，

$$\sin x < x.$$

一方，上記のような弧 AP 上の分点 $\{P_k\}_{k=0}^{n}$ に対して，$\angle P_{k-1} O P_k = \Theta_k$ とおくと，

$$（線分 P_{k-1}P_k の長さ）= 2\sin\frac{\Theta_k}{2}$$

が成り立つ．ここで，$\theta_1, \theta_2 > 0$，$\theta_1 + \theta_2 < \dfrac{\pi}{2}$ に対して，

$$\tan(\theta_1 + \theta_2) = \frac{\tan\theta_1 + \tan\theta_2}{1 - \tan\theta_1 \tan\theta_2} > \tan\theta_1 + \tan\theta_2$$

であることに注意すれば,

$$L(\Delta) = \sum_{k=1}^{n} 2\sin\frac{\Theta_k}{2} < \sum_{k=1}^{n} 2\tan\frac{\Theta_k}{2} < 2\tan\left\{\sum_{k=1}^{n}\frac{\Theta_k}{2}\right\} = 2\tan\frac{x}{2}$$

を得る. よって,

$$x \le 2\tan\frac{x}{2}.$$

指数関数に関する補足

$a \in \mathbb{R}$, $a > 0$, $a \ne 1$ とする. $\mathbb{Q}$ 上の関数 $f(r) = a^r$ $(r \in \mathbb{Q})$ を $\mathbb{R}$ 上の関数に拡張する.

$x \in \mathbb{R}$ とする. 有理数の稠密性 (定理 A.2 (p.223) を参照) から, $\displaystyle\lim_{n\to\infty} r_n = x$ となる単調増加な有理数列 $\{r_n\}$ が存在するので

$$a^x = \lim_{n\to\infty} a^{r_n}$$

と定義する. ただし, 次の 2 点を確かめる必要がある.

  (i) $\{a^{r_n}\}$ が収束すること.

  (ii) 極限値が $\{r_n\}$ のとり方によらないこと.

まず, $\displaystyle\lim_{n\to\infty} h_n = 0$ となる有理数列 $\{h_n\}$ に対し $\displaystyle\lim_{n\to\infty} a^{h_n} = 1$ を示す. $h_n \ne 0$ に対して m を $\dfrac{1}{|h_n|}$ を超えない最大の整数とすると, $h_n \to 0\,(n \to \infty)$ のとき $m \to \infty$ であり, $|h_n| \le \dfrac{1}{m}$. また, 例題 A.2 (p.228) から

$$\lim_{m\to\infty} a^{\frac{1}{m}} = 1, \quad \lim_{m\to\infty} a^{-\frac{1}{m}} = 1$$

である. 単調性から, $a > 1$ のとき $a^{-\frac{1}{m}} \le a^{h_n} \le a^{\frac{1}{m}}$, $0 < a < 1$ のとき $a^{\frac{1}{m}} \le a^{h_n} \le a^{-\frac{1}{m}}$ であるから, はさみうち法より $\displaystyle\lim_{n\to\infty} a^{h_n} = 1$ を得る.

まず, (i) を示す. $a > 1$ ならば $\{a^{r_n}\}$ は単調増加列, $0 < a < 1$ ならば $\{a^{r_n}\}$ は単調減少列である. $x < r$ を満たす $r \in \mathbb{Q}$ をとれば, a^r は $a > 1$ のときは $\{a^{r_n}\}$ の上界, $0 < a < 1$ のときは $\{a^{r_n}\}$ の下界となる. したがって, 定理 A.7 (p.229) より $\{a^{r_n}\}$ は収束する.

次に，(ii) を示す．$\{s_n\}$, $\{r_n\}$ をともに x に収束する有理数列とすると $\lim_{n\to\infty}(s_n - r_n) = 0$. このとき，

$$\lim_{n\to\infty}\left(\frac{a^{s_n}}{a^{r_n}}\right) = \lim_{n\to\infty} a^{s_n - r_n} = 1.$$

よって，$\lim_{n\to\infty} a^{s_n} = \lim_{n\to\infty} a^{r_n}$ となり，極限値が有理数列のとり方によらないことがわかる．

以上から，$x \in \mathbb{R}$ に対して関数 a^x が定義できた．

補題 B.1　$x, y \in \mathbb{R}$ に対して，$a^{x+y} = a^x a^y$.

証明　$\lim_{n\to\infty} s_n = x$, $\lim_{n\to\infty} r_n = y$ となる単調増加な有理数列 $\{s_n\}$, $\{r_n\}$ をとると，$\{s_n + r_n\}$ は $\lim_{n\to\infty}(s_n + r_n) = x + y$ となる単調増加な有理数列である．よって，

$$a^{x+y} = \lim_{n\to\infty} a^{s_n + r_n} = \lim_{n\to\infty} a^{s_n} a^{r_n} = a^x a^y$$

となり，求める結果を得る． ∎

問 B.1　$x, y \in \mathbb{R}$ に対して，$(a^x)^y = a^{xy}$ となることを示せ．

補題 B.2　$x, y \in \mathbb{R}$, $x < y$ に対して，

$a > 1$ ならば $a^x < a^y$,　$0 < a < 1$ ならば $a^x > a^y$.

証明　$x < y$ のとき，$\lim_{n\to\infty} r_n = y$ となる単調増加な有理数列 $\{r_n\}$ として，$x < r_n$ を満たすものがとれる．ここで，$x < r < r_1$ を満たす $r \in \mathbb{Q}$ をとる．$\{s_n\}$ を $\lim_{n\to\infty} s_n = x$ となる単調増加な有理数列とすると，$a > 1$ のとき $a^{s_n} < a^r < a^{r_n}$. このとき，

$$a^x = \lim_{n\to\infty} a^{s_n} \leq a^r < \lim_{n\to\infty} a^{r_n} = a^y$$

を得る．$0 < a < 1$ のときも同様にして得られる． ∎

補題 B.3　関数 $a^x\,(x \in \mathbb{R})$ は $\mathbb{R}$ で連続である．

証明 $\displaystyle\lim_{x\to 0} a^x = 1$ である ($\displaystyle\lim_{n\to\infty} h_n = 0$ となる有理数列 $\{h_n\}$ に対して $\displaystyle\lim_{n\to\infty} a^{h_n} = 1$ となることの証明と同様なので,証明は読者の演習とする).
このとき,任意の $x_0 \in \mathbb{R}$ に対して

$$|a^x - a^{x_0}| = a^{x_0}|a^{x-x_0} - 1| \to 0 \quad (x \to x_0).$$

つまり,関数 a^x は点 x_0 で連続であり,x_0 は $\mathbb{R}$ の任意の点であるから,関数 a^x は $\mathbb{R}$ で連続である. ∎

補題 B.4 関数 $a^x\,(x \in \mathbb{R})$ に対して,

$$a > 1 \qquad \text{ならば} \quad \lim_{x\to\infty} a^x = \infty, \qquad \lim_{x\to-\infty} a^x = 0,$$

$$0 < a < 1 \quad \text{ならば} \quad \lim_{x\to\infty} a^x = 0, \qquad \lim_{x\to-\infty} a^x = \infty$$

が成り立つ.

証明 $a > 1$ の場合は,$a = 1 + h\,(h > 0)$ とし,n を x を超えない最大の整数とすると,

$$a^x \geq (1 + h)^n > nh \to \infty \quad (n \to \infty)$$

となり,$\displaystyle\lim_{x\to\infty} a^x = \infty$ を得る.$\displaystyle\lim_{x\to-\infty} a^x = 0$ は,$y = -x$ とし上式を利用すれば導くことができる.$0 < a < 1$ の場合は,

$$a^x = \left(\frac{1}{a}\right)^{-x}$$

として考えればよい. ∎

C

発展：微分法・偏微分法

C.1 Newton 法の証明 ————————————◇

Newton 法の証明

> **定理 C.1 (定理 3.18 (p.82))** 関数 $f(x)$ は区間 $[a, b]$ で 2 回微分可能であり，$f(a)f(b) < 0$ かつ $f''(x) > 0\,(x \in [a, b])$ を満たすとする．このとき，$f(x_1) > 0$ となる $x_1 \in [a, b]$ を 1 つとり，
>
> $$x_{n+1} = x_n - \frac{f(x_n)}{f'(x_n)} \quad (n = 1, 2, \cdots) \tag{C.1}$$
>
> によって数列 $\{x_n\}$ を定めると，数列 $\{x_n\}$ は狭義単調列で，方程式 $f(x) = 0$ のただ 1 つの解に収束する．

証明 $f''(x) > 0\,(x \in [a, b])$ より $f'(x)$ は狭義単調増加関数であるから，$f'(c) = 0$ となる $c \in [a, b]$ が存在した場合，f は c で最小値をとる．ここで，$I = \{x \in [a, b] \mid f(x) \geq 0\}$ とおくと，$f(a)f(b) < 0$ より I は f が最小となる点を含まないので，$x \in I$ に対して $f'(x) \neq 0$ である．定理 3.17 より方程式 $f(x) = 0$ は区間 (a, b) でただ 1 つの解をもつので，それを $\gamma\,(\in (a, b))$ とおくと，次が成り立つ．

   (i) $f(a) > 0$ ならば $I = [a, \gamma]$ であり，$f'(x) < 0\,(x \in I)$.

   (ii) $f(b) > 0$ ならば $I = [\gamma, b]$ であり，$f'(x) > 0\,(x \in I)$.

(i) の場合，任意の $n \in \mathbb{N}$ に対して $x_n \in [a, \gamma]$ であり，$\{x_n\}$ は狭義単調増加列となる．実際，仮定より $x_1 \in [a, \gamma)$ であり，$x_n \in [a, \gamma)$ のとき，$f(x_n) > 0$，$f'(x_n) < 0$ に注意して (C.1) と不等式 $f(\gamma) > f(x_n) + f'(x_n)(\gamma - x_n)$ を利用

すれば，

$$x_{n+1} - a = x_n - \frac{f(x_n)}{f'(x_n)} - a > x_n - a \geq 0,$$

$$\gamma - x_{n+1} = \frac{(\gamma - x_n)f'(x_n) + f(x_n)}{f'(x_n)} > \frac{f(\gamma)}{f'(x_n)} = 0$$

を得るので，任意の $n \in \mathbb{N}$ に対して $x_n \in [a, \gamma)$ が成り立つ．このとき，任意の $n \in \mathbb{N}$ に対して $f(x_n) > 0$，$f'(x_n) < 0$ であるから，(C.1) より狭義単調増加列であることも示される．(ii) の場合は，(i) の場合と同様にして，任意の $n \in \mathbb{N}$ に対して $x_n \in (\gamma, b]$ であり，$\{x_n\}$ が狭義単調減少列となることが示される．以上から，$\{x_n\}$ は上に有界な単調増加列，または下に有界な単調減少列となるので，ある $p \in I$ が存在して，

$$\lim_{n \to \infty} x_n = p.$$

(C.1) の両辺で $n \to \infty$ とすると，f, f' が連続であるから，

$$p = p - \frac{f(p)}{f'(p)}.$$

よって $f(p) = 0$ となり，方程式 $f(x) = 0$ の解が区間 (a, b) でただ 1 つであることから，$p = \gamma$ を得る．つまり，数列 $\{x_n\}$ は方程式 $f(x) = 0$ のただ 1 つの解に収束する．

C.2 偏微分法に関する定理の証明 ────────────◇

第 5 章の定理の証明

第 5 章で紹介した偏微分法に関する定理を示そう．

定理 C.2 (定理 5.7 (p.142)) 関数 f が点 (a, b) で偏微分可能であり，偏導関数 f_x または f_y のうちどちらか一方が点 (a, b) で連続であれば，関数 f は点 (a, b) で全微分可能である．

証明 f_x が点 (a, b) で連続であるとして示す．f は点 (a, b) で x について偏微分可能であるから，x に関する 1 変数関数とみて 1 変数に関する平均値の定理

を適用すると

$$f(a+h, b+k) - f(a, b+k) = f_x(a+\theta h, b+k)h \quad (0 < \theta < 1).$$

f_x は点 (a,b) で連続であるから，$\displaystyle\lim_{(h,k)\to(0,0)} f_x(a+\theta h, b+k) = f_x(a, b).$ 一方，

$$p(k) = \begin{cases} \dfrac{f(a, b+k) - f(a, b)}{k} & (k \neq 0) \\[2mm] f_y(a, b) & (k = 0) \end{cases}$$

とすると，

$$f(a, b+k) - f(a, b) = p(k)k.$$

また，f は点 (a,b) で y について偏微分可能であるから $\displaystyle\lim_{k\to 0} p(k) = f_y(a, b)$ が成り立つ．ここで，

$$g(h, k) = \frac{f(a+h, b+k) - f(a, b) - f_x(a, b)h - f_y(a, b)k}{\sqrt{h^2 + k^2}}$$

とおくと，

$$f(a+h, b+k) - f(a, b) - f_x(a, b)h - f_y(a, b)k$$

$$= f(a+h, b+k) - f(a, b+k) + f(a, b+k) - f(a, b)$$

$$\quad - f_x(a, b)h - f_y(a, b)k$$

$$= \{f_x(a+\theta h, b+k) - f_x(a, b)\}h + \{p(k) - f_y(a, b)\}k.$$

このとき，

$$|g(h, k)| \le |f_x(a+\theta h, b+k) - f_x(a, b)| \left| \frac{h}{\sqrt{h^2 + k^2}} \right|$$

$$+ |p(k) - f_y(a, b)| \left| \frac{k}{\sqrt{h^2 + k^2}} \right|$$

$$\le |f_x(a+\theta h, b+k) - f_x(a, b)| + |p(k) - f_y(a, b)|$$

であり，さらに

$$\lim_{(h,k)\to(0,0)} \{|f_x(a+\theta h, b+k) - f_x(a, b)| + |p(k) - f_y(a, b)|\} = 0$$

であるから，$\displaystyle\lim_{(h,k)\to(0,0)} g(h,k) = 0$．したがって，$f$ は点 (a,b) で全微分可能
である．

> **定理 C.3 (定理 5.15 (p.162))** 関数 $\varphi(x,y)$ が点 (a,b) の近傍で C^1 級で
> あり，$\varphi(a,b) = 0$, $\varphi_y(a,b) \neq 0$ であれば，$x = a$ を含む開区間上の C^1 級
> 関数 $\eta(x)$ で，次を満たすものがただ 1 つ存在する．
>
> $$\varphi(x,\eta(x)) = 0, \quad \eta(a) = b, \quad \eta'(x) = -\frac{\varphi_x(x,\eta(x))}{\varphi_y(x,\eta(x))}.$$

証明 $\varphi_y(a,b) \neq 0$ で φ_y は連続であるから，点 (a,b) の近傍で $\varphi_y > 0$ または
$\varphi_y < 0$ である．$\varphi_y > 0$ の場合を考える（$\varphi_y < 0$ の場合も同様である）．$\varepsilon > 0$
を十分小さくとると，

$$|x - a| < \varepsilon, \quad |y - b| < \varepsilon$$

であれば $\varphi_y(x,y) > 0$．よって，$\varphi(x,y)$ は y の関数として狭義単調増加であ
る．$b - \varepsilon < y_1 < b < y_2 < b + \varepsilon$ を満たす y_1, y_2 をとると，

$$\varphi(a,y_1) < \varphi(a,b) = 0 < \varphi(a,y_2)$$

が成り立つので，$|x - a| < \varepsilon$ ならば $\varphi(x,y_1) < 0 < \varphi(x,y_2)$ としてよい．x を
固定するとき，中間値の定理と狭義単調増加性から各 x ごとに $\varphi(x,y) = 0$ とな
る y がただ 1 つ存在する．この y を $\eta(x)$ と表すと，$\varphi(x,\eta(x)) = 0$, $\eta(a) = b$
が成り立つ．

　次に η の連続性について調べる．a の近傍上の任意の点 α をとり，$\beta = \eta(\alpha)$
とおく．任意の $\varepsilon > 0$ に対して $\varepsilon_* = \min\{\varepsilon, \beta - y_1, y_2 - \beta\} > 0$ とおくと，
$y_1 \leq \beta - \varepsilon_* < \beta < \beta + \varepsilon_* \leq y_2$ となる．$\varphi(x,y)$ が連続で，$\varphi(\alpha, \beta - \varepsilon_*) <$
$\varphi(\alpha,\beta) < \varphi(\alpha, \beta + \varepsilon_*)$ が成り立つことから，ある $\delta > 0$ が存在して $|x - \alpha| < \delta$
であれば

$$\varphi(x, \beta - \varepsilon_*) < \varphi(x, \eta(x)) < \varphi(x, \beta + \varepsilon_*)$$

が成り立つ．よって $\beta - \varepsilon_* < \eta(x) < \beta + \varepsilon_*$ となるので，$|\eta(x) - \eta(\alpha)| < \varepsilon_* \leq \varepsilon$
が成り立ち，$\displaystyle\lim_{x\to\alpha} \eta(x) = \eta(\alpha)$．したがって，$\eta$ は連続である．

η が $x = \alpha$ で微分可能であることを示す．Taylor の定理を $n = 1$ として適用すると，

$$\varphi(\alpha + h, \beta + k) = \varphi(\alpha, \beta) + \varphi_x(\alpha + \theta h, \beta + \theta k)h + \varphi_y(\alpha + \theta h, \beta + \theta k)k$$

となる $0 < \theta < 1$ が存在する．$k = \eta(\alpha + h) - \eta(\alpha)$ とすると

$$\frac{\eta(\alpha + h) - \eta(\alpha)}{h} = \frac{k}{h} = -\frac{\varphi_x(\alpha + \theta h, \beta + \theta k)}{\varphi_y(\alpha + \theta h, \beta + \theta k)}.$$

η の連続性より $h \to 0$ のとき $k \to 0$ であるから

$$\eta'(\alpha) = \lim_{h \to 0} \frac{\eta(\alpha + h) - \eta(\alpha)}{h} = -\frac{\varphi_x(\alpha, \beta)}{\varphi_y(\alpha, \beta)}.$$

よって η は a の近傍で微分可能で，

$$\eta'(x) = -\frac{\varphi_x(x, \eta(x))}{\varphi_y(x, \eta(x))}$$

である．右辺の連続性から η' も連続であるので η は C^1 級である．

D

発展：積分法・重積分法

D.1 積分法に関する定理の証明 ─────────────── ❖

積分可能性

いま，有界閉区間 $[a, b]$ の分割を $\Delta : a = x_0 < x_1 < \cdots < x_{n-1} < x_n = b$ とし，分割 Δ に対して

$$S_\Delta = \sum_{k=1}^n M_k (x_k - x_{k-1}), \quad s_\Delta = \sum_{k=1}^n m_k (x_k - x_{k-1})$$

とおく．ただし，

$$M_k = \sup_{x \in [x_{k-1}, x_k]} f(x), \quad m_k = \inf_{x \in [x_{k-1}, x_k]} f(x).$$

$m_k \le f(p_k) \le M_k \, (p_k \in [x_{k-1}, x_k])$ であるから，対 $(\Delta, \{p_k\})$ に対して

$$s_\Delta \le S(f; \Delta, \{p_k\}) \le S_\Delta. \tag{D.1}$$

有界閉区間 $[a, b]$ の 2 つの分割 Δ, Δ' に対し Δ の分点がすべて Δ' の分点でもあるとき，Δ' は Δ の細分であるという．Δ' が Δ の細分であるとき，$S_\Delta \ge S_{\Delta'}$, $s_\Delta \le s_{\Delta'}$ が成り立つ．区間 $[a, b]$ の分割 Δ_1, Δ_2 に対して，Δ_1 と Δ_2 の分点を合わせて区間 $[a, b]$ の分割 Δ' をつくるとき，Δ' は Δ_1, Δ_2 の細分であるから

$$s_{\Delta_1} \le s_{\Delta'} \le S_{\Delta'} \le S_{\Delta_2}.$$

よって，区間 $[a, b]$ の任意の分割 Δ_1, Δ_2 に対して $s_{\Delta_1} \le S_{\Delta_2}$ が成り立つので，

$$S = \inf \{ S_\Delta \mid \Delta \text{ は区間 } [a, b] \text{ の分割} \},$$

$$s = \sup \{ s_\Delta \mid \Delta \text{ は区間 } [a, b] \text{ の分割} \}$$

とおくと，

$$s \leq S$$

を得る．さらに，以下の定理が成り立つ．

定理 D.1 (Darboux (ダルブー) の定理) 関数 $f : [a, b] \to \mathbb{R}$ は有界であるとする．このとき，

$$\lim_{|\Delta| \to 0} S_\Delta = S, \quad \lim_{|\Delta| \to 0} s_\Delta = s.$$

証明 $\displaystyle\lim_{|\Delta| \to 0} s_\Delta = s$ のみ示す．s の定義から，任意の $\varepsilon > 0$ に対して，ある分割 $\Delta_\varepsilon : a = x_0^\varepsilon < x_1^\varepsilon < \cdots < x_{n_\varepsilon-1}^\varepsilon < x_{n_\varepsilon}^\varepsilon = b$ が存在し，

$$s - \frac{\varepsilon}{2} < s_{\Delta_\varepsilon}.$$

仮定より f は有界であるから，$m \leq f(x) \leq M \, (x \in [a, b])$ とする．また，$\delta = \min\{x_k^\varepsilon - x_{k-1}^\varepsilon \mid k = 1, 2, \cdots, n_\varepsilon\}$ とおき，

$$\widetilde{\delta} = \min\left\{\frac{\varepsilon}{2n_\varepsilon(M-m)}, \delta\right\}$$

とする．$|\Delta| < \widetilde{\delta}$ を満たす任意の分割 $\Delta : a = x_0 < x_1 < \cdots < x_{n-1} < x_n = b$ に対して，

$$s - s_\Delta < \varepsilon$$

となることを示す．Δ_ε と Δ を合わせてできる分割を $\widetilde{\Delta}_\varepsilon$ とする．ここで $|\Delta| < \delta$ より，Δ の小区間が Δ_ε の分点を含む場合，それは高々 1 個であることに注意すれば，

$$s_{\widetilde{\Delta}_\varepsilon} - s_\Delta$$
$$= \sum_{x_{k-1} < x_{j_k}^\varepsilon < x_k} \{m_{k_1}(x_{j_k}^\varepsilon - x_{k-1}) + m_{k_2}(x_k - x_{j_k}^\varepsilon) - m_k(x_k - x_{k-1})\}$$

を得る．ただし，$1 \leq j_k \leq n_\varepsilon$ であり，この式の $\sum$ は $x_{k-1} < x_{j_k}^\varepsilon < x_k$ となる k についての和を表す．また，

$$m_{k_1} = \inf_{x \in [x_{k-1}, x_{j_k}]} f(x), \quad m_{k_2} = \inf_{x \in [x_{j_k}, x_k]} f(x)$$

である. $m_k = m_{k_1}$ または m_{k_2} であるから, $|\Delta| < \widetilde{\delta}$ のとき,

$$0 \leq s_{\widetilde{\Delta}_\varepsilon} - s_\Delta \leq n_\varepsilon (M - m)|\Delta| < \frac{\varepsilon}{2}.$$

よって, $s_{\Delta_\varepsilon} \leq s_{\widetilde{\Delta}_\varepsilon}$ に注意すれば,

$$s - \frac{\varepsilon}{2} < s_{\Delta_\varepsilon} \leq s_{\widetilde{\Delta}_\varepsilon} < s_\Delta + \frac{\varepsilon}{2}.$$

すなわち, $s - s_\Delta < \varepsilon$. したがって, 求める結果を得る. ∎

定理 D.2 関数 $f : [a,b] \to \mathbb{R}$ は有界とする. このとき, 次の (i)–(iv) は同値である.

(i)　f は区間 $[a,b]$ で積分可能である.

(ii)　$S = s \left(= \displaystyle\int_a^b f(x)\,dx \right).$

(iii)　任意の $\varepsilon > 0$ に対して, ある $\delta > 0$ が存在し, $|\Delta| < \delta$ を満たす区間 $[a,b]$ の任意の分割 Δ について, $S_\Delta - s_\Delta < \varepsilon$.

(iv)　任意の $\varepsilon > 0$ に対して, $S_\Delta - s_\Delta < \varepsilon$ を満たす区間 $[a,b]$ の分割 Δ が存在する.

証明　(i) ならば (ii) を示す. 区間 $[a,b]$ の分割を $\Delta : a = x_0 < x_1 < \cdots < x_{n-1} < x_n = b$ とし, $M_k = \sup\limits_{x \in [x_{k-1}, x_k]} f(x)$ とすると, 任意の $\varepsilon > 0$ に対して, ある $c_k \in [x_{k-1}, x_k]$ が存在し,

$$M_k - \varepsilon < f(c_k).$$

よって,

$$S_\Delta - \varepsilon(b - a) < S(f; \Delta, \{c_k\}).$$

両辺で $|\Delta| \to 0$ とすると, (i) より

$$\lim_{|\Delta| \to 0} S(f; \Delta, \{c_k\}) = \int_a^b f(x)\,dx \,(= \alpha \text{ とおく}),$$

定理 D.1 より $\lim\limits_{|\Delta| \to 0} S_\Delta = S$ であるから,

$$S - \varepsilon(b - a) < \alpha.$$

$\varepsilon > 0$ は任意であるから $S \leq \alpha$ を得る．同様に $\alpha \leq s$ を得ることができ，$s \leq S$ に注意すれば，$\alpha \leq s \leq S \leq \alpha$．よって，$S = s = \alpha$．

(ii) ならば (i) は，(D.1)，定理 D.1，および $S = s$ より示すことができる．

以上より，(i)，(ii) の同値性が示された．次に (ii)，(iii)，(iv) の同値性を示す．

(ii) ならば (iii) を示す．定理 D.1 より，任意の $\varepsilon > 0$ に対して，ある δ が存在し，$|\Delta| < \delta$ ならば

$$S_\Delta - S < \frac{\varepsilon}{2}, \quad s - s_\Delta < \frac{\varepsilon}{2}.$$

(ii) より $S = s$ であるから，

$$0 \leq S_\Delta - s_\Delta = (S_\Delta - S) + (s - s_\Delta) < \varepsilon.$$

よって，(iii) を得る．

(iii) ならば (iv) は明らか．

(iv) ならば (ii) を示す．任意の $\varepsilon > 0$ に対して，$S_\Delta - s_\Delta < \varepsilon$ を満たす分割 Δ をとり，$s_\Delta \leq s \leq S \leq S_\Delta$ に注意すれば，

$$0 \leq S - s \leq S_\Delta - s_\Delta < \varepsilon.$$

$\varepsilon > 0$ は任意であるから，$S = s$ を得る．　∎

例 D.1

関数 $f : [0,1] \to \mathbb{R}$ を以下で定義する．

$$f(x) = \begin{cases} 1 & (x \in [0,1] \cap \mathbb{Q} \, (= X_0 \text{ とおく)}), \\ 0 & ([0,1] \setminus X_0). \end{cases}$$

有理数と無理数の稠密性から，区間 $[0,1]$ のどのような分割 Δ に対しても，小区間 $[x_{i-1}, x_i]$ に有理数と無理数が存在するので，

$$M_k = 1, \quad m_k = 0.$$

よって $S_\Delta = 1$，$s_\Delta = 0$ を得るので $s < S$ となり，定理 D.2 より f は区間 $[0,1]$ で積分可能でない．　∎

第4章の定理の証明

第4章で紹介した積分に関する定理を示そう.

> **定理 D.3 (定理 4.1 (p.91))** 有界閉区間 $[a, b]$ で連続な関数は区間 $[a, b]$ で積分可能である.

証明 任意の $\varepsilon > 0$ をとり, $\varepsilon_* = \dfrac{\varepsilon}{b-a}$ とする. f を有界閉区間 $[a, b]$ で連続な関数とすると, f は区間 $[a, b]$ で一様連続である. よって, $\varepsilon_* > 0$ に対して, ある $\delta > 0$ が存在し, $0 \neq |x - y| < \delta$ を満たす任意の $x, y \in [a, b]$ について

$$|f(x) - f(y)| < \varepsilon_*.$$

ここで, $|\Delta| < \delta$ を満たす区間 $[a, b]$ の分割 $\Delta : a = x_0 < x_1 < \cdots < x_{n-1} < x_n = b$ を任意にとる. 有界閉区間で連続な関数は最大値, 最小値をもつので, ある $q_k, r_k \in [x_{k-1}, x_k]$ が存在して

$$M_k = \max_{x \in [x_{k-1}, x_k]} f(x) = f(q_k), \quad m_k = \min_{x \in [x_{k-1}, x_k]} f(x) = f(r_k).$$

$|\Delta| < \delta$ より $|q_k - r_k| < \delta$ であるから,

$$0 \leq S_\Delta - s_\Delta = \sum_{k=1}^{n} \{f(q_k) - f(r_k)\}(x_k - x_{k-1}) < \varepsilon_*(b-a) < \varepsilon.$$

したがって, 定理 D.2(iii) が成り立つので, f は区間 $[a, b]$ で積分可能である.

> **定理 D.4 (定理 4.2 (p.91))** 有界閉区間 $[a, b]$ で単調増加または単調減少な関数は区間 $[a, b]$ で積分可能である.

証明 f を有界閉区間 $[a, b]$ で単調増加な関数とすると, 区間 $[a, b]$ の分割 $\Delta : a = x_0 < x_1 < \cdots < x_{n-1} < x_n = b$ に対して,

$$M_k = f(x_k), \quad m_k = f(x_{k-1}).$$

したがって,

$$0 \leq S_\Delta - s_\Delta = \sum_{k=1}^{n} \{f(x_k) - f(x_{k-1})\}(x_k - x_{k-1})$$

$$\leq |\Delta| \sum_{k=1}^{n} \{f(x_k) - f(x_{k-1})\}$$

$$= |\Delta| \{f(b) - f(a)\}.$$

よって，任意の $\varepsilon > 0$ に対して $\delta = \dfrac{\varepsilon}{f(b) - f(a)} > 0$ とすれば，$|\Delta| < \delta$ を満たす任意の分割 Δ について

$$S_\Delta - s_\Delta < \varepsilon.$$

つまり，定理 D.2 (iii) が成り立つので，f は区間 $[a,b]$ で積分可能である. ▌

定理 D.5 (定理 4.3(iii) (p.91)) 関数 $f : [a,b] \to \mathbb{R}$ は有界とし，有界閉区間 $[a,b]$ で積分可能とする．このとき，$|f(x)|$ も区間 $[a,b]$ で積分可能であり，

$$\left| \int_a^b f(x)\,dx \right| \leq \int_a^b |f(x)|\,dx.$$

証明 区間 $[a,b]$ の分割 $\Delta : a = x_0 < x_1 < \cdots < x_{n-1} < x_n = b$ に対して，

$$\widetilde{S}_\Delta = \sum_{k=1}^{n} \widetilde{M}_k (x_k - x_{k-1}), \quad \widetilde{s}_\Delta = \sum_{k=1}^{n} \widetilde{m}_k (x_k - x_{k-1})$$

とおく．ただし，

$$\widetilde{M}_k = \sup_{x \in [x_{k-1}, x_k]} |f(x)|, \quad \widetilde{m}_k = \inf_{x \in [x_{k-1}, x_k]} |f(x)|.$$

M_k と m_k が同符号であれば，$\widetilde{M}_k - \widetilde{m}_k = M_k - m_k$ が成り立つ．$M_k \geq 0 \geq m_k$ であれば，$\widetilde{M}_k = \max\{M_k, -m_k\}$ と $\widetilde{m}_k \geq 0$ より，$\widetilde{M}_k - \widetilde{m}_k \leq \widetilde{M}_k \leq M_k - m_k$ が成り立つ．したがって，

$$0 \leq \widetilde{S}_\Delta - \widetilde{s}_\Delta \leq S_\Delta - s_\Delta.$$

f は区間 $[a,b]$ で積分可能であるから，定理 D.2 より，任意の $\varepsilon > 0$ に対して $S_\Delta - s_\Delta < \varepsilon$ を満たす分割 Δ が存在する．この分割 Δ に対し $\widetilde{S}_\Delta - \widetilde{s}_\Delta < \varepsilon$ が成り立つ．つまり定理 D.2 (iv) が成り立つので，$|f|$ は区間 $[a,b]$ で積分可能である．

一方，区間 $[a,b]$ の分割 Δ とそれに付随する数列 $\{p_k\}$ $(p_k \in [x_{k-1}, x_k])$ との任意の対 $(\Delta, \{p_k\})$ に対して

$$|S(f; \Delta, \{p_k\})| \le S(|f|; \Delta, \{p_k\})$$

が成り立つので，両辺で $|\Delta| \to 0$ とすれば求める不等式を得る. ∎

定理 D.6 (定理 4.4 (p.92)) 関数 $f : [a,b] \to \mathbb{R}$ は有界とし，有界閉区間 $[a,b]$ で積分可能とする. このとき，f は区間 $[a,b]$ に含まれる任意の閉区間で積分可能である.

証明 閉区間 $J \subset [a,b]$ を任意にとる. f は有界閉区間 $[a,b]$ で積分可能であるから，定理 D.2 より，任意の $\varepsilon > 0$ に対して

$$S_\Delta - s_\Delta < \varepsilon$$

を満たす区間 $[a,b]$ の分割 Δ が存在する. このとき，分割 Δ に J の端点をつけ加えてできる分割を Δ' とすると，Δ' は Δ の細分であるから，

$$S_{\Delta'} - s_{\Delta'} \le S_\Delta - s_\Delta < \varepsilon.$$

Δ' に含まれる小区間のうち，J に含まれるものだけをとって J の分割 Δ'_J をつくると，

$$S_{\Delta'_J} - s_{\Delta'_J} \le S_{\Delta'} - s_{\Delta'} < \varepsilon.$$

したがって，定理 D.2(iv) が成り立つので，f は閉区間 $J (\subset [a,b])$ で積分可能である. ∎

定理 D.7 (定理 4.5 (p.92)) 関数 $f : [a,b] \to \mathbb{R}$ は有界とし，有界閉区間 $[a,c]$ および $[c,b]$ で積分可能とする. このとき，f は有界閉区間 $[a,b]$ で積分可能であり，

$$\int_a^b f(x)\,dx = \int_a^c f(x)\,dx + \int_c^b f(x)\,dx.$$

証明 f は区間 $[a,c]$，$[c,b]$ で積分可能であるから，定理 D.2 より，任意の $\varepsilon > 0$

に対して

$$S_{\Delta_1} - s_{\Delta_1} < \frac{\varepsilon}{2}, \quad S_{\Delta_2} - s_{\Delta_2} < \frac{\varepsilon}{2}$$

を満たす区間 $[a,c]$ の分割 Δ_1，区間 $[c,b]$ の分割 Δ_2 が存在する．ここで，分割 Δ_1，Δ_2 の分点によって構成される区間 $[a,b]$ の分割を Δ とすると，

$$S_{\Delta} - s_{\Delta} = (S_{\Delta_1} + S_{\Delta_2}) - (s_{\Delta_1} + s_{\Delta_2})$$
$$= (S_{\Delta_1} - s_{\Delta_1}) + (S_{\Delta_2} - s_{\Delta_2}) < \varepsilon.$$

よって，定理 D.2(iv) が成り立つので，f は区間 $[a,b]$ で積分可能である．また，分割 $\Delta : a = x_0 < x_1 < \cdots < x_{m-1} < x_m = c < x_{m+1} < \cdots < x_{n-1} < x_n = b$ とそれに付随する数列 $\{p_k\}$ $(p_k \in [x_{k-1}, x_k])$ との対 $(\Delta, \{p_k\})$ に対して，

$$S(f; \Delta, \{p_k\}) = S(f; \Delta_1, \{p_k\}) + S(f; \Delta_2, \{p_k\}).$$

ただし，$\Delta_1 : a = x_0 < x_1 < \cdots < x_{m-1} < x_m = c$，$\Delta_2 : c = x_m < x_{m+1} < \cdots < x_{n-1} < x_n = b$ である．この両辺で $|\Delta| \to 0$ とすれば，$|\Delta_1| \to 0$，$|\Delta_2| \to 0$ であり，f は各区間で積分可能であるから，求める等式を得る． ∎

広義積分可能性に関する定理を証明するために，以下の定理を準備する．

定理 D.8 (Cauchy の判定法) $X \subset \mathbb{R}$ とし，関数 $f : X \to \mathbb{R}$ に対して $U_{\delta_0}(a) \setminus \{a\} \subset X$ $(\delta_0 > 0)$ とする．極限 $\lim_{x \to a} f(x)$ が存在するための必要十分条件は

任意の $\varepsilon > 0$ に対して，ある $\delta \in (0, \delta_0)$ が存在し，$0 \neq |x - a| < \delta$，$0 \neq |y - a| < \delta$ を満たす任意の $x, y \in X$ について，$|f(x) - f(y)| < \varepsilon$

となることである．

証明 まず必要性を示す．f の点 a における極限を α とすると，任意の $\varepsilon > 0$ に対して，ある $\delta > 0$ が存在し，$0 \neq |x - a| < \delta$ を満たす任意の $x \in X$ について

$$|f(x) - \alpha| < \frac{\varepsilon}{2}.$$

よって，$0 \neq |x-a| < \delta$, $0 \neq |y-a| < \delta$ を満たす任意の $x, y \in X$ について，

$$|f(x) - f(y)| \leq |f(x) - \alpha| + |\alpha - f(y)| < \frac{\varepsilon}{2} + \frac{\varepsilon}{2} = \varepsilon.$$

次に十分性を示す．a に収束する任意の点列 $\{x_n\} \subset X$ をとると，条件から $\{f(x_n)\} \subset \mathbb{R}$ は Cauchy 列となるから収束する．したがって，定理 2.5 (p.18) より，極限 $\lim_{x \to a} f(x)$ が存在する．

定理 D.9　関数 $f : (a, b] \to \mathbb{R}$ は非有界とし，任意の $t\,(a < t < b)$ に対し有界閉区間 $[t, b]$ で有界かつ積分可能とする．このとき，$\displaystyle\int_a^b f(x)\,dx$ が広義積分可能であるための必要十分条件は，

　　　任意の $\varepsilon > 0$ に対して，ある $c \in (a, b]$ が存在し，$a < s < t < c$
　　　を満たす任意の s, t について $\left| \displaystyle\int_s^t f(x)\,dx \right| < \varepsilon$

となることである．

証明　$F(s) = \displaystyle\int_s^b f(x)\,dx$ とおく．$\displaystyle\lim_{s \to a+0} F(s)$ が存在するための必要十分条件を求めればよいから，定理 D.8 より導かれる．

定理 D.10 (定理 4.12 (p.120))　関数 $f : (a, b] \to \mathbb{R}$ は非有界とし，任意の $t\,(a < t < b)$ に対し有界閉区間 $[t, b]$ で有界かつ積分可能とする．

(i)　$\displaystyle\int_a^b |f(x)|\,dx$ が広義積分可能であれば，$\displaystyle\int_a^b f(x)\,dx$ も広義積分可能であり，

$$\left| \int_a^b f(x)\,dx \right| \leq \int_a^b |f(x)|\,dx.$$

　　　(このとき，広義積分 $\displaystyle\int_a^b f(x)\,dx$ は絶対収束するという．)

(ii)　ある関数 $g : (a, b] \to \mathbb{R}$ が存在し，$|f(x)| \leq g(x)\,(x \in (a, b])$，かつ g が区間 $(a, b]$ で広義積分可能であれば，広義積分 $\displaystyle\int_a^b f(x)\,dx$ は絶対

収束し，

$$\int_a^b |f(x)|\,dx \le \int_a^b g(x)\,dx.$$

証明　$a < s < t \le b$ となる任意の s, t に対して，

$$\left|\int_s^t f(x)\,dx\right| \le \int_s^t |f(x)|\,dx \le \int_s^t g(x)\,dx$$

が成り立つ．これと定理 D.9 を用いれば (i)，(ii) ともに示すことができる．また，上記の不等式において $t = b$ とし，$s \to a + 0$ とすれば，区間 $(a, b]$ 上の広義積分に関する不等式

$$\left|\int_a^b f(x)\,dx\right| \le \int_a^b |f(x)|\,dx \le \int_a^b g(x)\,dx$$

を得る．

D.2　重積分法に関する定理の証明 ─────────────◇

第 6 章の定理の証明

第 6 章で紹介した重積分に関する定理を示そう．まず，次の記号を準備する．K を閉長方形とし，$f : K \to \mathbb{R}$ を有界関数とする．K の分割 Δ に対し，

$$S_\Delta = \sum_{i=1}^m \sum_{j=1}^n M_{ij}\mu(K_{ij}), \quad s_\Delta = \sum_{i=1}^m \sum_{j=1}^n m_{ij}\mu(K_{ij})$$

とおく．ただし，

$$M_{ij} = \sup_{(x,y)\in K_{ij}} f(x,y), \quad m_{ij} = \inf_{(x,y)\in K_{ij}} f(x,y)$$

である．さらに

$$S = \inf\{S_\Delta \mid \Delta \text{ は閉長方形 } K \text{ の分割}\},$$

$$s = \sup\{s_\Delta \mid \Delta \text{ は閉長方形 } K \text{ の分割}\}$$

とおく．1 次元の積分の場合と同じように，閉長方形上での重積分に関しては Darboux の定理 (定理 D.1) や定理 D.2 と同様のことが成り立つ．

以後の証明において，S_Δ, S が f に依存することを強調したいときは，それぞれ $S_\Delta(f), S(f)$ と表すことにする．s_Δ, s についても同様に表す．また，閉長方形 K の分割によって得られる小長方形 $\{K_{ij}\}$ を，必要に応じて適当に番号をつけなおし，$\{K_j\}$ によって表す．

定理 D.11 D を有界集合とする．$\mu(D) = 0$ となるための必要十分条件は，任意の $\varepsilon > 0$ に対して

$$D \subset \bigcup_{j=1}^{n} K_j \quad かつ \quad \sum_{j=1}^{n} \mu(K_j) < \varepsilon \tag{D.2}$$

となる有限個の閉長方形 $K_1, \cdots, K_n$ $(n = n(\varepsilon))$ が存在することである．

証明 有界集合 D は $\mu(D) = 0$ を満たすとする．$D \subset K$ となる閉長方形 K をとると，$\mu(D) = 0$ より $\iint_K \chi_D(x,y)\,dxdy = 0$ であるから，任意の $\varepsilon > 0$ に対してある $\delta > 0$ が存在し，$|\Delta| < \delta$ であれば，

$$S_\Delta = S_\Delta(\chi_D) < \varepsilon$$

とできる．ここで，$|\Delta| < \delta$ を満たす K の分割 Δ によって生成される閉長方形 K_j で，$K_j \cap D \neq \emptyset$ となるものを $K_1, \cdots, K_n$ とすれば，$D \subset \bigcup_{j=1}^{n} K_j$ を得る．さらに，$j = 1, \cdots, n$ に対して

$$\chi_D(x,y) = \begin{cases} 1 & ((x,y) \in K_j \cap D), \\ 0 & ((x,y) \in K_j \setminus D) \end{cases}$$

が成り立つので，S_Δ の定義より，

$$\sum_{j=1}^{n} \mu(K_j) = S_\Delta < \varepsilon.$$

よって，(D.2) を満たす閉長方形 $K_1, \cdots, K_n$ がとれることがわかる．

逆に，$D \subset K$ となる閉長方形を任意に定め，(D.2) を満たす閉長方形 $K_1, \cdots, K_n$ が存在するとする．このとき $(x,y) \in K$ に対して $0 \leq \chi_D(x,y) \leq$

$\sum_{j=1}^{n} \chi_{K_j}(x, y)$ であり，

$$0 \leq S = S(\chi_D) \leq \sum_{j=1}^{n} \mu(K_j) < \varepsilon$$

が成り立つ．$\varepsilon > 0$ は任意であるから，$\mu(D) = S = 0$ を得る．

> **定理 D.12 (定理 6.3 (p.188))**   有界集合 D が面積確定であるための必要
> 十分条件は，$\mu(\partial D) = 0$ となることである．

証明 $D \subset K$ となる閉長方形 K をとり，閉長方形 $\{K_1, \cdots, K_m\}$ による
K の分割を Δ とする．ここで $K_j \cap D \neq \emptyset$ かつ $K_j \cap D^c \neq \emptyset$(ただし，
$D^c = K \setminus D$)となる K_j を選び，必要なら番号をつけ直して $K_1, \cdots, K_n$ とす
ると，$\partial D \subset \bigcup_{j=1}^{n} K_j$ を得る．さらに $S_\Delta = S_\Delta(\chi_D)$, $s_\Delta = s_\Delta(\chi_D)$ に対して

$$S_\Delta(\chi_D) - s_\Delta(\chi_D) = \sum_{j=1}^{n} \mu(K_j)$$

が成り立つ．

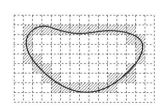

$$\{K_1, \cdots, K_n\}$$

まず D が面積確定ならば $\lim_{|\Delta| \to 0} (S_\Delta - s_\Delta) = 0$ となるから，定理 D.11 より
$\mu(\partial D) = 0$ を得る．

逆に $\mu(\partial D) = 0$ ならば，$S_\Delta = S_\Delta(\chi_{\partial D})$, $s_\Delta = s_\Delta(\chi_{\partial D})$ に対して

$$\lim_{|\Delta| \to 0} \sum_{K_j \cap \partial D \neq \emptyset} \mu(K_j) = \lim_{|\Delta| \to 0} S_\Delta(\chi_{\partial D}) = \mu(\partial D) = 0.$$

$K_j \cap D \neq \emptyset$ かつ $K_j \cap D^c \neq \emptyset$ となるような K_j は必ず境界点を含むので，

$$\sum_{j=1}^{n} \mu(K_j) \leq \sum_{K_j \cap \partial D \neq \emptyset} \mu(K_j)$$

よって，$\displaystyle\lim_{|\Delta| \to 0} (S_\Delta - s_\Delta) = 0$ を得るので，D は面積確定である． ∎

定理 D.13 (定理 6.4 (p.188)) 区間 $[a, b]$ で連続な関数 $g_1(x)$, $g_2(x)$ に対して，集合

$$\{(x, y) \mid a \leq x \leq b,\, g_1(x) \leq y \leq g_2(x)\}$$

は面積確定である．また，区間 $[c, d]$ で連続な関数 $h_1(y)$, $h_2(y)$ に対して，集合

$$\{(x, y) \mid c \leq y \leq d,\, h_1(y) \leq x \leq h_2(y)\}$$

は面積確定である．

証明 $\{(x, y) \mid a \leq x \leq b,\, g_1(x) \leq y \leq g_2(x)\}$ の場合のみ示す．

$$D = \{(x, y) \mid a \leq x \leq b,\, g_1(x) \leq y \leq g_2(x)\}$$

とおく．$\mu(\partial D) = 0$ を示せばよい．

$$L_i = \{(x, y) \mid a \leq x \leq b,\, y = g_i(x)\}\ (i = 1, 2),$$

$$L_l = \{(x, y) \mid x = l,\, g_1(l) \leq y \leq g_2(l)\}\ (l = a, b)$$

とすると，$\partial D = L_1 \cup L_2 \cup L_a \cup L_b$ である．

まず，$\mu(L_i) = 0\,(i = 1, 2)$ を示す．g_i は区間 $[a, b]$ で連続であるから，一様連続である．よって，任意の $\varepsilon > 0$ に対して，ある $\delta_i > 0$ が存在し，$|x - \widetilde{x}| < \delta$, $x, \widetilde{x} \in [a, b]$ であれば，

$$|g_i(x) - g_i(\widetilde{x})| < \frac{\varepsilon}{b - a}.$$

ここで，区間 $[a, b]$ の分割を

$$\Delta_i : a = x_{i,0} < x_{i,1} < \cdots < x_{i,n-1} < x_{i,n} = b$$

とし，$|\Delta_i| < \delta$ を満たすとする．さらに，

$$M_{i,j} = \max_{x \in [x_{i,j-1}, x_{i,j}]} g_i(x), \quad m_{i,j} = \min_{x \in [x_{i,j-1}, x_{i,j}]} g_i(x)$$

とし，$K_{i,j} = [x_{i,j-1}, x_{i,j}] \times [m_{i,j}, M_{i,j}]$ とすると，$L_i \subset \bigcup_{j=1}^{n} K_{i,j}$ であり，

$$\sum_{j=1}^{n} \mu(K_{i,j}) < \sum_{j=1}^{n} (x_{i,j} - x_{i,j-1}) \cdot \frac{\varepsilon}{b-a} = \varepsilon.$$

よって，定理 D.11 より $\mu(L_i) = 0$ を得る．

次に，$\mu(L_l) = 0 \, (l = a, b)$ を示す．

$$m = \min_{x \in [a,b]} g_1(x), \quad M = \max_{x \in [a,b]} g_2(x)$$

とし，任意の $\varepsilon > 0$ に対して，$K_l = \left[l - \frac{\varepsilon}{4(M-m)}, l + \frac{\varepsilon}{4(M-m)} \right] \times [m, M]$ とおくと，

$$L_l \subset K_l, \quad \mu(K_l) < \varepsilon.$$

よって，定理 D.11 より $\mu(L_l) = 0$ を得る．

以上から，$\mu(\partial D) = 0$ を得るので，定理 6.3 (定理 D.12) より，D は面積確定である．

定理 D.14 (定理 6.8 (p.191)) D を面積確定集合とし，関数 $f : D \to \mathbb{R}$ は有界とする．

$$D_0 = \{(x, y) \in D \mid f \text{ は点 } (x, y) \text{ で不連続} \}$$

とするとき，D_0 の面積が 0 ならば，f は D で重積分可能である．

証明 $D \subset K$ となる閉長方形 K をとり，閉長方形 $\{K_1, \cdots, K_n\}$ による K の分割を Δ とする．このとき，

$$M_j = \sup_{(x,y) \in K_j} (\chi_{\partial D} f)(x, y), \quad m_j = \inf_{(x,y) \in K_j} (\chi_{\partial D} f)(x, y),$$

とすると,

$$S_\Delta(f) - s_\Delta(f) = \sum_{K_j \cap D \neq \emptyset} (M_j - m_j)\mu(K_j)$$

$$\leq \sum_{K_j \cap \partial D \neq \emptyset} (M_j - m_j)\mu(K_j) + \sum_{K_j \cap D_0 \neq \emptyset} (M_j - m_j)\mu(K_j)$$

$$+ \sum_{\substack{K_j \cap \partial D = \emptyset \\ K_j \subset D \\ K_j \cap D_0 = \emptyset}} (M_j - m_j)\mu(K_j) \, (= I_1 + I_2 + I_3 \text{ とおく}).$$

D は面積確定集合であるから, $\mu(\partial D) = 0$. さらに, $\mu(D_0) = 0$ であるから,

$$\lim_{|\Delta| \to 0} (I_1 + I_2) = 0.$$

よって, 任意の $\varepsilon > 0$ に対して, ある $\delta_1 > 0$ が存在し, $|\Delta| < \delta_1$ であれば, $I_1 + I_2 < \varepsilon$ とできる. ここで,

$$K_j \cap \partial D = \emptyset, \quad K_j \subset D, \quad K_j \cap D_0 = \emptyset$$

を満たす K_j の和集合を E とすると, E は有界閉集合であり, f は E 上で連続である. したがって, f は一様連続であり, 任意の $\varepsilon > 0$ に対して, ある $\delta_2 > 0$ が存在して, $\sqrt{(x-s)^2 + (y-t)^2} < \delta_2$, $(x,y),(s,t) \in E$ であれば,

$$|f(x,y) - f(s,t)| < \varepsilon.$$

ここで, Δ の細分 $\widetilde{\Delta}$ によって得られる小長方形 $\{\widetilde{K}_1, \cdots, \widetilde{K}_k\}$ を $|\widetilde{\Delta}| < \dfrac{\delta_2}{\sqrt{2}}$ を満たすようにとれば, $(x,y),(s,t) \in \widetilde{K}_j \cap E$ であれば, $|f(x,y) - f(s,t)| < \varepsilon$ であるから,

$$S_{\widetilde{\Delta}}(f) - s_{\widetilde{\Delta}}(f) \leq I_1 + I_2 + \sum_{\widetilde{K}_j \subset E} (\widetilde{M}_j - \widetilde{m}_j)\mu(\widetilde{K}_j)$$

$$< \varepsilon + \varepsilon\mu(E) < (1 + \mu(D))\varepsilon.$$

ただし,

$$\widetilde{M}_j = \sup_{(x,y) \in \widetilde{K}_j} f(x,y), \quad \widetilde{m}_j = \inf_{(x,y) \in \widetilde{K}_j} f(x,y).$$

これは, $S = s$ を意味するので, f は重積分可能である. ∎

練習問題の解答

練習問題 **2.1** (p.20)

1. (1) $(g \circ f)(x) = \sin^3 x,\ (f \circ g)(x) = \sin(x^3)$

   (2) $(g \circ f)(x) = \dfrac{1}{x^6} - 1\ (x \neq 0),\ (f \circ g)(x) = \dfrac{1}{(x^2-1)^3}\ (x \neq \pm 1)$

   (3) $(g \circ f)(x) = \sqrt{\dfrac{x+1}{x-1}}\ (x \leq -1\ \text{または}\ x > 1),$

   $\quad (f \circ g)(x) = \dfrac{2(x-1+\sqrt{x-1})}{x-2}\ (x \geq 1\ \text{かつ}\ x \neq 2)$

   (4) $(g \circ f)(x) = \sqrt{\tan x}\ \left(n\pi \leq x < \dfrac{(2n+1)\pi}{2},\ n \in \mathbb{Z}\right)$

   $\quad (f \circ g)(x) = \tan\sqrt{x}\ \left(\sqrt{x} \neq \dfrac{\pi}{2} + n\pi,\ n \in \mathbb{N} \cup \{0\}\right)$

2. (1) 偶関数 (2) 奇関数 (3) どちらでもない (4) 偶関数

3. $\dfrac{2\pi}{a}$

4. (1) 4 (2) 2 (3) $\dfrac{1}{4}$ (4) 2 (5) $-\dfrac{1}{2}$ (6) $-\dfrac{1}{2}$

5. (1) 2 (2) $\dfrac{3}{2}$ (3) 2 (4) $\dfrac{9}{2}$ (5) -1 (6) -1 (7) 1 (8) 0 (9) 0

練習問題 **2.2** (p.30)

1. (1) 連続 (2) 連続でない (3) 連続 (4) 連続

2. (ヒント) n が奇数のときは $\lim\limits_{x \to \pm\infty} f(x) = \pm\infty$ であり, $f(a) < 0 < f(b)$ を満たすような $a < 0,\ b > 0$ が存在する. 有界閉区間 $[a,b]$ で f に中間値の定理を適用する.

3. (ヒント) $g(x) = x - f(x)$ とおき, $g(0),\ g(1)$ の符号を調べ, 有界閉区間 $[0,1]$ で g に中間値の定理を適用する.

4. $f^{-1}(x) = -\sqrt{x}\ (x \geq 0)$

5. (1) (ヒント) $f(0) = 0$ については (i) で $x = y = 0$ とする.

$f(-x) = -f(x)$ については $0 = x - x$ と考え (i) を利用.

(2) (ヒント) (i) と (1) より $f(x - x_0) = f(x) - f(x_0)$ となり,これと (ii) を利用.

(3) (ヒント) $n \in \mathbb{N}$ に対して,$f(1) = f\left(n \cdot \dfrac{1}{n}\right) = f\left(\dfrac{1}{n} + \cdots + \dfrac{1}{n}\right)$ と考えて,(i) を利用してまず $f\left(\dfrac{1}{n}\right) = \dfrac{a}{n}$ を示す.

練習問題 **2.3** (p.42)

1. (1) 2 (2) 1 (3) 3 (4) 5 (5) 1 (6) 1 (7) 0 (8) $\log a$ (9) e (10) 1

2. 発散

3. (1) $-\dfrac{\pi}{3}$ (2) $-\dfrac{\pi}{6}$ (3) $\dfrac{\pi}{3}$ (4) $\dfrac{3}{4}\pi$ (5) $\dfrac{\pi}{4}$

4. (1) (ヒント) $\alpha = \mathrm{Cos}^{-1}x$ とおき,$\sin^2\alpha + \cos^2\alpha = 1$ を利用.

   (2) (ヒント) $\alpha = \mathrm{Tan}^{-1}|x|$ とおき,$1 + \tan^2\alpha = \dfrac{1}{\cos^2\alpha}$,$\cos 2\alpha = 2\cos^2\alpha - 1$ を利用.

   (3) (ヒント) $\alpha = \mathrm{Tan}^{-1}\dfrac{1}{5}$ とおき,$\tan(\alpha_1 + \alpha_2) = \dfrac{\tan\alpha_1 + \tan\alpha_2}{1 - \tan\alpha_1\tan\alpha_2}$ を利用して $\tan\left(4\alpha - \dfrac{\pi}{4}\right)$ の値を求める.

5. (1) $f^{-1}(x) = \dfrac{1}{a}\mathrm{Cos}^{-1}x$ $(x \in [-1, 1])$ (2) $f^{-1}(x) = \dfrac{1}{a}e^x$ $(x \in \mathbb{R})$

6. $f^{-1}(x) = \log\left(x - \sqrt{x^2 - 1}\right)$ $(x \geq 1)$

7. (1) (ヒント) $f(0) = 1$ については (i) で $x = y = 0$ とし,(ii) を利用.

   (2) (ヒント) $n \in \mathbb{N}$ に対して,$f(1) = f\left(n \cdot \dfrac{1}{n}\right) = f\left(\dfrac{1}{n} + \cdots + \dfrac{1}{n}\right)$ と考えて,(i) を利用してまず $f\left(\dfrac{1}{n}\right) = \sqrt[n]{a}$ を示す.

練習問題 **3.1** (p.48)

1. (1) 点 $x = 0$ で微分可能ではない (2) 点 $x = 0$ で微分可能
   (3) 点 $x = 0$ で微分可能

2. $\alpha > 1$

3. (1) $f'(a)$ (2) $f'(a)$

練習問題 3.2 (p.62)

1. (1) (ヒント) $a^x = e^{x \log a}$ 変形し合成関数の微分法を利用.

 (2) (ヒント) $\log_a |x| = \dfrac{\log |x|}{\log a}$ と変形し微分する.

 (3) (ヒント) $\mathrm{Sin}^{-1} x + \mathrm{Cos}^{-1} x = \dfrac{\pi}{2}$ と $\mathrm{Sin}^{-1} x$ の微分 (例題 3.7 (1) を参照) を利用. 例題 3.7 を参考にして逆関数の微分法を用いて求めてもよい.

 (4) $\sinh x = \dfrac{e^x - e^{-x}}{2}$ として微分. (5) $\tanh x = \dfrac{e^x - e^{-x}}{e^x + e^{-x}}$ として微分.

2. (1) $\dfrac{1}{3} x^{-\frac{2}{3}}$ (2) $9x^2 + 4x - 2$ (3) $e^x (\cos x - \sin x)$ (4) $\dfrac{2}{(x+1)^2}$

 (5) $\dfrac{x^2 + 2x - 5}{(x+1)^2}$ (6) $\dfrac{1 - \log |x|}{x^2}$ (7) $-\dfrac{x}{(x^2+1)^{\frac{3}{2}}}$ (8) $-5 \cos^4 x \sin x$

 (9) $-\dfrac{3 \cos 3x}{\sin^2 3x}$ (10) $\dfrac{3}{\sqrt{1 - 9x^2}}$ (11) $-\dfrac{2 \mathrm{Cos}^{-1} x}{\sqrt{1 - x^2}}$ (12) $-2xe^{-x^2}$

 (13) $\dfrac{2x}{x^2 + 1}$ (14) $-\tan x$ (15) $\dfrac{1}{x \log |x|}$ (16) $\dfrac{1}{\sqrt{x^2 + 1}}$

 (17) $x^{\sin x} \left(\cos x \log x + \dfrac{\sin x}{x} \right)$ (18) $\dfrac{1}{x^2 + 1}$ (19) $-\dfrac{1}{\sqrt{1 - x^2}}$

 (20) $\dfrac{1}{x^2 + 1}$

3. (1) $\dfrac{n!}{(1-x)^{n+1}}$ (2) $(\sqrt{2})^n e^x \sin \left(x + \dfrac{n\pi}{4} \right)$ (3) $\dfrac{(-1)^{n-1}(n-1)! \, 2^n}{(1 + 2x)^n}$

4. (1) $2^{n-3} \{ 8x^3 + 12nx^2 + 6n(n-1)x + n(n-1)(n-2) \} e^{2x}$

 (2) $\{ x^2 - n(n-1) \} \sin \left(x + \dfrac{n\pi}{2} \right) - 2nx \cos \left(x + \dfrac{n\pi}{2} \right)$

 (3) $\dfrac{(-1)^{n-2}(n-2)! \, 2^{n-1}(2x + n)}{(1 + 2x)^n}$

5. $\dfrac{d^2 z}{dt^2} + (a-1)\dfrac{dz}{dt} + bz = 0$

練習問題 3.3 (p.86)

1. (1) $e^x \sin x = x + x^2 + \dfrac{1}{3} x^3 - \dfrac{e^{\theta x} \sin \theta x}{6} x^4 \quad (0 < \theta < 1)$

(2) $\sqrt{1-x} = 1 - \dfrac{1}{2}x - \dfrac{1}{8}x^2 - \dfrac{1}{16}x^3 - \dfrac{5}{128(1-\theta x)^{\frac{7}{2}}}x^4 \quad (0 < \theta < 1)$

(3) $\sinh x = x + \dfrac{1}{3!}x^3 + \dfrac{\sinh \theta x}{4!}x^4 \quad (0 < \theta < 1)$

2. 0.54030

3. 0.69

4. 1.910 (度数表記では約 $109°$)

5. (ヒント) $f(a+2h)$, $f(a+h)$ を Taylor 展開し，左辺に代入する．

6. (1) 極大値 $f(0) = \dfrac{1}{3}$　(2) 極小値 $f\left(\dfrac{1}{e}\right) = -\dfrac{1}{e}$

   (3) 極小値 $f\left(-\dfrac{\sqrt{2}}{2}\right) = -\dfrac{1}{2}$,　極大値 $f\left(\dfrac{\sqrt{2}}{2}\right) = \dfrac{1}{2}$

   (4) 極大値 $f\left(\dfrac{1}{e}\right) = e^{\frac{1}{e}}$

7. たとえば，$x_1 = 3$, $x_{n+1} = \dfrac{1}{2}\left(x_n + \dfrac{7}{x_n}\right)$ によって定まる数列 $\{x_n\}$.
   この場合の第 4 項までの値 (カッコ内小数第 7 位以降は切り捨て) は
   $$x_2 = \frac{8}{3}(= 2.666666), \quad x_3 = \frac{127}{48}(= 2.645833),$$
   $$x_4 = \frac{32257}{12192}(= 2.645751)$$

8. (1) 2　(2) $\dfrac{1}{3}$　(3) 1　(4) $\dfrac{1}{e}$　(5) 1

練習問題 **4.1** (p.100)

1. (1) $\log 2$　(2) $\dfrac{1}{3}(e^3 - 1)$　(3) $\dfrac{12}{\log 5}$　(4) $\dfrac{1}{2}$　(5) $\dfrac{\pi}{4}$　(6) $\log(1 + \sqrt{2})$

   (7) $\dfrac{\pi}{6} - \dfrac{\sqrt{3}}{8}$　(8) $\dfrac{3}{2}$

2. (1) (ヒント) 例題 4.2 を参照．三角関数の積和の公式を利用する．　(2) 略．

3. (ヒント) 分割を $\Delta : a = x_0 < x_1 < \cdots < x_{n-1} < x_n = b$ とするとき，
   まずはある点 $c_i \in [x_{i-1}, x_i]$ に対する Riemann 和とその極限値を求める
   (c_i としては，たとえば小区間 $[x_{i-1}, x_i]$ の中点をとる)．そのあと，任意
   の $p_i \in [x_{i-1}, x_i]$ に対する Riemann 和がその値に収束することを示す．

練習問題 **4.2** (p.114)

1. (1) $\dfrac{\pi}{8}$　(2) $\dfrac{3\sqrt{3}}{8}$　(3) $\dfrac{1}{4}$

2. 以下，積分定数は省略する．

   (1) $\mathrm{Sin}^{-1}\dfrac{x}{a}$　(2) $\dfrac{1}{3}(x^2+3)^{\frac{3}{2}}$　(3) $\dfrac{1}{2}\log(x^2+1)$　(4) $\log|\log|x||$

   (5) $x-\log(e^x+1)$　(6) $\dfrac{x^2}{4}(2\log|x|-1)$

   (7) $\dfrac{1}{2}\{(x^2+1)\mathrm{Tan}^{-1}x-x\}$　(8) $x\log(x^2+1)-2x+2\,\mathrm{Tan}^{-1}x$

   (9) $x\,\mathrm{Sin}^{-1}x+\sqrt{1-x^2}$　(10) $x\,\mathrm{Tan}^{-1}\dfrac{1}{x}+\log\sqrt{x^2+1}$

   (11) $\dfrac{1}{2}\left\{x\sqrt{x^2+1}+\log\left(x+\sqrt{x^2+1}\right)\right\}$

   (12) $\dfrac{x}{2}\{\sin(\log|x|)-\cos(\log|x|)\}$

3. 以下，積分定数は省略する．

   (1) $\log\left|\dfrac{x-3}{x-2}\right|$　(2) $\dfrac{1}{2}\log\dfrac{(x+1)^2|x+2|}{|x|}$　(3) $\log\left|\dfrac{x}{x+1}\right|+\dfrac{1}{x+1}$

   (4) $\log\sqrt{x^2+2x+5}+\mathrm{Tan}^{-1}\dfrac{x+1}{2}$

   (5) $\dfrac{1}{2}\log(x^2+4)+2\,\mathrm{Tan}^{-1}\dfrac{x}{2}+\dfrac{1}{x^2+4}$

   (6) $\log\dfrac{x^2+2}{x^2+1}+\dfrac{1}{\sqrt{2}}\mathrm{Tan}^{-1}\dfrac{x}{\sqrt{2}}$　(6) $\dfrac{1}{8}\left\{\dfrac{x(3x^2+5)}{(x^2+1)^2}+3\,\mathrm{Tan}^{-1}x\right\}$

4. (1) 1　(2) $\log(2+\sqrt{3})$　(3) $\sqrt{3}-1$　(4) $\dfrac{\pi}{3\sqrt{3}}$　(5) $\dfrac{1}{3}$

5. 以下，積分定数は省略する．

   (1) $3\,\mathrm{Tan}^{-1}\sqrt{\dfrac{x}{3-x}}-\sqrt{x(3-x)}$

   (2) $(x+1)\sqrt{\dfrac{x+2}{x+1}}-\dfrac{1}{2}\log\left|\dfrac{\sqrt{x+2}-\sqrt{x+1}}{\sqrt{x+2}+\sqrt{x+1}}\right|$

   (3) $2\left(\mathrm{Tan}^{-1}\sqrt{\dfrac{1-x}{x}}-\sqrt{\dfrac{1-x}{x}}\right)$

6. 以下，積分定数は省略する．

(1) $\dfrac{a}{a^2+b^2}\log|a\sin x+b\cos x|+\dfrac{b}{a^2+b^2}x$　$(t=\tan x$ と置換)

(2) $\log\left|\dfrac{x+\sqrt{x^2+1}-1}{x+\sqrt{x^2+1}+1}\right|$　$(t=x+\sqrt{x^2+1}$ と置換)

7. (ヒント) 例題 4.3 を参照. 置換積分法を利用する.

8. (ヒント) n を固定し, $f(x)=(x^2-1)^n$ とおくと, $P_n(x)=\dfrac{f^{(n)}(x)}{2^n n!}$, $f^{(k)}(\pm1)=0\,(0\le k<n)$. $m\ne n$ の場合, たとえば $m<n$ のときは, $P_m(x)$ が m 次多項式であり $P_m^{(m+1)}(x)=0$ であることに注意すれば, $m+1$ 回部分積分を繰り返せば求める結果を得る. $m=n$ の場合は, $P_n^{(n)}(x)=\dfrac{f^{(2n)}(x)}{2^n n!}=\dfrac{(2n)!}{2^n n!}$ であることに注意して部分積分を n 回繰り返す. その結果, $I_n=\displaystyle\int_0^1(1-x^2)^n\,dx$ が得られるので, $\{I_n\}$ に対して漸化式を導きその式から I_n を求めれば, 求める結果を得る.

練習問題 4.3 (p.126)

1. (1) -1　(2) 発散　(3) 1　(4) $\dfrac{1}{2}$　(5) 発散

2. (1) $\dfrac{s}{1+s^2}$　(2) $\dfrac{\Gamma(\alpha+1)}{s^{\alpha+1}}$

3. $\alpha>1$ の場合のみ収束する.

4. (1) 収束　(2) 発散　(3) 収束　(4) 発散

5. (1) 1　(2) m　(3) σ^2

6. (ヒント) n を固定し, $f(x)=x^n e^{-x}$ とおくと, $f^{(k)}(0)=0\,(0\le k<n)$. また, $L_n(x)$ は n 次多項式であり, $\displaystyle\lim_{x\to\infty}L_n^{(j)}(x)f^{(k)}(x)=0\,(0\le j\le n)$. これらに注意して, たとえば $m<n$ のときは $m+1$ 回部分積分を繰り返せば, $m\ne n$ の場合の結果を得る. $m=n$ の場合は, $L_n^{(n)}(x)=(-1)^n n!$ に注意して n 回部分積分を繰り返せば $n!\Gamma(n+1)$ が導かれ, 求める結果を得る.

練習問題 5.1 (p.144)

1. (1) 0　(2) 発散

2. 連続

3. (1) 偏微分可能であるが全微分可能ではない　(2) 全微分可能

4. (1) $f_x(x,y) = y^2(2x+y),\ f_y(x,y) = xy(2x+3y)$

(2) $f_x(x,y) = (2x+y)\cos(x^2+xy),\ f_y(x,y) = x\cos(x^2+xy)$

(3) $f_x(x,y) = -\dfrac{y}{x^2}e^{\frac{y}{x}},\ f_y(x,y) = \dfrac{1}{x}e^{\frac{y}{x}}$

(4) $f_x(x,y) = \dfrac{1}{x},\ f_y(x,y) = -\tan y$

(5) $f_x(x,y) = x^{y-1}y,\ f_y(x,y) = x^y\log x$

(6) $f_x(x,y) = \dfrac{1}{x\log y},\ f_y(x,y) = -\dfrac{\log|x|}{y(\log y)^2}$

5. (1) $\dfrac{-x^2+y^2}{(x^2+y^2)^2}\,dx - \dfrac{2xy}{(x^2+y^2)^2}\,dy$

(2) $-\dfrac{y}{|x|\sqrt{x^2-y^2}}\,dx + \dfrac{|x|}{x\sqrt{x^2-y^2}}\,dy$

(3) $\dfrac{y}{x^2+y^2}\,dx - \dfrac{x}{x^2+y^2}\,dy$

6. (1) $x+2y-z = -2$　(2) $ex+2ey+z = 0$

練習問題 5.2 (p.155)

1. (1) 0　(2) 0　(3) $\dfrac{1}{(x^2+y^2)^{\frac{3}{2}}}$

2. (ヒント) t に関する 1 次偏導関数を求めると，$u_t = cf' - cg'$. 以下同様の計算を行い等式が成り立つことを確認すればよい．

3. $v_{rs} = 0$

4. (ヒント) 合成関数の偏微分法 (定理 5.8) を利用する．

5. (1) $e^{x-y} = 1 + x - y + \dfrac{e^{\theta(x-y)}}{2}(x^2 - 2xy + y^2)\ (0 < \theta < 1)$.

(2) $\mathrm{Tan}^{-1}\dfrac{y}{x} = y + \dfrac{\xi\eta}{(\xi^2+\eta^2)^2}\{(x-1)^2 - y^2\} + \dfrac{\eta^2-\xi^2}{(\xi^2+\eta^2)^2}(x-1)y,$

$\xi = 1 + \theta(x-1),\ \eta = \theta y\ (0 < \theta < 1)$.

(3) $e^x\cos y = \dfrac{1}{\sqrt{2}} + \dfrac{1}{\sqrt{2}}x - \dfrac{1}{\sqrt{2}}\left(y - \dfrac{\pi}{4}\right) + R_2(x,y),$

$$R_2(x,y) = \frac{e^\xi}{2}\left[\left\{x^2 - \left(y - \frac{\pi}{4}\right)^2\right\}\cos\eta - 2x\left(y - \frac{\pi}{4}\right)\sin\eta\right],$$

$$\xi = \theta x, \ \ \eta = \frac{\pi}{4} + \theta\left(y - \frac{\pi}{4}\right) \ \ (0 < \theta < 1).$$

練習問題 **5.3** (p.168)

1. (1) 極小値 $f(1,0) = 3$　(2) 極大値 $f\left(\dfrac{\pi}{2}, \pi\right) = 2$

   (3) 極小値 $f(2,-2) = -\dfrac{4}{e^2}$

   (4) 極大値 $f\left(-\dfrac{1}{2}, 1\right) = 2$, 極小値 $f\left(\dfrac{1}{2}, -1\right) = -2$

   (5) 極大値 $f(-2,2) = 20$, 極小値 $f(1,2) = -7$

   (6) 極小値 $f(\pm 1, \mp 1) = -2$ (複号同順)　(7) 極小値 $f(0, \pm 1) = -1$

   (8) 極大値 $f\left(\dfrac{\pi}{3}, \dfrac{\pi}{3}\right) = \dfrac{3\sqrt{3}}{2}$, 極小値 $f\left(\dfrac{5\pi}{3}, \dfrac{5\pi}{3}\right) = -\dfrac{3\sqrt{3}}{2}$

2. $\eta'(-1) = 1$　$\eta''(-1) = -2$

3. (1) 極大値 $f(\pm 1, \pm 1) = 1$, 極小値 $f(\pm 1, \mp 1) = -1$　(複号同順)

   (2) 極大値 $f\left(\dfrac{1}{2}, \dfrac{1}{2}\right) = 2$, 極小値 $f\left(-\dfrac{1}{2}, -\dfrac{1}{2}\right) = -2$

   (3) 極小値 $f(2m\pi, (2n+1)\pi) = f((2m+1)\pi, 2n\pi) = -1$ $(m, n \in \mathbb{N})$,
   極大値 $f\left(\dfrac{\pi}{2} + m\pi, \dfrac{\pi}{2} + n\pi\right) = 0$ $(m, n \in \mathbb{N})$

4. (1) 正方形　(2) $\dfrac{|ax_0 + by_0 + c|}{\sqrt{a^2 + b^2}}$

練習問題 **5.4** (p.183)

1. 0

2. (1) 極小値 $f(0,0,0) = 0$　(2) 極小値 $f(0,0,0) = 0$

3. (1) 最大値 1, 最小値 $-\dfrac{1}{2}$　(2) 最大値 a^2, 最小値 c^2

   (3) 最大値 $\dfrac{1}{3\sqrt{6}}$, 最小値 $-\dfrac{1}{3\sqrt{6}}$

練習問題 **6.1** (p.197)

1. (1) $\dfrac{27}{8}$ (2) $\dfrac{a^4}{96}$ (3) $\dfrac{a^3}{3}$ (4) 3

2. (1) $\dfrac{\sqrt{2}-1}{3}$ (2) $\dfrac{2(2\sqrt{2}-1)}{9}$

3. (1) $\displaystyle\int_0^1\left(\int_0^{\sqrt{y}}f(x,y)\,dx\right)dy+\int_1^2\left(\int_0^{2-y}f(x,y)\,dx\right)dy$

   (2) $\displaystyle\int_{-2}^0\left(\int_0^{x+2}f(x,y)\,dy\right)dx+\int_0^2\left(\int_{x^2}^{x+2}f(x,y)\,dy\right)dx$

練習問題 **6.2** (p.206)

1. (1) $\dfrac{1}{36}$ (2) 3 (3) $\dfrac{e^2-3}{8}$ (4) $\dfrac{e-1}{2}$ (5) $\dfrac{\pi^3}{6}-\pi$

   (6) $\dfrac{1}{3}\log 2-\dfrac{5}{36}$

2. (1) $\dfrac{\pi}{2}$ (2) $\dfrac{38\pi}{3}$ (3) $2\pi\log 2$ (4) $\dfrac{\pi}{2}$ (5) $\dfrac{4-\sqrt{2}}{60}$ (6) $\dfrac{8}{15}$

3. $\dfrac{2}{3}\pi ab$

練習問題 **6.3** (p.214)

1. (1) $\dfrac{1}{16}$ (2) 発散 (3) $\dfrac{\pi}{4}$ (4) $-\pi$ (5) π (6) $\dfrac{4}{3}$

2. $0<\alpha<1$ のとき収束し，値は $\dfrac{1}{(1-\alpha)(2-\alpha)}$

3. 略.

練習問題 **6.4** (p.221)

1. (1) $\dfrac{1}{24ab^2c}$ (2) $\dfrac{2}{15}$ (3) $\dfrac{\pi}{4}$ (4) $\pi\left(1-\dfrac{\pi}{4}\right)$

2. (1) $\dfrac{16a^3}{3}$ (2) $\dfrac{5\pi}{32}$ (3) $\dfrac{4\pi abc}{3}$

関 連 図 書

[1] 足立俊明，微分積分学 I，II，培風館．

[2] 小平邦彦，解析入門，岩波書店．

[3] 杉浦光夫，解析入門 I，II，東京大学出版会．

[4] 鈴木武・山田義雄・柴田良弘・田中和永，理工系のための微分積分 I，II，内田老鶴圃．

[5] 中尾愼宏，微分積分学，近代科学社．

[6] 吹田信之・新保経彦，理工系の微分積分学，学術図書出版社．

索　引

髙坂 良史　神戸大学

髙橋 雅朋　室蘭工業大学

加藤 正和　室蘭工業大学

黒木場 正城　室蘭工業大学

微分積分　増補版

2015 年 10 月 31 日	第 1 版	第 1 刷	発行
2017 年 3 月 10 日	第 1 版	第 2 刷	発行
2018 年 3 月 20 日	**増補版**	**第 1 刷**	**発行**
2023 年 2 月 10 日	**増補版**	**第 6 刷**	**発行**

著　者　　髙坂良史
　　　　　髙橋雅朋
　　　　　加藤正和
　　　　　黒木場正城
発 行 者　　発田和子
発 行 所　　株式会社　学術図書出版社

〒113-0033　東京都文京区本郷 5 丁目 4 の 6
TEL 03-3811-0889　　振替 00110-4-28454
印刷　三美印刷 (株)

定価はカバーに表示してあります.

◆ 記号一覧

$\forall$ 　　任意の (Any, All の頭文字 A を上下ひっくり返したもの).

$\exists$ 　　存在する (Exist の頭文字 E を左右ひっくり返したもの).

s.t. 　　英語の「such that」の略. 意味は「〜であるような」.

$x \in X,\ X \ni x$ 　　x は集合 X の要素 (元) である.

$x \notin X,\ X \not\ni x$ 　　x は集合 X の要素 (元) ではない.

$A \subset B,\ A \subseteq B$ 　　集合 A は集合 B の部分集合.

$A \setminus B$ 　　集合 A から集合 B を除いた集合.

$\emptyset$ 　　空集合. 要素 (元) を 1 つも含まない集合.

$\leq$ 　　「$\leqq$」と同じ意味.

$\geq$ 　　「$\geqq$」と同じ意味.

◆ ギリシャ文字

(A)	α	アルファ	(N)	ν	ニュー
(B)	β	ベータ	Ξ	ξ	グザイ
Γ	γ	ガンマ	(O)	(o)	オミクロン
Δ	δ	デルタ	Π	π	パイ
(E)	ε	イプシロン	(P)	ρ	ロー
(Z)	ζ	ゼータ	Σ	σ	シグマ
(H)	η	エータ	(T)	τ	タウ
Θ	θ	シータ	Υ	(v)	ユプシロン
(I)	ι	イオタ	Φ	φ	ファイ
(K)	κ	カッパ	(X)	χ	カイ
Λ	λ	ラムダ	Ψ	ψ	プサイ
(M)	μ	ミュー	Ω	ω	オメガ